U0144659

光纖原理與應用技術

廖顯奎　鄭旭志　江家慶　林淑娟　著

Principle and application technology of optical fibers

五南圖書出版公司 印行

推薦序

近年來光纖通訊技術日益普及，隨光纖到府技術的實現，讓光纖科技更能與生活密切結合。光纖技術除了可以應用於通訊外，光纖感測技術也漸受矚目，此外在工業、紡織、醫療等其他方面都有光纖存在的價值。因此光纖技術之重要性不言可喻，而光纖以優異之性能、低損耗、寬頻寬取代了傳統的電線銅纜也是不爭的事實。本書內容包含光纖基礎知識、光纖技術研究及光纖實務應用。本教科書主編廖顯奎教授是國內光纖領域之知名學者，自任職於中華電信研究所時就投身於光纖技術近**20**年，具豐富產業經驗與優異之學術績效。有鑒於光纖技術是一門跨領域之科學，本書作者群由對於光纖技術學有專精的學者們所組成，他們是來自電機、機械、光電領域之鄭旭志副教授、江家慶副教授與林淑娟博士，他們專業背景紮實，投身於光纖研究多年，讓本書內容得以兼具多重面向而變得豐富精采。本書之特色為深入淺出說明相關原理，配合圖表以及數據，反映了當前光纖技術的發展情形，頗適合大專校院理工科系之光纖課程教材。本書兼顧探討理論框架和體系和產業應用面之新穎性，閱讀本書能幫助學生、工程人員及社會大眾奠定光纖知識，具備充足的知識切入光纖技術與應用，並對光纖全貌有通盤認知。光纖技術是集現代科技大成之綜合性科學，而光纖技術的推動和普及需要各式人才的投入參與，一般社會大眾也可藉由建立對光纖技術應用來擴增知識領域，以因應現代日新月異光纖科技的需求。本人因此非常樂意為作者群作此序。

張宏鈞

台灣大學電機系特聘教授

美國光學會會士 **OSA Fellow**

自　序

自從諾貝爾物理獎得主高錕院士/博士於**1960**年代中發明光纖以來，歷經近半個世紀使得光纖在通訊、感測、雷射、生醫等都有著廣泛應用。近年來隨著光纖到家與接取網路實現與防災意識提高，讓光纖科技更能與生活密切結合。「雲端計算」技術，不論於學術界或產業界都很受重視，此技術經由網路，把原本在個人電腦上進行的運算、儲存等功能，全交由遠端的超級電腦來處理，這不只需要網路，還需要能快速傳送大量資訊的光纖才能竟其功。另外，耳熟能詳的「光世代」口號，提供民眾即時、互動式與多元化的寬頻多媒體娛樂，除了使用「光纖」來達到快速高容量的傳輸通訊外，在感測、工商業、醫療等其他方面都有光纖存在的價值。

台灣在光纖技術開發仍有相當大之空間，確實有必要積極投入研究開發，以利強化相關產業發展之優勢，促進國家產業的競爭力。然而國內無論光纖技術或光纖感測書籍都很稀少。然而國內無論光纖技術或光纖感測書籍都很稀少。本書嘗試將光纖技術作深入淺出之介紹，配合圖表以及實際研究經驗，反映當前光纖技術的發展情形。內容涵蓋光學理論、光纖結構參數製造、非線性光學、光纖主被動元件、光纖光柵、光纖通訊與光纖感測等。為使讀者能更能深入了解書中內容，在各章節均提供習題及參考文獻，使得對光纖領域有興趣的讀者能快速了解與啟發創新思維。本書之能夠完成要感謝作者群之實驗室同學協助資料收集、打字與部份繪圖。本書雖盡力求完美仍難免有疏漏，希望各方先進與讀者能不吝提供寶貴意見，讓本書品質能更加完備！

廖顯奎

台灣科技大學電子系/光電所 教授

台灣科技大學光電中心主任

目 錄

第一章

光纖簡介

1.1　光纖之父一高錕

1.2　光纖種類

1.3　光纖應用

首先介紹光纖的源起。光纖的直徑只有萬分之一公尺，是一種能讓光在玻璃或塑料中全反射傳輸的傳導工具，主要生產原料是矽，蘊藏量大，因此價格便宜，而光纖的發明是爲了使傳送信號的品質更佳，因爲光纖擁有極佳的傳輸頻寬，所以常被使用於傳送電話、網際網路亦或是有線電視之訊號，若與傳統的銅線電纜相比，光纖並不會受到無線電頻率和電磁的干擾，因此訊號損耗與受干擾的情形都大幅改善，且因爲光的傳輸損失是 0.2dB/km，也就是傳播一公里只損失了 4.5%。在傳輸訊號方面損耗非常的低。運用在遠距離與大容量的傳輸系統中，光纖的優勢是顯露無遺的。如今，人們已無法與網際網路分離，爲了使各式各樣的網路脈絡都得以擁有最快的傳輸速度，最終都需要以光纖網路來替代現有的銅線電纜。不過光纖的出現並不是偶然，得從「光纖之父」高錕講起…

1.1 光纖的發明

高錕博士（圖 1.1）在國際電話電報公司（International Telephone and Telegraph Corporation, ITT）時期，研究利用玻璃纖維傳遞信號，並把實驗成果發表成多篇論文，在 1966 年發表的論文《光頻率介質纖維表面波導》中提到，用石英基玻璃纖維進行遠距離信號傳輸，將引起一場前所未有的通訊革命。1960 年代，當高錕仍在英國求學之時，大家已經知道信號可使用類比或數位之方法傳遞，亦有人以玻璃或氣體作爲傳輸光的媒介，期望有高速的傳輸效率，但卻無法抑制嚴重的訊號損耗問題。直到 1965 年，高錕將各類非導體纖維進行仔細的實驗與分析，據實驗結果推測當光學訊息損耗率低於每公里 20dB 時，便可實現光纖通訊，此外他更分析了吸收、色散、彎曲等因素，推論出有可能滿足衰減需求的物質「石英基玻璃」，這項關鍵的研究成果致使世界各地投入玻璃纖維波導的研究。高錕因提出光纖可作長距離通訊而獲頒2009年的諾貝爾物理學獎。諾貝爾獎評審委員會稱高錕的研究有助建立今日網路世界的基礎，爲今日的日常生活創立許多革新，也爲科學的發展提供新工具。

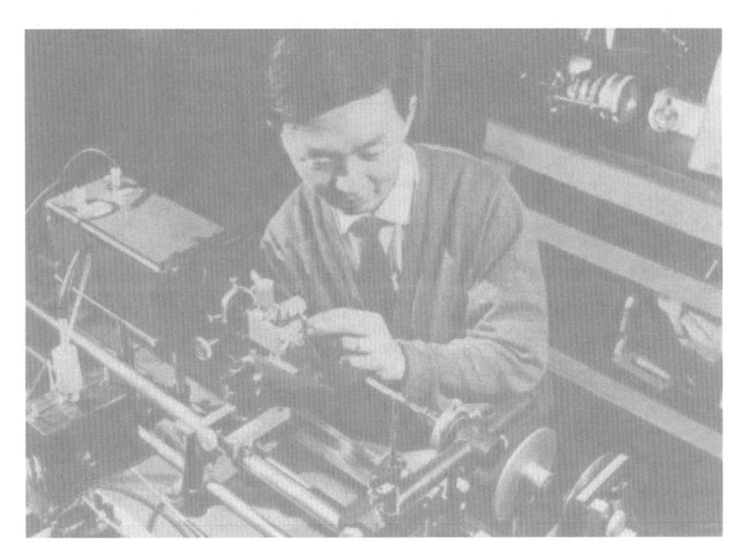

圖 1.1　專注於光纖研究的高錕（中國評論通訊社）。

光纖是一種讓光在玻璃或塑料製成的纖維中傳輸的工具，光纖依其纖核及纖殼的折射率分佈型式之不同而可概分成三種：步階光纖（step-index fiber, SI）、漸變光纖（graded-index fiber, GRIN）及單模光纖（single mode fiber, SMF），如圖 1.2 所示。光纖本身是雙重構造，纖核部分是折射率高的玻璃，纖殼部分是折射率低的玻璃或塑料，光波在核心傳輸，不斷與表層交接處進行全反射，呈「Z」字形向前行進。在光纖內光線靠著全反射傳導於核心。當光線遇到核心-包覆邊界時，假若入射角大於臨界角，則光線會被完全反射。臨界角的角度是由核心折射率與包覆折射率共同決定。臨界角又決定了光纖的受光角（acceptance angle），通常以數值孔徑（numerical aperture）來表示其大小，較高的數值孔徑也會增加色散。圖 1.3 爲電磁波頻譜圖，其中可見光只占很小部分但有很多通訊與照明上之應用。

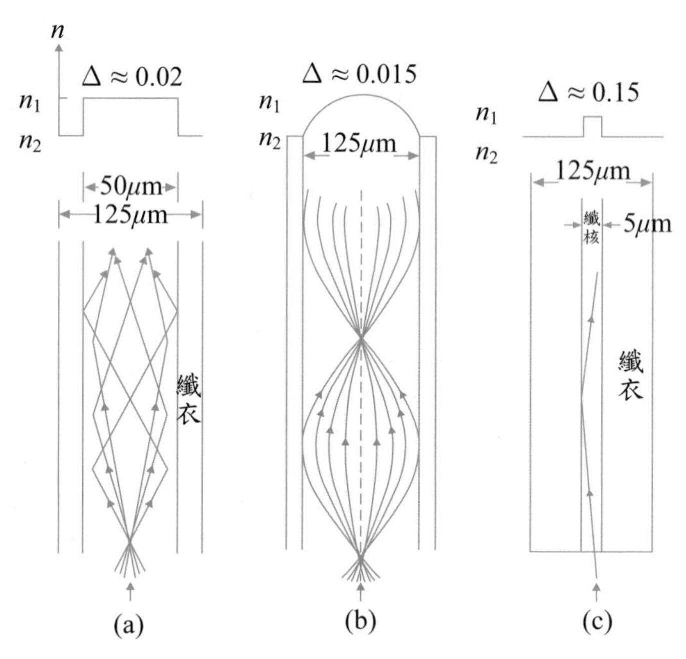

圖 1.2　依序為三種光纖之一般物理特性圖。

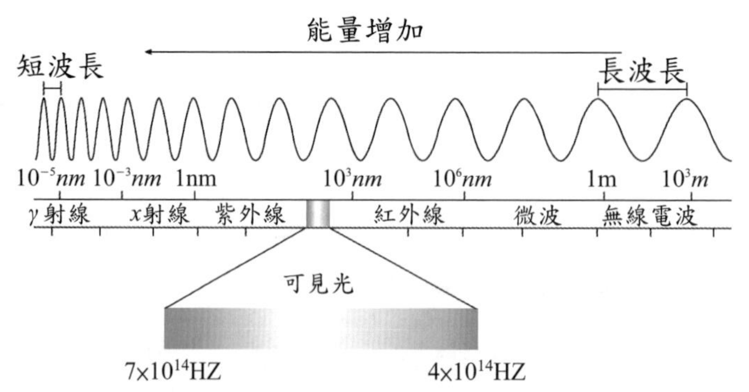

圖 1.3　電磁光譜（作者：蘇卡奇　書名：觀念化學 II　化學鍵・分子出版社：天下文化出版）。

1.2　光纖種類

1.2.1　單模光纖（Single Mode Fiber, SMF）

單模光纖是一種設計用來傳送單一光束（模）的光纖。通常此光束內有多種波長的光。雖然光束傳送路徑與光纖平行，但通常稱之爲 transverse mode，因其電磁波振盪方向垂直於光纖，設計方法爲縮減核心的直徑，使之降低模間色散直到光纖僅有效地能傳送單一模態，通常此光束內有多種波長的光，單模光纖在物理或化學性質上的不同性質可以做出多的特別規格，如非零色散光纖及零色散光纖。一般的單模光纖之核心直徑僅 6～9μm，標準的外殼直徑爲 125μm，典型的數值孔徑約爲 0.12，較高的數值孔徑會允許光線，以較近軸心和較寬鬆的角度，傳導於核心，造成光線和光纖更有效率的耦合。使用之光波長是 1310 或 1550 nm。單模光纖具有不會色散的優點，單模光纖在維持長距離光脈衝的精確度上也比多模光纖好。但單模光纖本身比多模光纖便宜，一般配合雷射光源作使用，較適合用於高速頻寬的光通信系統上。

1.2.2　多模光纖（Multi-Mode Fiber, MMF）

相對於雙絞線，多模光纖能夠支援較長的傳輸距離，在 10mbps 及 100mbps 的乙太網中，多模光纖最長可支援 2000m 的傳輸距離。業界一般認爲當傳輸距離超過 295m，電磁干擾非常嚴重，便應考慮採用多模光纖代替雙絞線作爲傳輸載體。多模光纖與單模光纖的差異就在於纖核與纖殼的比較，多模光纖核心較粗，可傳多種模式的光，但其模間色散較大，限制了傳輸信號的頻率，且隨著距離的增加則愈加嚴重，因此多模光纖傳輸之距離較短，通常只有幾公里。基本上有兩種多模光纖，一種是梯度型（graded）如圖 1.4 所示。另一種是階躍型（stepped），對於梯度型光纖來說，光纖的核心的折射率，從軸心到包覆，逐漸地減低。這會使朝著包覆傳導的光線，平滑緩慢地改變方向，大角度光線會花更多的時間，傳導於低折射率區域，而不是高折射率區域。因此，所形成的曲線路徑，會減低多重路徑色散。而不是急劇地從核心-包覆邊界反射過去，從而減少訊號的模式色散，使用上相當廣泛，包含玻璃、塑膠光纖、膠套矽光纖結構，對於改善色散與增加頻寬很有幫助。而對步階式（Stepped Index）光纜來說，折射率基本上是平均不變，而只有在包層（cladding）表面上才會突然降低。在網路應用上，最受歡迎的多模光纖爲光纖芯徑爲 62.5μm 而包層（cladding）直徑爲 125μm。

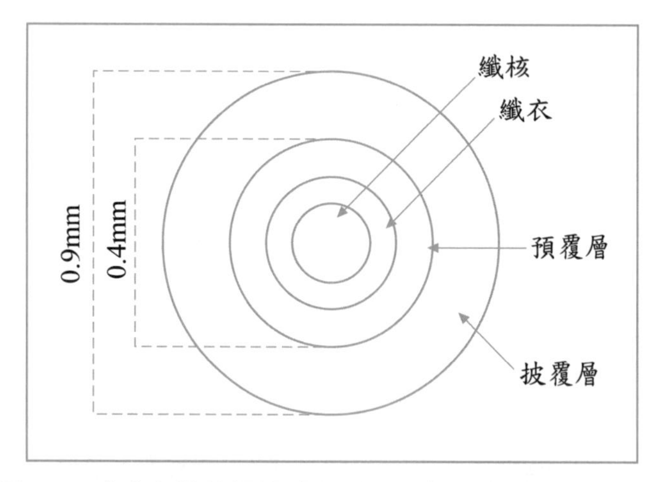

圖 1.4　玻璃光纖結構圖（台科大光學實習講義）。

1.2.3　色散位移光纖（Dispersion Shifted Fiber, DSF）

色散位移光纖在傳輸 1550 nm 波段的色散幾乎爲零，而色散位移光纖的發明是爲了解決光纖通訊系統在使用磷砷化鎵銦雷射時常常發生脈波延展（pulse spreading）的問題，這技術的突破在第三代光纖通訊系統改用 1550 nm 的雷射光源後，光纖的傳輸速率達到 2.5 Gb/s，色散位移光纖也被用在長程的電信傳輸中，避免色散所造成的頻寬限制。

色散位移光纖用於超高速傳輸是很理想的傳輸媒介，隨著光通訊系統 DWDM、EDFA（Erbium-Doped Fiber Amplifiers）及 OTDM 相關技術的快速發展，當它用於分波多工系統傳輸時，卻會因光纖本身的非線性效應而對傳輸的信號產生干擾，例如不同波長訊號間將會產生四波混頻效應（Four Wave Mixing, FMW）或交互相位調變（Cross-Phase modulation）的干擾，尤其在色散爲零的波長附近干擾更爲嚴重。爲了解決此一嚴重的問題，研製出一種非零色散位移光纖，這意味著要使用較爲昂貴且技術複雜去解決零色散光纖產生的非線性現象，不如採用相對色散值小但卻能夠抑制非線性效應產生的非零色散位移光纖，如此一來克服了色散位移光纖用於分波多工系統時出現的缺失，且保留了原先故有的優點，在未來是相當具有發展潛力的理想傳輸媒介。另一單模光纖，色散平坦型光纖，很適合用在分波多工（Wavelength Division Multiplexing, WDM）的線路上，在 1310nm 到 1550nm 整個波段上的色散都很平坦，不過要色散接近於零必須對折射率做複雜的設計，而且這種光纖的損耗難以降低，故尚未進入實用化階段。

1.2.4 增益光纖

當光經過了長距離的傳輸之後會有產生衰減，必須使用中繼器或者是光放大器去做光訊號的放大，而中繼器需要做光電的轉換，結構較爲複雜，不過光放大器採用了增益光纖能直接對光訊號做放大。增益光纖一般泛指摻雜稀土元素的光纖，例如摻鉺光纖、摻鐿光纖等，常用於光纖放大器或光纖雷射器，作爲線路的放大器使用，能夠不必經過光電轉換直接對光信號放大，而且稀土離子在玻璃中不具有方向性， 其增益與信號偏極化無關，因此結構簡單可靠。

1.2.5 塑膠光纖（Plastic Optical Fiber, POF）

塑膠光纖（POF）是由塑膠製成的，圖 1.5 是塑膠光纖用於燈飾與照明之應用範例。（傳統 PMMA（壓克力）的核心材料，含氟聚合物包層材料）。然而自 20 世紀 90 年代末，高得多的性能 POF 的基於全氟聚合物已經開始出現在市場上。塑膠光纖最早是由美國杜邦(DuPont)公司在 1960 年代所開發出來的，核心材質多爲聚甲基丙烯酸甲酯（PMMA），即俗稱之壓克力（acrylic）。它的特點是製造成本低廉，相對來說芯徑較大，與光源的耦合效率高，耦合進光纖的光功率大，使用方便，塑膠光纖之傳輸能力高於銅線，不像銅線會受電磁干擾，同時價格亦低於玻璃光纖。在大直徑的纖維，96 %的斷面是允許的光傳輸的核心。與傳統的玻璃纖維，塑膠光纖傳輸光通過光纖的核心（或數據）。但其損耗較大，帶寬較小，此種光纖只適用於短距離低速率通訊，如短距離電腦網鏈路、船舶內通訊等，塑膠光纖的用途不僅應用於數據傳輸，也被利用於照明和燈飾。POF 稱爲「消費者」的光纖，因爲光纖及相關光纖鏈路，連接器，以及安裝都是廉價的。

圖 1.5　塑膠光纖（光迅光電科技股份有限公司）。

在關係到未來高速家庭網絡的要求，可能選擇POF的興趣日漸濃厚。一些歐洲的研究項目如 POF - ALL 和 POF - PLUS。一般來說，塑膠光纖具有高數值孔徑。

1.2.6　色散補償光纖（Dispersion Compensating Fiber, DCF）

色散補償光纖由前美國貝爾實驗室林清隆博士所發明，其主要的功用就如同光纖之名稱「色散補償」，色散補償光纖是一種具有很大的負色散光纖，它是爲了 1300nm 標準單模光纖而設計的一種新型光纖。爲了使現在的光纖系統採用分波多工（WDM）與摻鉺光纖放大器（EDFA）技術，則必須將工作波長從 1300 nm 轉換至 1550 nm，但標準的光纖在波長 1550 nm 之色散並不爲零，因其色散值爲正，所以必須在光纖中加上具有負色散的色散補償光纖，確保補償後之光纖線路總色散近似爲零，才可達到高速、遠距離及大容量的通訊。

對於單模光纖的幹線系統，大多數是以波長 1300 nm 色散爲零的光纖所構成，而現今損耗最低的波長 1550 nm 光纖，因摻鉺光纖放大器的實用化，假使在 1300 nm 零色散的光纖上也能讓 1550 nm 波長工作，其將有相當大之助益，因爲在 1300 nm 零色散的光纖中，1550 nm 波長的色散約為 17 ps/nm × km，如果想讓整個光纖線路的總色散為零則必須加上一可平衡色散的光纖，為此目的所用的光纖稱作色散補償光纖。

色散補償光纖利用基模波導色散的方式，使其能夠得到更負的色散值，其色散與衰減之間的比值越高越好。目前光通信系統使用的光纖色散補償技術大多是因應非載波調制數字光纖系統而產生，實際在 1550 nm 波長的外調制光纖傳輸線路中如何運用有關色散補償技術仍然存在不少問題。為了使整個波段更加均勻的補償標準單模光纖之色散，因而開發出既可補償色散又能補償色散斜率的雙補償光纖，其特點為色散斜率比率與標準光纖相同，但符號相反，因此更適用於整體波形內的色散補償。目前已有多種色散補償之方法被提出，例如色散補償濾波器、光相位共軛技術、高色散補償光纖、預啁啾技術、啁啾光纖光柵色散補償與光孤子通訊技術等。

除此之外還有許多非通信光纖，如塗層光纖、液芯光纖、低雙折射率光纖、高雙折射率光纖、雷射光纖與紅外光纖等。此一類光纖為特殊光纖，而每種光纖在功用上都有不同的運用與存在的價值。

1.2.7 極化（偏振）保持光纖（Polarization Maintaining Fiber, PMF）

由於極化保持光纖的核心不是軸對稱性，也就是說偏振方向 X 軸 Y 軸折射率不一樣。因此極化保持光纖可以分成兩種，一種是低雙折射率光纖（low-birefringent fibers），另外一種是高雙折射率光纖（high-birefringent fibers）。線偏極和圓偏極的光在低雙折射率光纖裡傳輸有比較小的極化色散。圖 1.6 是幾種極化保持光纖之剖面圖。但低雙折射率光纖裡的極化光對外在環境所受到的壓力、溫度以及光纖曲度等相當敏感，極化容易因這些變數而改變，所以低雙折率極化保持光纖只能使用於環境變數較為穩定的地方傳輸。在高雙折射率的極化保持光纖裡，它會強迫線偏極和圓偏極的光傳輸一段距離後保持不變，所以可以使用於環境變數較不穩定的地方傳輸。

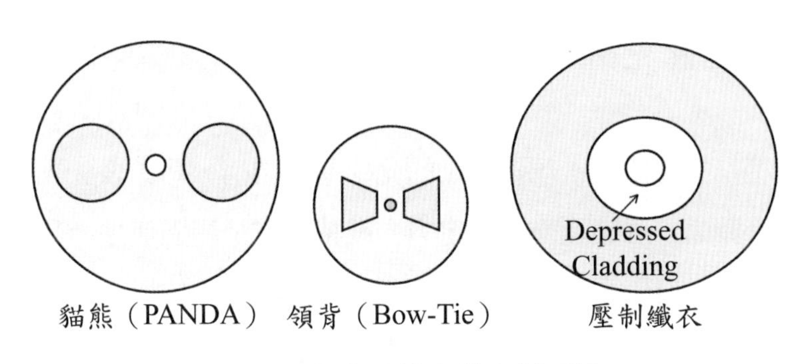

圖 1.6　幾種極化保持光纖之剖面圖。

要了解此極化保持光纖有以下變數

$B=|n_X-n_y|$　　B：雙折射率（Birefringent）

$L_B=\lambda/B=2\pi/\Delta B$　　L_B：拍長（Beat Length）；λ：波長

$T_p=B/C$　　T_p：極化色散（Polarization Dispersion）；C：光速也就是群速度的延遲

$CT=10log\frac{px}{py}$　　CT：串音（Cross Talk）；p_x，p_y分別為 xy 軸功率

通常高雙折射率光纖的 $B>10^{-5}$，又可以分為兩種，一種為雙極化光纖（Two-Polarization Fibers），另外一種為單極化光纖（Single-Polarization Fibers）。雙極化光纖又稱極化保持光纖，單極化光纖又有分成三種型態，一個是

PANDA 光纖、Bow Tie 光纖與 depressed-cladding 光纖。如圖使用於正交模式之間較大差異的彎曲損失。在低雙折射率光纖，也可以分成三種，near perfectly round-core 光纖、spun 光纖根據幾何效應，和 twisting 光纖根據扭曲引發的應力效應。

1.2.8 光子晶體光纖（Photonic-Crystal Fiber, PCF）

光子晶體是指能使光子規則運動的光學晶格結構，藉由設計光子能隙，我們可以控制光的流動，以防止光在特定方向或特定波長範圍傳播。我們可以使用多層介質鏡，使每一層的介電常數皆不相同，光的波長會依據層與層之間的能隙不同而被完全反射。如果介電係數在一個方向周期性的反覆出現，可以稱爲一唯的光子晶體光纖，相對的在兩個方向有週期性的出現，則稱爲二唯的光子晶體光纖。在三個方向有週期性的出現稱爲三唯的光子晶體光纖，只是製作上較困難，圖 1.7 爲幾種光子晶體光纖之剖面圖。

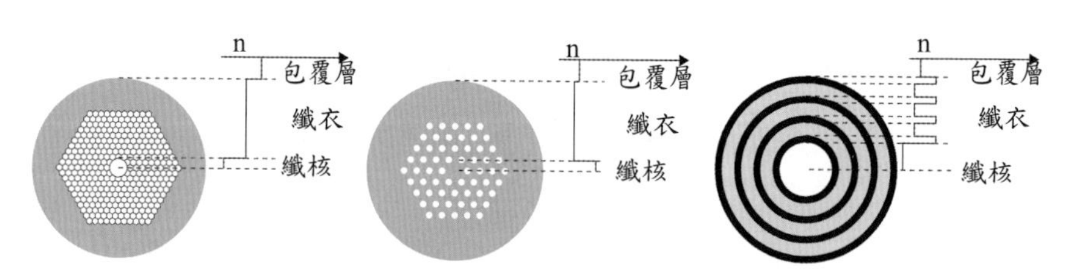

圖 1.7　幾種光子晶體光纖之剖面圖。

一維（One Dimension）光子晶體光纖在核心部分的折射率與披覆層比較低。布拉格光子能隙（PBG, Photonic Band Gap）機制達到全方位的鏡面。現在的布拉格光纖是使用空氣當核心並結合聚合物與玻璃所製成。二維（Two Dimension）

光子晶體光纖（Index Guiding Photonic Crystal Fiber, IG-PCF）使用多孔批覆層使材料產生有效折射率，有效折射率比用矽做核心的折射率還要小，由於在多孔填充材料折射率較小的材料（空氣）。和一般光纖一樣，採用全反射的原理。空心光子晶體光纖（Hollow Core Photonic Crystal Fibers, HC-PCF），又稱爲多孔光纖，能夠將光導入核心，核心爲空氣的衰減值跟矽核心相比較低。它可以控制材料的光學性能以及將光隔離的特性。

光子晶體光纖的優點如：

1.與核心爲實心的光纖比，衰減較低。

2.較大的核心可以承載更大的功率，一般光纖則不行。

3.衰減效應不比一般光纖差。

4.可以利用空氣核心大小將零色散點調到可見光的範圍。

光子晶體光纖的缺點如：

1.製造出來的長度短。

2.價格較貴。

3.不易與其他光纖與設備耦合。

1.2.9　感光光纖（Photo Sensitive Fiber）

感光光纖核心會摻入鍺（Ge）或硼（B）等元素，或者兩種元素都摻，感光光纖經由準分子雷射的紫外線照射後，被照射到的地方折射率會有微量的變大。這是因爲紫外光造成光纖裡的氧化鍺（GeO）缺陷，在缺陷周圍的氫原子會和缺陷構成 OH 鍵結，因此產生折射率的變化，這種現象稱爲光折變效應。通常感光光纖會應用於布拉格光纖光柵（Fiber Bragg Grating, FBG），藉此來選擇波長應用於感測元件裡面。

1.3 光纖應用

光纖運用在通訊上已有相當的貢獻，隨著光電產業及光纖技術的發展，光纖通訊爲有線通訊的一種。光經過調變（modulation）後便能攜帶資訊。光纖通訊具有傳輸容量大，保密性好等許多優點。成爲當今最主要的有線通訊方式。根據訊號調變方式的不同，光纖通訊可以分爲數位光纖通訊，類比光纖通訊。光纖通訊的產業包括了光纖光纜、光元件、光模組、光通訊儀錶、光通訊積體電路等多個領域。光纖感測器幾乎可用於各種物理量的測定，例如結構物使用過程中的應力、溫度、震動等皆有很好的表現，適合用於各種土木結構物的監測。光纖感測器具有光纖的優點，且其易於埋入結構體，能作成分佈式多工網路監測之元件是非常適用於未來的新科技，例如智慧結構（Smart Structure）或精密機械的量測，將光纖感測器應用於音洩量測技術上可具有比傳統壓電式音洩感測器更佳的功能。材料或結構的音洩源自於材料內部能量發生變化而迅速釋放之應力波，這種能量變化的來源可能是材料受到外力作用產生形變、裂縫尖端儲存的應變能、或是相變化釋放的化學能。當結構內部發生缺陷或缺陷成長時，都會產生音洩訊號。藉由這些音洩訊號的量測，便可以監測結構內部材料的變化或缺陷的形成，並利用不同的音洩訊號來分析結構內部的破壞。實際的感測應用實例，諸如醫療內視鏡、戰鬥機的陀螺儀，甚至橋樑、土石流、瓦斯漏氣等監測，以及生活用品與燈具照明等等，光纖都有很多的發展。利用光纖用以偵測在台灣最令人害怕也時常發生的土石流，透過光纖的反射量、張力等資料，可以用來監測橋樑安全和土石流狀況，把光纖埋在土中，如果有土石流的情況，光纖會稍微被拉開造成張力有所改變，再利用反射光來觀察光纖張力的變化，則可以監測山坡土石是否滑動的狀況，進而提供了先一步逃生的機會。

除了光纖的主流應用外，光纖亦被製作爲燈具，其中兼具了照明與光纖材料特殊的美感，例如光纖燈、水晶光纖燈串等等，光纖燈具通常使用一定數量之光纖聚集而成，每根光纖都屬於一個個體，可於同時間內發出數種光芒。另外，光纖具有親水性與光電分離的特性，使其用於水中也不會有漏電的危險，可充分運用於水景裝飾。在生活中諸如此類的新發明與應用，可看出光纖已不再侷限於通訊領域的發展，光纖還有許多未被人發掘的運用價值，在未來仍會有更多與光纖有關的產品不斷的出現在我們的生活中。

習　題

1. 單模態玻璃光纖有損耗極限嗎？如何降低玻璃光纖之損耗？
2. 色散位移光纖與色散補償光纖在特性與應用方式有何不同？
3. 請說明極化（偏振）保持光纖之操作原理與 2 個應用例子？
4. 請說明兩種晶體光纖之原理及其用途。
5. 如何以光纖與光纖光柵監控土石流？

參考文獻

[1] M. Kerker, “The Scattering of Light, and other electromagnetic radiation,” Academic Press, 1997.

[2] H. C. van de Hulst, “Light scattering by small particles,” Dover Publications, 1981-12-01.

[3] R.G. Smith, “Optical power handling capacity of low loss optical fibers as determined by stimulated Raman and Brillouin scattering,” Appl. Opt., vol.11, pp. 2489-2494,1972

[4] R. Paschotta, “Encyclopedia of Laser Physics and Technology,” Wiley-VCH, 2008.

[5] V. Alwayn, “Optical Network Design and Implementation,” Cisco Press, 2007-12-26.

[6] Agrawal, Govind P., “Fiber-optic communication systems,” John Wiley & Sons, 2002.

[7] 林志勳，「光纖拉曼放大器的設計與分析」，國立台灣大學碩士論文，2002。

[8] The Internafional Engineering Consortium, Raman amplification desigu in WDM system [On line].

[9] 蕭淵隆，“高效益光纖放大器之研製，” 國立台灣科技大學碩士論文，2006。

[10] L. Dou ,S.K. Liaw, M. Li, Y. T. Lin, and A. Xu,“Parameters optimization of high efficiency discrete Raman fiber amplifier by using the coupled steady-sta-

te equations," *Optics Communications*, vol.273, pp.149-152, 2007。

[11] 林來誠、徐銘濃，"產業報導 全球光纖放大器產業及技術分析，" PIDA

[12] 林穎毅，"塑膠光纖捲土重來，" PIDA，1999。

[13] Nobelprize.org，"The Nobel Prize in Physics 2009," 2009.

[14] 黃胤年，"簡易光纖通信，" 五南圖書出版股份有限公司，2001。

[15] Dutton,"Understanding Optical Communications," Prentice Hall, 1999.

[16] Raman Kashyap, "Fiber Bragg Gratings," Academic Press, 2009.

[17] 吳順正，"光纖特性與應用，" 全華圖書公司，1993-03-01.

[18] Wilson,Hawkes, "Optoelectronics An Introduction (3E)," Prentice Hall,1998.

第二章

光學理論

本章將介紹光纖的基本光學理論，包含了幾何光學、波動光學，並探討光纖的傳播模態及其損失。

2.1 幾何光學之射線理論

2.1.1 簡介

當光的波長遠小於阻擋物的尺寸時，光行進的路線可近似爲直線，並利用幾何學的方法，探討光的反射、折射與成像原理，且具有快速解析、方便計算等優勢。此方法稱爲幾何光學（Ray optics or geometric optics）。

2.1.2 直線傳播理論

當光波長小於光學元件時，此時可直接忽略干涉繞射等波動現象，取而代之的把光的傳播依直線光束處理，利用直線簡化複雜的波動光學。

2.1.3 反射理論

當入射光線遇到兩介質的介面時，入射光線會產生反射現象（Reflection），其反射理論遵守兩項原則：

1. 入射線、反射線與法線均在同一平面上

2.反射理論遵守入射角等於反射角：$\theta_1 = \theta_1'$

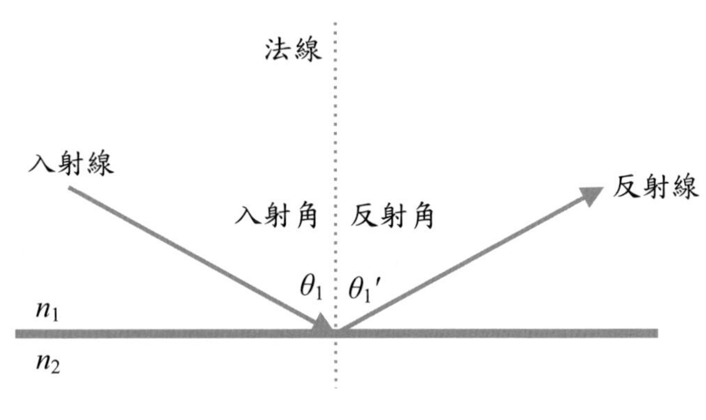

圖 2.1 反射理論示意圖。

上圖 2.1 爲反射理論示意圖，其中垂直於兩介質介面定義爲法線，而法線與入射線的夾角定義爲入射角，法線與反射線的夾角則定義爲反射角，且反射角會剛好等於入射角。

一般光經過光滑的表面，則如同下圖 2.2 單向反射所示，光會朝著單一方向傳播。然而，當光經過不光滑的表面時也會產生反射，並且遵守反射理論。而由於法線的定義爲與兩介質介面垂直的線，因此表面的粗糙程度將決定法線的方向，因此造成光會往不同方向發散，如圖 2.3 所示。

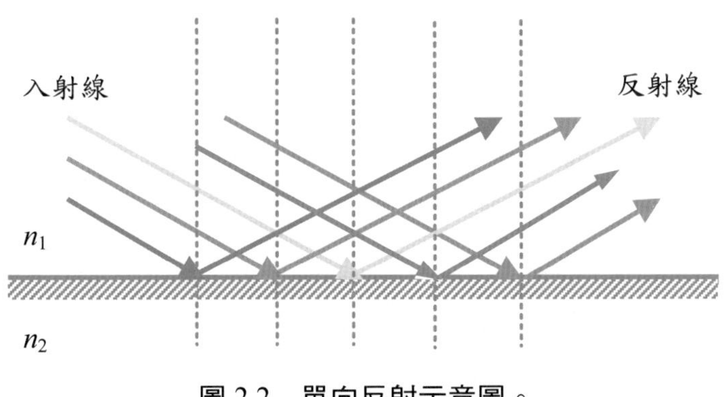

圖 2.2 單向反射示意圖。

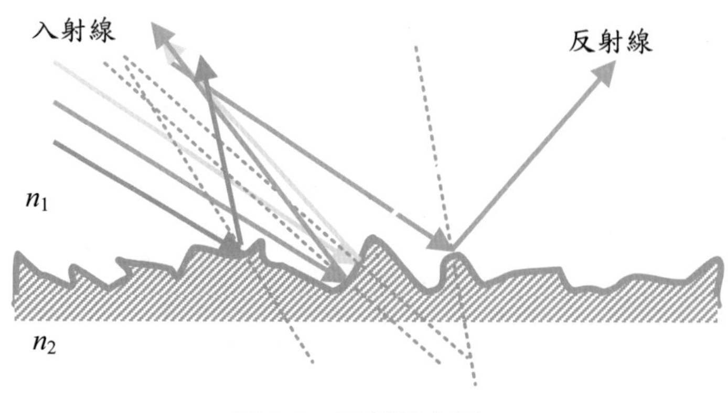

圖 2.3　漫射示意圖。

2.1.4　折射理論

當入射光線遇到兩介質的介面時，穿透光束會產生前進方向的改變，稱爲折射（Refraction），其折射理論乃遵守斯涅耳原則（Snell's law）：

斯涅耳原則（Snell's law）：$n_1 \sin\theta_1 = n_2 \sin\theta_2$

圖 2.4 爲折射理論示意圖，其中與兩介質介面垂直爲法線，而法線與入射線的夾角定義爲入射角，法線與折射線的夾角定義則爲折射角。折射角的大小取決於兩介質的折射率大小，折射率較大者稱爲光密介質，較小者稱爲光疏介質，而光在光疏介質中比在光密介質快，因此當入射介質的折射率大於出射介質時，折射角大於入射角，反之，若入射介質的折射率小於出射介質，折射角小於入射角。

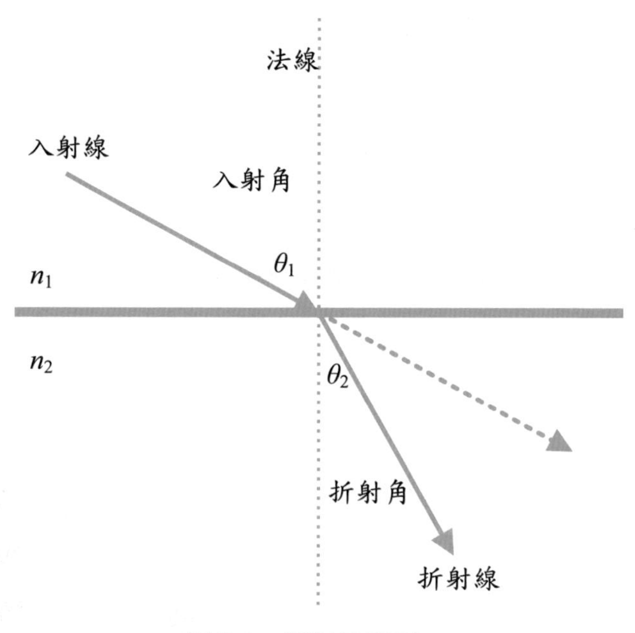

圖 2.4 折射示意圖。

2.1.5 全反射理論

光在傳輸時遇到不同介質會有反射與折射，如下圖 2.5 反射與折射理論角度示意圖所示，因此能量會分向兩個地方，反射理論遵守入射角等於反射角：$\theta_1 = \theta_1'$，折射理論遵守 Snell's law：$n_1 \sin\theta_1 = n_2 \sin\theta_2$

當光線由折射率較高的介質進入到折射率較低的介質（$n_1 > n_2$），且折射角等於 90° 時，此時的入射角稱爲臨界角（θ_c），且沒有光線進入折射率較低的介質（n_2），因此所有的光能量只有反射而沒有折射，這現象被稱爲全反射。如下圖所示，當入射角逐漸增大，折射角也隨之增大，最後入射角等同臨界角時，折射角爲 90°，此時即達成全反射條件。而光纖通訊所使用的光纜、鑽石內部全反射造成耀眼的光芒、光學儀器中所使用的稜鏡皆爲典型的全反射現象。

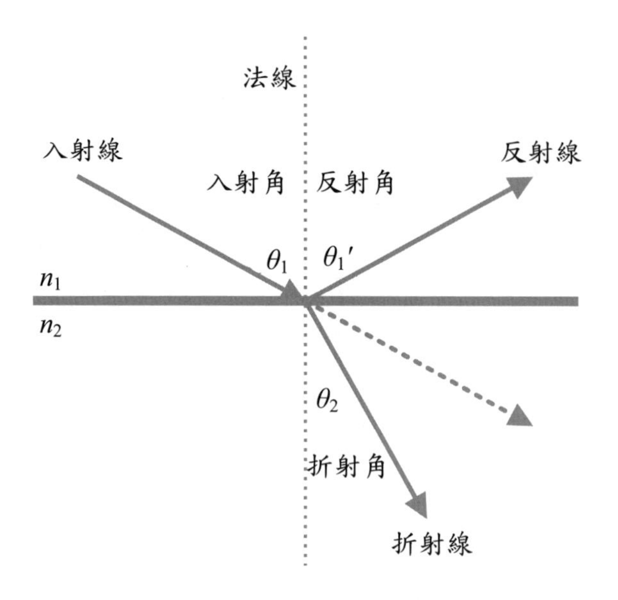

圖 2.5　反射與折射理論示意圖。

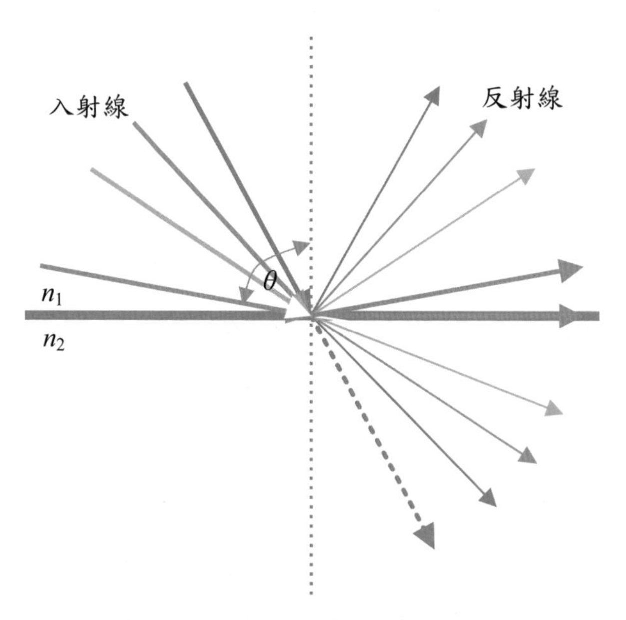

圖 2.6　全反射與臨界角示意圖。

下圖 2.7 是光纖數值孔徑（Numerical aperture）示意圖，可由此圖了解光纖內部全反射所需的角度變化。當光未達全反射時，光會同時產生反射和折射，以致光纖傳遞中造成能量損失，根據數值孔徑公式 $NA = \sqrt{n_1^2 - n_2^2} \approx n_1\sqrt{2\Delta}$ 可以得知光纖耦合時所需的孔徑大小。

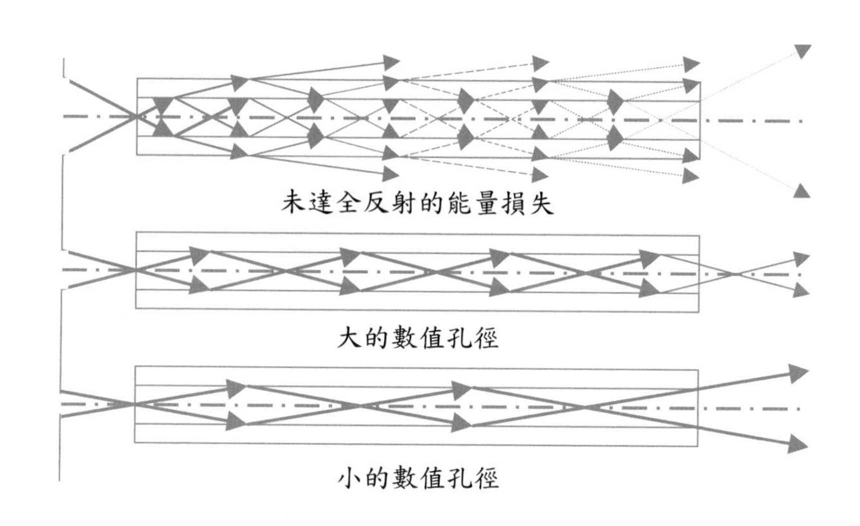

圖 2.7　光纖數值孔徑示意圖。

2.1.6　子午光纖解析

光纖的傳遞是透過全反射，因此也遵守反射定律：入射線、反射線與法線均在同一平面上。而當此一平面恰巧又座落在通過光纖中心軸的路線上時，該平面稱爲子午平面，其光線則稱爲子午光線，如下圖所示。此時光纖由折射率較高的纖芯（n_1）入射到折射率較低的纖殼（n_2），但由於達到全反射，所以能量回到纖芯而不散失，因此光能量的傳遞全部都在一平面上。

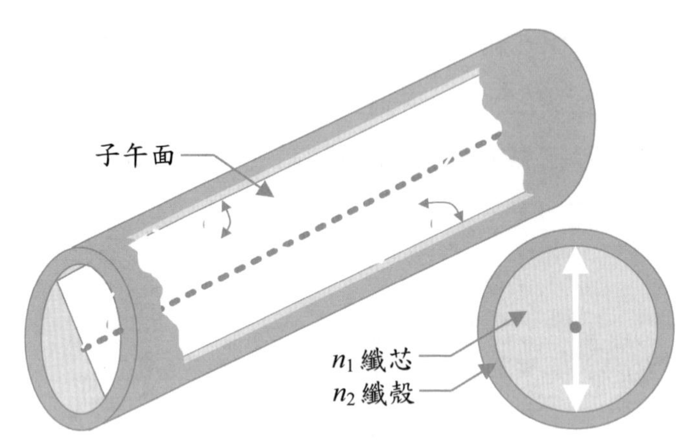

圖 2.8　子午光纖解析示意圖。

2.1.7　斜光纖解析

當入射線、反射線與法線未在同一平面上，則稱此光線爲斜光線，此光線可以爲左旋或右旋，如下示意圖所示。光纖由纖芯（n_1）入射到纖殼（n_2），但因爲達到全反射，所以能量回到纖芯而不散失，而光能量的傳遞在不同平面上並以螺旋方向前進。

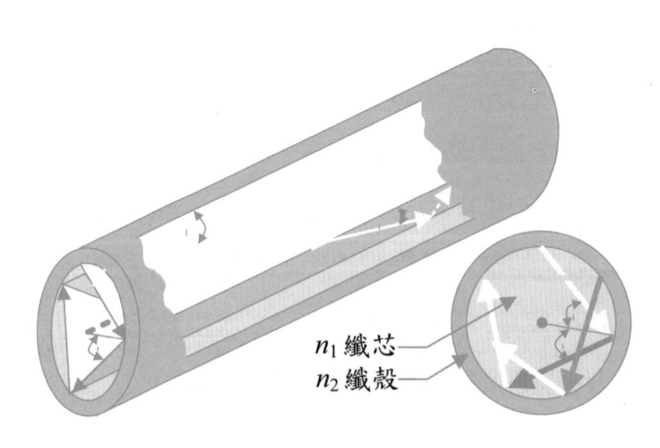

圖 2.9　斜光纖解析示意圖。

2.1.8 透鏡

透鏡是利用光線遇到兩介質的介面時，穿透光束會產生折射，其理論遵守斯涅耳定律（Snell's law），藉由不同的鏡片，可以將光線聚集或分散，透鏡大致分為兩類，中間厚外圍薄的是凸透鏡，中間薄外圍厚的是凹透鏡，如表 2.1 所示。

表 2.1 凸透鏡與凹透鏡分類

透鏡種類	凸透鏡			凹透鏡		
	雙凸透鏡	平凸透鏡	凹凸透鏡	平凹透鏡	雙凹透鏡	凸凹透鏡
圖示						

雙凸透鏡（biconvex）為兩面突起的凸透鏡，而有一面平面另一面突起的稱為平凸透鏡（plano-convex），當鏡面同時存在凹凸曲面且中間厚外圍薄的是凹凸透鏡（positive meniscus），雙凹透鏡（biconcave）則是兩面凹陷的凹透鏡，而有一面平面另一面凹陷的稱為平凹透鏡（plano-concave），當鏡面同時存在凹凸曲面且中間薄外圍厚的是凸凹透鏡（negative meniscus）。

凸透鏡的焦點利用平行光線進入凸透鏡後，會聚焦於一點，這一點即為凸透鏡的焦點。凹透鏡的焦點利用平行光線進入凹透鏡後會發散，而發散出去光的延長線也會聚焦於一點，這一點即為凹透鏡的焦點，但與凸透鏡的焦點不同的是此處沒有實際的光線聚集。透鏡中心到焦點的距離稱作焦距，此處以 f 表示；透鏡中心到物體的距離稱作物距，此處以 u 表示；透鏡中心到成像的距離稱作像距，

此處以v表示。其三者關係均符合成像公式：$\frac{1}{u}+\frac{1}{v}=\frac{1}{f}$

若使用凸透鏡，當光源在兩倍焦距之外時，將可在另一端得到一個由實際光線聚集而來的縮小倒立實像，若光源在兩倍焦距與焦距之間，將可在另一端得到一個由實際光線聚集而來的放大倒立實像，若光源在焦點與鏡面之間，將可在同一端得到放大正立虛像，若使用凹透鏡不管光源在何處都可在同一端得到縮小正立虛像。

表 2.2　凸透鏡與凹透鏡成像關係圖

種類	物距	成像狀況		
凸透鏡	兩倍焦距之外	縮小	倒立	實像
	兩倍焦距與焦距之間	放大	倒立	實像
	焦點與鏡面之間	放大	正立	虛像
凹透鏡	兩倍焦距外	縮小	正立	虛像
	兩倍焦距與焦距之間	縮小	正立	虛像
	焦點與鏡面之間	縮小	正立	虛像

2.2　波動光學

2.2.1　簡介

波動光學傳遞原理就如同把一條繩索一端固定在牆上，另外一端用手拿著上下擺動，給予一振動源，過程中繩索並未前進，可是擺動的波可以經由繩子傳遞至另一端，如圖 2.10 所示。另外一個常見的例子是當石頭落入水中時，可以很明顯的在水面上看到水波從落入點產生慢慢向外擴散的漣漪。

圖 2.10　波藉由繩子的傳遞。

2.2.2　電磁理論

電磁場、電磁波介紹

西元 1675 年，英國天文物理學家牛頓（Newton）經由一個簡易實驗結果假設提出了光的「粒子說」。此一假設對於光在均勻介質中的直線傳播特性以及光在介面上的反射有很好的詮釋，不過對於光通過兩種不同介質的介面時所產生的折射現象無法做出有效的詮釋，且其理論與假設結果恰爲相反。

西元 1678 年，荷蘭物理學家惠更斯（Christian Huygens, 1629-1695）提出了光的「波動說」，且認爲光是一種在特殊空間介質中傳播的某一種彈性波，每個波前面上的任何一點均可視爲新的點波源，各自發出它的球面波向外傳遞。惠更斯用波動說解釋了光在介質中的傳播速率皆小於在真空中的傳播速率，並與事實相符合。另外惠更斯也用波動說推算出光的反射、折射定律。

西元 1801 年，英國物理學家湯馬斯・楊（Thomas Young）以一束狹窄的光束通過兩個非常接近的小孔洞，並投射在一張白屏幕上，之後便發現通過孔洞的兩束光在屏幕上投影的重疊處有一明暗相間的條紋，此發現可以光的波動說解釋，也更加驗證了光的波動說的正確性。

西元 1818 年，法國物理學家菲涅耳（Fresnel）以光的繞射實驗發現光的繞射、干涉現象，他綜合了惠更斯原理及干涉原理，建立了惠更斯-菲涅耳原理，並把波的傳播視爲一疊加和干涉現象，並成功解釋了同一均勻介質中光的直線傳播現象。

西元 1865 年，英國物理學家馬克斯威爾結合了法拉第定律、高斯（Gaussion）定律、安培（Ampere）定律並加以研究，提出了馬克斯威爾方程式，首次從理論上預言了電磁波存在，同時也提出光的電磁波理論，以馬克斯威爾方程式描述空間中形成電磁波的電場及磁場變化。而 1887 年赫茲（Hertz）也以實驗的方法證明了電磁波的存在，也顯示了光和電磁波的同一性。

我們可將光波視爲一電場和磁場變化的電磁波，它們以相互垂直的方式在空間中傳播，並垂直於傳播方向，如圖 2.11 所示。

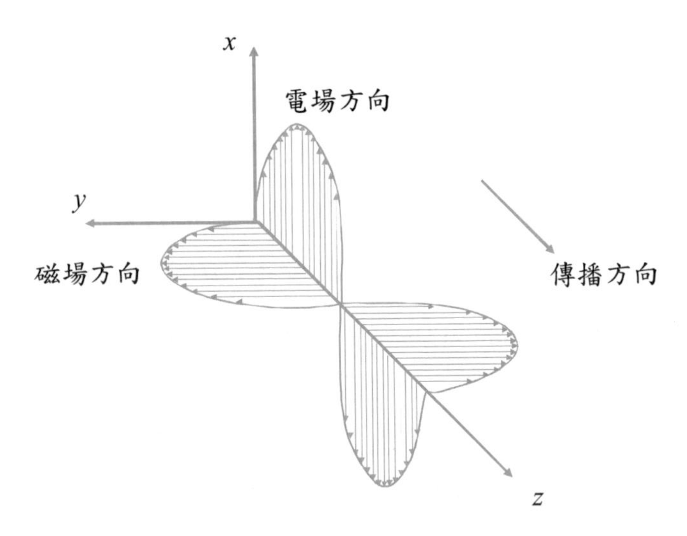

圖 2.11　電磁波於空間中傳播示意圖。

其數學表示式爲

$$E_x = E_0 \cos(\omega t - kz + \phi_0) \tag{2.1}$$

其中E_x爲位於傳播方向時間爲t的電場；E_0爲波的振幅；ϕ_0爲相位常數；k爲傳播常數，可由$2\pi/\lambda$求得；角變量$(\omega t - kz + \phi_0)$稱爲波的相位，標記成ϕ。而電場又可稱爲光場（optical field），時變的磁場可感應時變的電場，反之亦是一樣。行進電場E_x總是伴隨著一個具有相同頻率及傳播常數的行進磁場B_y，此兩個場的方向正交。因此，磁場分量B_y也會有個類似的行進波方程式以電場分量E_x表示。

馬克斯威爾方程組

電磁波包含多種類型，像是發散光束、完全平面波、完全球面波等，如圖2.12至2.14所示。我們假設垂直於傳波方向上的一平面，在此平面上的波相位恆定，則稱此表面爲波前（wavefront），通常表示兩個波前的距離爲λ。圖2.12所示爲一理想假設且不具發散特性的平面波。實際上，因爲光束有一定的截面積和功率，所以在垂直於傳播方向的平面上之電場是無法無窮遠延伸的。

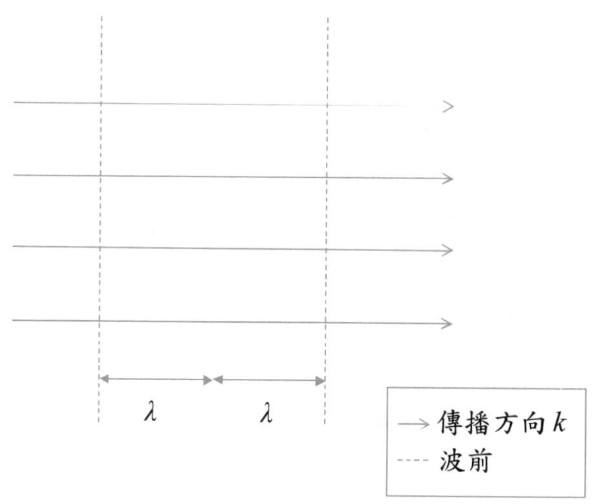

圖2.12　完全平面波。

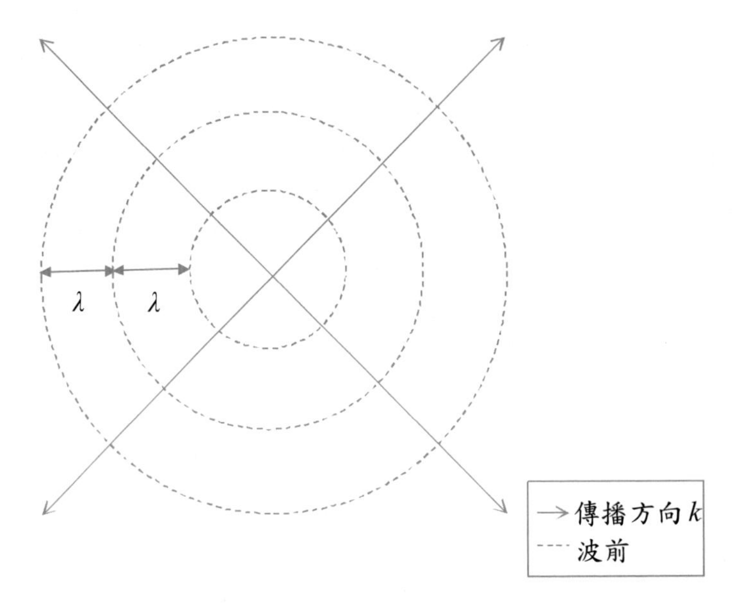

圖 2.13　完全球面波。

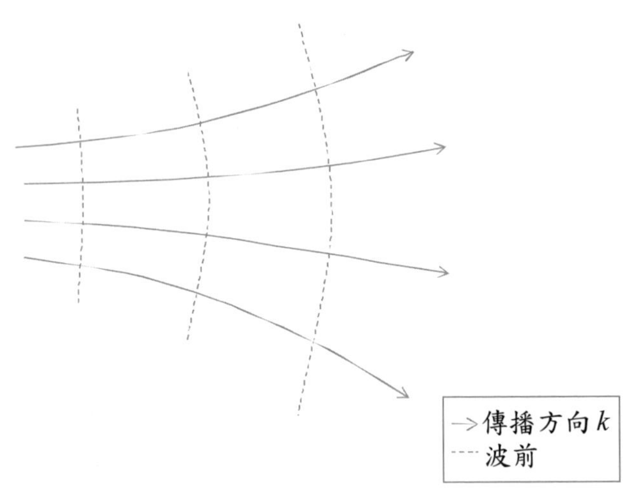

圖 2.14　發散光束。

雖然電磁波包含多種型式，但所有電磁波類型都必須遵循一特殊的波動方程：馬克斯威爾方程組（Maxwell's Equations）。藉由馬克斯威爾方程組可完整描述電磁波，馬克斯威爾方程組是電磁理論的核心，亦是研究各種電磁現象之理論基礎；從馬克斯威爾方程組出發，再根據具體的邊界條件及初始條件，便可定量的研究光之各種傳播特性。時變的電磁場若以一定的速度向遠處傳播，則形成了電磁波。而光波在各種介質中的傳播過程，實際上就是光與介質的相互作用過程；因此在運用馬克斯威爾方程組處理光之傳播特性之前，必須先了解介質的特性以及介質對電磁場的影響。而描述介質特性及介質對電磁場的影響之方程，即爲物質方程：

$$D = \varepsilon E \tag{2.2}$$

$$B = \mu H \tag{2.3}$$

$$J = \varphi E \tag{2.4}$$

其中，ε 爲介質介電係數、μ 爲介質導磁率、φ 爲介質導電率。

從馬克斯威爾方程組出發，再因應物質特性結合物質方程組，便可得到波動方程式。

光學繞射與干涉現象

十七世紀末荷蘭數學科學家惠更斯提出光爲一波動現象的概念，其解釋爲從一個點光源所發散出去的光爲很多微小次級波的重疊現象，且波前上的任一點都可視爲這些次級波的新波源，也就是說這些波前都是由許多小的波前所組成的，此概念又被稱爲惠更斯原理如下圖所示。

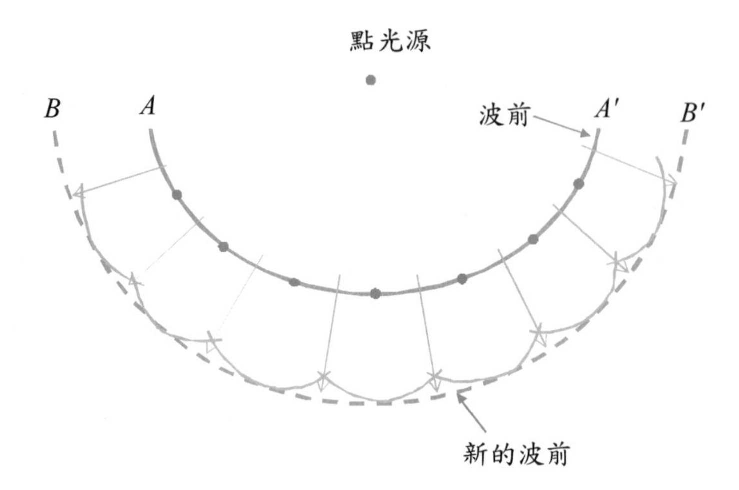

圖 2.15　光的波動現象。

圖 2.15 爲沿著球面波波前 AA' 上的無數點，都可成爲一個小波的波源，而這些小波又接著向外傳遞一個球面波，新的波前 BB' 就是由波前 AA' 傳播出來的無數個重疊的小波所組成的波面。

我們以波動光學的出發點來探討，凡不屬於反射或折射而導致的波折向現象，就可稱作繞射。圖 2.16 爲當光通過一微小的狹縫時，由於光是種波動現象，所以在狹縫另一端會產生繞射條紋，也就是說光從平面波經過狹縫後會擴散成球面波，此現象就稱爲繞射現象。

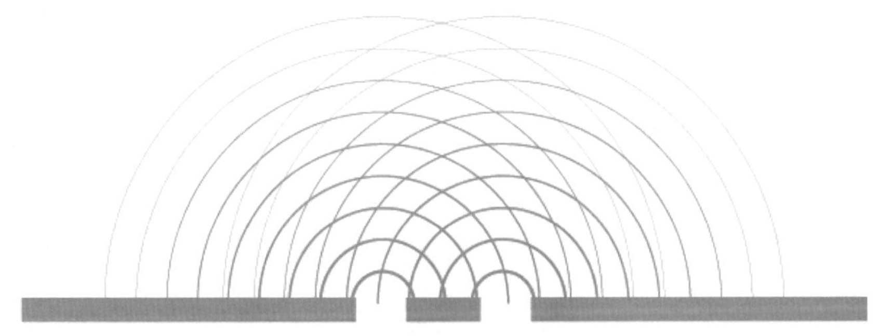

圖 2.16　狹縫繞射干涉現象。

如果要以日常生活中的現象來解釋干涉圖樣的話就以平靜的水面掉入兩塊石頭最爲常見，當石頭掉入水中後會在水面上產生兩組水波並有部分相交，極是所謂的干涉圖案。如圖 2.17 所示，兩組波峰相交疊合的效應稱爲相長干涉，反之當一組波峰與一組波谷相疊合則稱之爲相消干涉。光的干涉現象便是水波干涉圖案的光學對應，如圖 2.16 所示，當兩個狹縫距離相當接近且光通過後，便會在狹縫另一端產生兩道繞射光波，而由於兩狹縫距離相當接近，所以繞射光波也會產生部分疊合現象，也就是所謂的光學干涉現象。

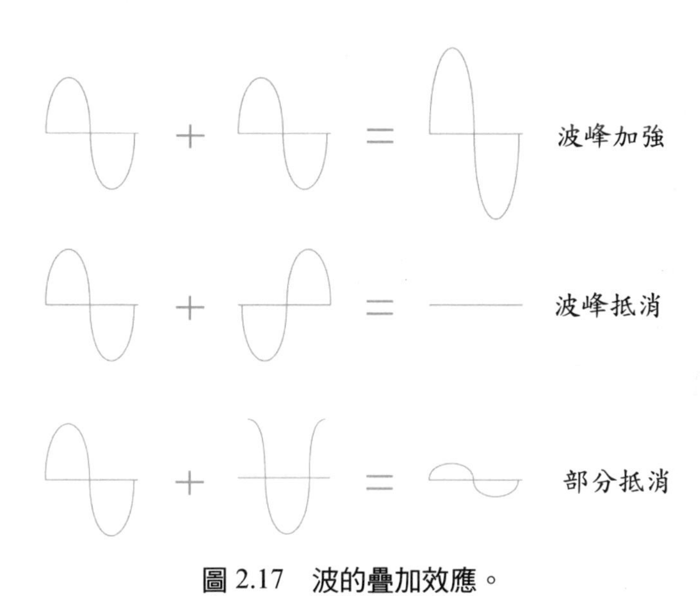

圖 2.17　波的疊加效應。

光纖 Fabry-Perot 干涉原理

圖 2.18 爲典型之 Fabry-Perot 干涉原理示意圖，圖中兩面反射鏡之反射率分別爲 R_1 及 R_2，而兩面反射鏡中間之距離 L 則稱爲 Fabry-Perot 共振腔體之長度。其中穿透光能量（I_t）及反射光能量（I_r）定義爲：

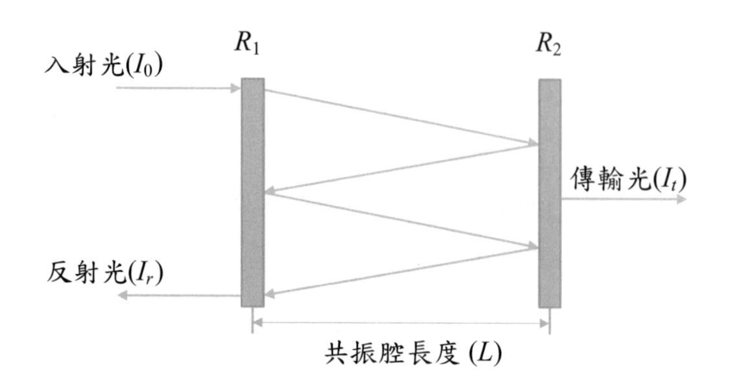

圖 2.18　Fabry-Perot 干涉結構原理示意圖。

$$I_t = \frac{T_1 T_2}{1 + R_1 R_2 - 2\sqrt{R_1 R_2}\cos\phi} I_0 \qquad (2.5)$$

$$I_r = \frac{R_1 + R_2 - 2\sqrt{R_1 R_2}\cos\phi}{1 + R_1 R_2 - 2\sqrt{R_1 R_2}\cos\phi} I_0 \qquad (2.6)$$

式中 ϕ 爲相位差，其定義爲

$$\phi = \frac{4\pi nL}{\lambda} \qquad (2.7)$$

式中 n 爲 Fabry-Perot 共振腔中介質之折射率，λ 爲入射光之波長。從式（2.6）中可看出相位的改變將導致干涉頻譜發生變化，而兩反射鏡之反射率 $R_1 R_2$ 將影響干涉訊號之強度。

Fabry-Perot 干涉原理則常被用於製作光纖感測器，其中光纖 Fabry-Perot 感測器之調變方法可分爲能量調變、波長調變以及相位調變，通常量測時待測物理量會改變共振腔長度而使輸出能量（I_r）發生變化，因此大多數之調變方式都是利用輸出光能量之變化反推腔體長度變化。

5. Fresnel 方程式

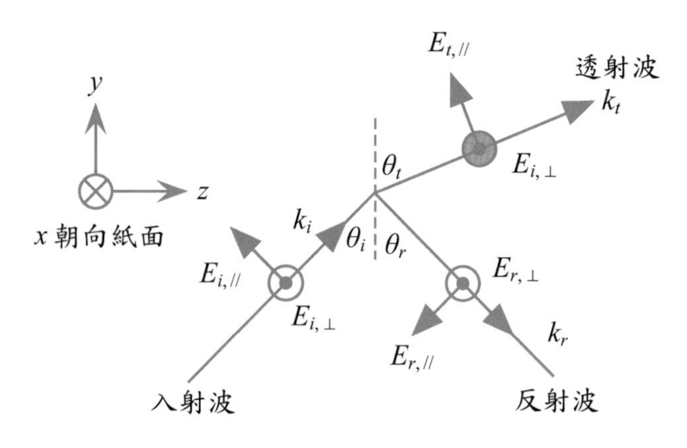

圖 2.19 光線折射示意圖。

Fresnel 方程式是描述當光在兩個不同折射率之介質中傳播時，光在介面的反射比與兩介質折射率之關係。如上圖所示，當電場垂直於入射面稱爲 TE（Transverse Electric field）wave；當電場平行於入射面則稱爲 TM（Transverse Magnetic field） wave；而光之入射面定義爲包含入射光與反射光之平面，所以入射光的電場可分爲 $E_{i,//}$，$E_{i,\perp}$；反射光的電場可分爲 $E_{r,//}$，$E_{r,\perp}$；穿透光的電場可分爲 $E_{t,//}$，$E_{t,\perp}$；而入射、反射及穿透光可表示爲：

$$E_i = E_{i0} \exp j\,(\omega t - k_i \cdot r) \tag{2.8}$$
$$E_r = E_{r0} \exp j\,(\omega t - k_r \cdot r) \tag{2.9}$$
$$E_t = E_{t0} \exp j\,(\omega t - k_t \cdot r) \tag{2.10}$$

上述三式中 k_i、k_r、k_t 分別代表入射光、穿透光以及反射光之波向量（wave vector），r 是位置向量（position vector），而 E_{i0}、E_{r0}、E_{t0} 則爲振幅（amplitude），基於電磁波理論及公式推導後，我們可得到在 TE Wave 中滿足邊界條件

之 $E_\perp$ 反射係數（reflection coefficient）及穿透係數（transmission coefficient）分別爲

$$r_\perp = \frac{E_{r0,\perp}}{E_{i0,\perp}} = \frac{n_i\cos(\theta_i) - n_t\cos(\theta_t)}{n_i\cos(\theta_i) + n_t\cos(\theta_t)} \tag{2.11}$$

$$t_\perp = \frac{E_{t0,\perp}}{E_{i0,\perp}} = \frac{2n_i\cos(\theta_i)}{n_i\cos(\theta_i) + n_t\cos(\theta_t)} \tag{2.12}$$

而在 TM wave 中滿足邊界條件之 $E_{//}$ 反射係數（reflection coefficient）及穿透係數（transmission coefficient）分別爲

$$r_{//} = \frac{E_{r0,//}}{E_{i0,//}} = \frac{n_i\cos(\theta_t) - n_t\cos(\theta_i)}{n_t\cos(\theta_i) + n_i\cos(\theta_t)} \tag{2.13}$$

$$t_{//} = \frac{E_{t0,//}}{E_{i0,//}} = \frac{2n_i\cos(\theta_i)}{n_t\cos(\theta_i) + n_i\cos(\theta_t)} \tag{2.14}$$

上述四式稱爲 Fresnel 方程式。

2.3 光纖傳播模態及其損失原因

2.3.1 簡介

本節將討論光在光纖裡是如何傳播，其中不同光纖裡包含了不同的傳播模態，而因爲不同的傳播模態，所以光所傳播的方式也不同，而本節也將針對不同的傳播模態去作探討。

2.3.2 光纖傳播模態

1. **單模光纖（Single-Mode Optical Fiber）**，光在光纖中只傳輸單一模態。

⑴一般單模光纖：

減少模態之間色散的方式爲縮小纖芯的直徑，並縮小到光纖只能有效地傳送單一模態。單模光纖中有一個極小的纖芯，其直徑僅 6～9μm，標準的纖殼直徑爲 125μm。而此類型的光纖比較不容易和其他元件配合，且價格上較爲昂貴，需要在光纖雷射光源配合使用。而對於長距離的光纖應用上，單模態光纖由於頻寬相當大，因此適合用於高速頻寬的光通訊系統上。

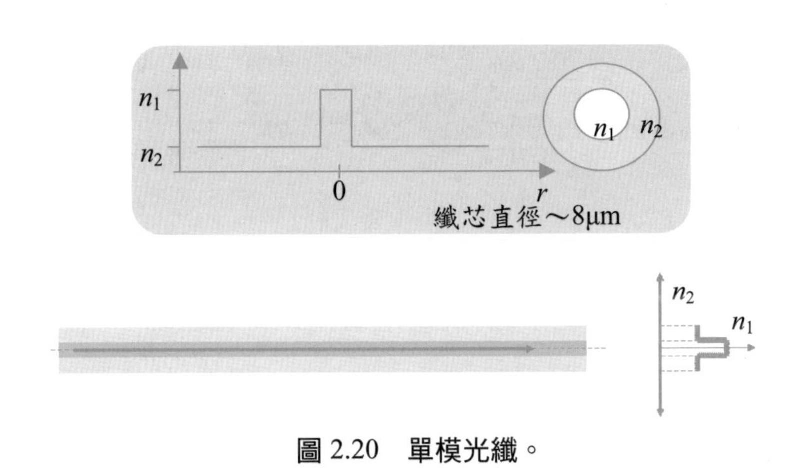

圖 2.20　單模光纖。

⑵色散位移光纖（Dispersion-Shifted Optical Fiber）：

色散位移光纖主要降低由材料及波導色散所引起的脈波擴散，而色散補償光纖也可以在既存之光纖系統裡直接調整色散。因爲波導色散提供步階單模光纖之材料色散，表示適當的調整正、負色散之係數可以消除在特定波長範圍內的色散值。

2. 多模光纖（Multi-Mode Optical Fiber），光在光纖中同時傳輸多個模態。

⑴漸變折射率（Graded-Index Optical Fiber）多模光纖

漸變折射率多模光纖是減少模間色散的另一種方式，纖芯有無數中心層玻璃，與樹木的年輪類似，由中心軸核心向外每一連續層有較低的折射率。這種光纖製造上價格較昂貴，但對於改善色散以及增加頻寬，具有非常大之幫助。

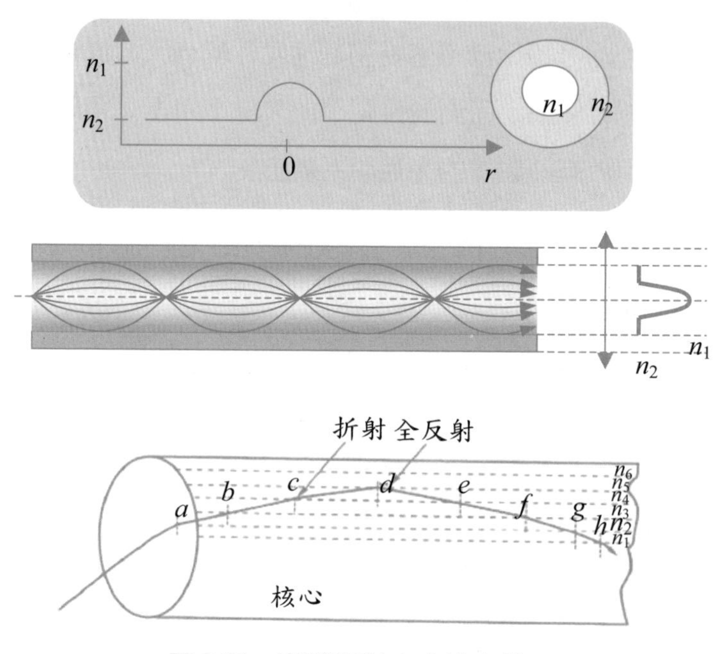

圖 2.21　漸變折射率多模光纖。

⑵步階式折射率（Step-Index Optical Fiber）光纖

步階式折射率光纖是最簡單及最常見的型式，它具有兩種折射率。光纖纖芯材料包含玻璃、膠套矽光纖、塑膠光纖結構。雖然步階式折射率光纖在高頻寬及低損耗上不是最有效，但為最廣泛使用的光纖。其最大的缺點為光纖不同模態的路徑長度變化將造成的模間色散。

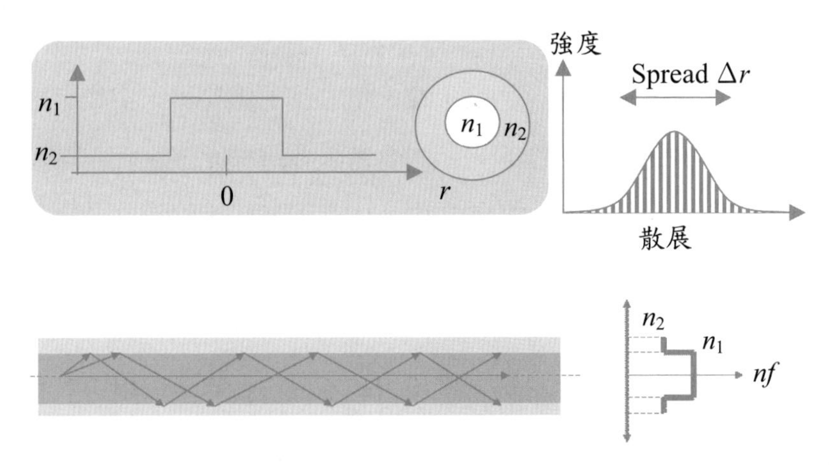

圖 2.22 步階式折射率光纖。

多模光纖和單模光纖的差異就在中間的纖芯和纖殼的比較，其原理差異就在可以通過多少個模態，在多模光纖裡，因爲它的纖芯較大，光的波長比纖芯小很多，所以當在光纖中全反射時，可以有較多的模態傳送到遠處；而在單模光纖裡，因爲它的纖芯相較光波長不大，所以使得光在光纖裡只能允許一個模態在裡面行進，多模光纖是因爲多個模態在光纖裡行進，光打出光纖之後，即會形成光斑，光斑的產生就是因爲多個模態的重疊而出現。因此，這一些光斑會因爲光纖受到外在影響，光斑也隨之改變。基於這樣的因素，選擇傳遞訊號的光纖的時候，並不會使用多模光纖，而會去選擇單模光纖。

2.3.3 光纖損失之原因

談到光纖傳輸光線訊號時，首先須對光線入射於兩種不同介質時所發生反射及折射現象作一瞭解，利用全反射，我們可很輕易的使用光纖來改變光的行進方向，且在過程中，使光的損耗最小。光纖之損失原因，通常包含下列各項：

1. 材料的吸收損失

由於光纖內含有金屬元素（如錳、鎳、釩、鈷、鐵等），這類金屬在光譜範圍有廣大的吸收帶。而早期製作的光纖內含有太多這種元素，因爲這些金屬離子會吸收大量的光導致光纖產生太多的損失。由此可知，消除這些金屬離子含量非常重要。

2. 材料的散射損失

光纖是波導管的一種，其材料密度或組成不均皆會產生散射，且損失值與波長成正比，因此波長越長，損失越小。例如纖芯和纖殼之界面不平整，光線會因爲無法達到全反射而產生損失。

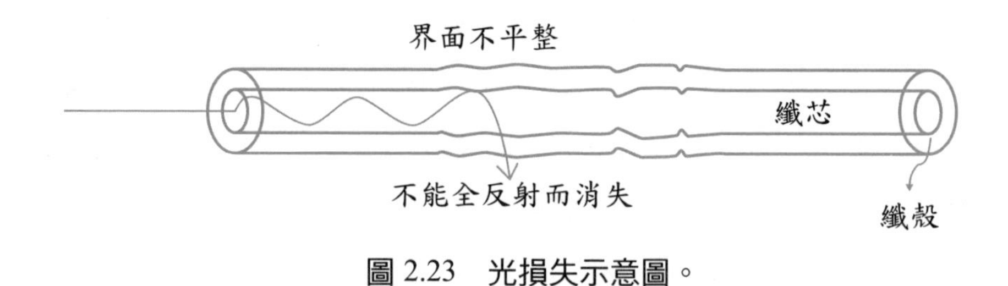

圖 2.23　光損失示意圖。

3. 波導及彎曲損失

爲光纖結構上之變形所造成，包括直徑之改變、局部或整體之彎曲，當光纖結構受到外力過度壓迫變形或者局部曲率過大時，都有可能引起光能量耗損。而損失之定義爲輸出能量與輸入能量之比值，以對數單位分貝（decibels; dB）來表示：能量損失跟光纖總長度有關，一般以每公里損失之分貝數表示。

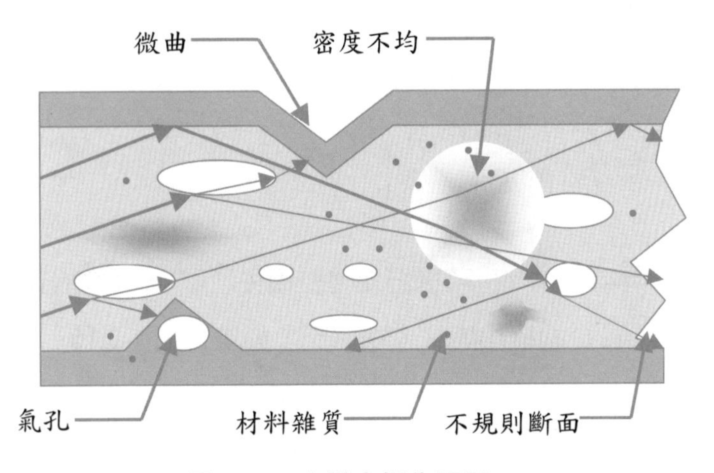

圖 2.24 光纖之損失原因。

4.光纖彎曲損失

1986 年，A. J. Harris 等人[9]探討出雷射光打入彎曲的單模光纖時，會產生彎曲損失，而在彎曲損失長度 L 的彎曲範圍裡可分為兩部分，當雷射光從光纖傳遞至彎曲光纖部位時會產生轉變損失區域 A、C，和純彎曲損失區域 B 這兩部分如圖 2.25 所示。

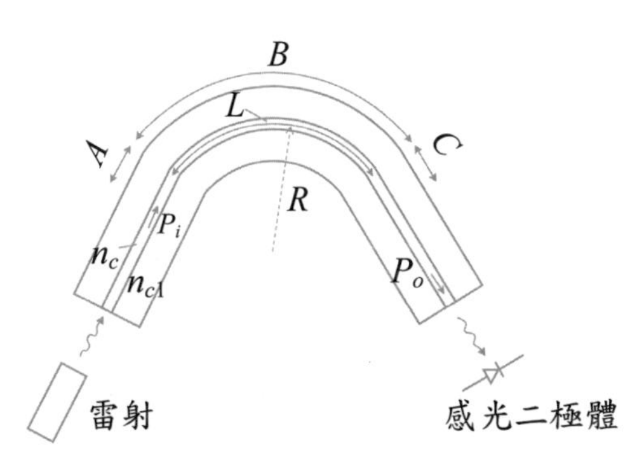

圖 2.25 光在彎曲單模光纖內傳輸的輸入功率 P_i 及輸出功率 P_o[9]。

由上圖 2.25 所示即為基本彎曲模式，如果忽略光纖內部衰減損失，則輸出與輸入功率比如公式[9]（2.15）：

$$\frac{P_o}{P_i} = \left.\frac{P_o}{P_i}\right|_A \times \left.\frac{P_o}{P_i}\right|_B \times \left.\frac{P_o}{P_i}\right|_C \tag{2.15}$$

由上圖 2.25 所示，我們也可以得知轉變損失區域 A 的輸出功率與輸入功率比等於轉變損失區域 C 的輸出與輸入功率比，如下公式（2.16）所示：

$$\left.\frac{P_o}{P_i}\right|_A = \left.\frac{P_o}{P_i}\right|_C \tag{2.16}$$

純彎曲損失區域表示由下公式（2.17）所示：

$$\left.\frac{P_o}{P_i}\right|_B = \exp\left[-2\alpha L\right] \tag{2.17}$$

由上公式（2.16）和（2.17）帶入公式（2.15）而得公式（2.18）：

$$\ln\left[\frac{P_o}{P_i}\right] = -2\alpha L + 2\ln\left.\left[\frac{P_o}{P_i}\right]\right|_A \tag{2.18}$$

其中，P_o 輸出功率、P_i 輸入功率、-2α 損失係數、L 為光纖彎曲長度，A、B 及 C 為光纖轉變區域。

由上 A. J. Harris 等人探討彎曲光纖後，所推導的公式可得知，光在彎曲光纖內部可分為三個區域，分別為基本模態區域及彎曲模態區域，如圖 2.25 示。由上所推導公式可得知光傳遞在光纖內部時，基本模態區域能量大於彎曲模態區域，也就是說當光纖彎曲時會產生能量損失。

2.4 結論

本章以幾何光學、波動光學探討光在光纖裡的傳播模態還有傳播損失，文中幾何光學提到一些光線傳播的方式及理論，包含反射、折射及全反射；波動光學則提到電磁波理論、馬克斯威爾理論及光的繞射、干涉等；以上這些原理理論皆是瞭解光在光纖裡傳播特性的根基，因此要深入瞭解光纖感測原理前必須先熟讀本章節析述之基本原理與概念，由淺入深、循序漸進地進入光學感測的知識殿堂。

習　題

1. 試說明何謂全反射？
2. 凸透鏡與凹透鏡的成像關係為何？
3. 何謂惠更斯原理？
4. 光纖大致上可分為幾種？
5. 光纖的損失有哪些？

參考文獻

[1] 吳曜東，“光纖光柵原理與應用,” 全華圖書公司，1997.

[2] 黃胤年，“簡易光纖通訊”。

[3] B.E.A. Saleh, .M.C. Taich , “FUNDAMENTALS OF PHOTONICS 2ND,” EURASIA BOOK CO, 2007.

[4] 大越孝敬，岡本勝就，保立和夫，“光纖工學,” 復文書局，1984.

[5] 饒云江 ，劉德森，“光纖技術,” 科學出版社，2006.

[6] 易明，“經典與現代光學,” 臺灣高等教育出版社，1995.

[7] S. O. Kasap, “Optoeletronics and Photonics: Principles and Practices,” Addison Wesley, 2001.

[8] P. G. Hewitt, “Conceptual Physics (Third Edition): The High School Physics Program,”.

[9] A. J. Harris and P. F. Castle, “Bend loss measurements on high numerical aperture single-mode fibers as a function of wavelength and bend radius,” Journal of Lightwave Technology, vol. LT-4, pp. 34-40, 1986.

第三章

各式光纖結構及參數

本章節將要介紹的主題爲光通訊系統中最重要的傳輸介質——光纖，由於光波在光導纖維（簡稱光纖）的傳輸損失，比電波在電纜線中傳導的損耗低得多，更因爲主要生產原料是矽，蘊藏量極大，較易開採，所以價格便宜，促使光纖被用作長距離的資訊傳遞工具。隨著光纖的價格進一步地降低，除了通訊用途外，光纖也大量地被用於感測、車用、醫療和娛樂等方面的用途，我們將從光纖的原理、種類、特性與功用等幾個方向來進行介紹。

3.1　光纖的種類

光纖是用來傳遞光波的一種圓柱形介質波導，它限制了以電磁波能量形式的光波不會洩漏出光纖的表面，並侷限光波只能沿著光纖的軸心方向前進傳播，光纖結構的設計會決定光波於光纖中傳遞時會產生何種變化，也與光纖可載送的最大光信號容量有關，另外，會受外在環境變化而使光纖特性上有所改變。

光通訊發展多年，已經有許多不同的光纖結構設計被提出，圖 3.1 中所表現的是一個最簡單的結構，爲單一實心圓柱形介質波導，具有一半徑爲 a，折射率爲 n_1，這個圓柱體稱作光纖的核心（Core），此核心被另一實心帶有折射率爲 n_2 的介質所包圍住，此部分稱作包覆層（Cladding），其折射率 n_2 略小於 n_1，包覆層有幾個功用，可以降低由於核心表面上不連續性導致的光散射損失，增強光纖機械應力，保護核心層避免因爲與外在環境直接接觸形成表面的汙染。

標準的光纖核心材料爲高純度的石英玻璃（SiO_2）化合物，四周是玻璃包覆層，另外，採用高損耗的塑膠形成包覆層的設計也常被廣泛使用。大多數的光纖外層會再包覆一層材料爲環氧樹脂和橡膠等高分子材料的披覆層（Buffer coating），這樣總直徑爲 250μm，一般簡稱爲「裸光纖」，目的是更進一步增加了光纖的柔韌度，機械強度和耐老化等特性，避免產生任意微小彎曲，引起額外的光散射損耗。

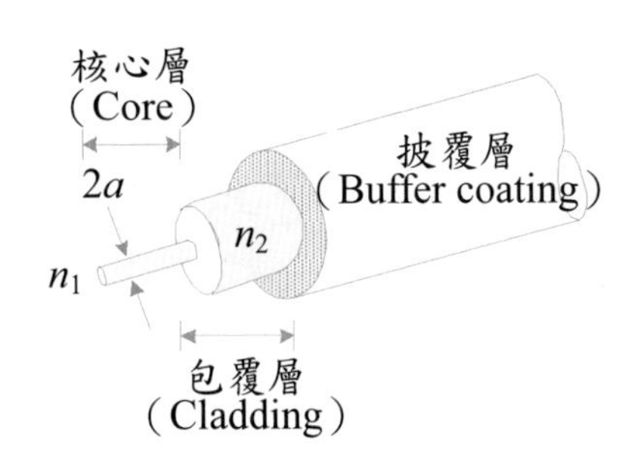

圖 3.1　簡易的光纖結構示意圖[1]。

雖然光纖的核心和包覆層的主體材料都是石英玻璃，但兩區域中摻雜情況不同，才能形成不同的折射率。核心的折射率一般是 1.463～1.467（根據光纖的種類而異），包覆層的折射率是 1.45～1.46 左右。核心的折射率必須比包覆層的折射率大，才可滿足全反射的條件，在前一章節已說明過反射的原理。當核心內的光線入射到核心與包覆層的交界面時，只要其入射角大於臨界角，就會在核心內發生全反射，光纖中傳播的光波就是這樣在核心與包覆層交界面上，不斷地來回全反射的方式傳播，而不會漏射到包覆層中。

常用的光纖類型繪於圖 3.2 中，依照光纖核心的大小，決定光傳輸模式，可分爲：單模光纖（Single mode fiber, SMF）與多模光纖（Multi mode fiber, MMF）兩種，多模光纖的核心直徑一般分爲 50 和 62.5μm 兩種，包覆層的直徑則大多爲 125μm，單模光纖的核心直徑爲 8～10μm，包覆層直徑也是 125μm。

單模光纖的中心玻璃核心很細，只允許有一個模態的傳播，而多模光纖包含數以百計的模態，多模光纖相較於單模光纖的優點，多模光纖核心的半徑愈大，則愈容易與同類型光纖連接在一起，入射光功率耦合損失較小，光源可以採用發光二極體（LED），而單模光纖一般必須使用雷射光源作為入射之光源。

多模光纖的缺點是，他們會受模間色散（intermodal dispersion）的影響，我們將在後續章節描述這種現象。簡單來說，當一個光脈衝發射進入光纖時，光脈衝的功率是分佈在所有的模態上，每個模態於多模光纖中傳播的傳播速度略有不同。這意味著光脈衝到達光纖的結束時間略有不同，因而導致脈衝在沿光纖傳播的時間內會有逐漸地變寬的情形。可藉由圖 3.2(b)中光纖的核心設計成漸變折射率分佈而達到改善，漸變折射率多模光纖相較於階變折射率多模光纖具有更大的頻帶寬。

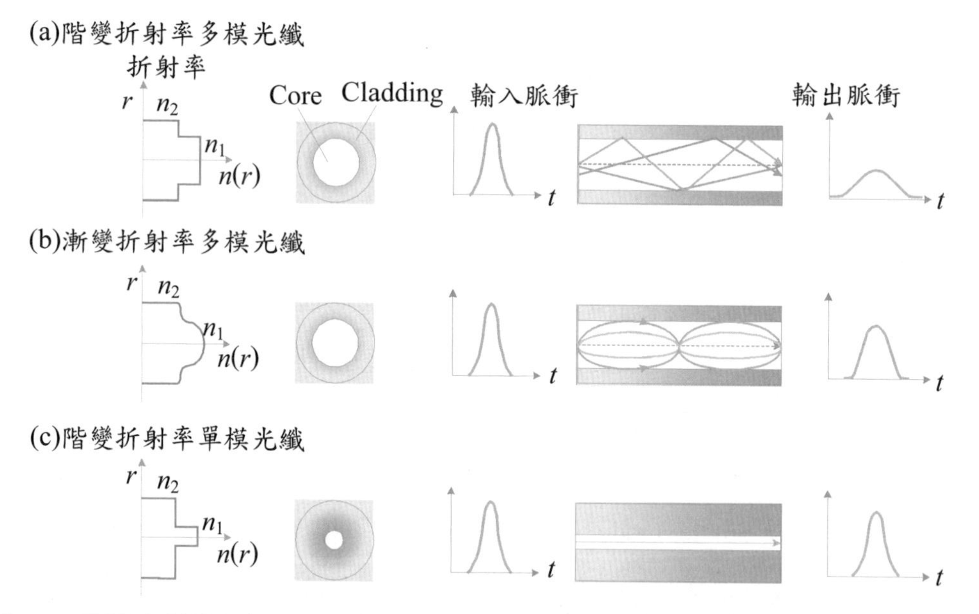

圖 3.2　不同光纖的折射率分佈，橫切面特性與載送光脈波變化之比較，(a)階變折射率多模光纖，(b)漸變折射率多模光纖，(c)階變折射率單模光纖[2]。

依照折射率分佈情況分為：階變（Step-index, SI）和漸變折射率（Graded-index, GI）分佈的光纖。階變光纖的核心折射率是均勻分佈的，光纖核心到包覆層之間的折射率是瞬間轉變的，所以稱爲階變折射率多模光纖，簡稱階變多模光纖（SI-MMF），如圖 3.2(a)，由於模間色散影響，傳輸頻帶有限，只適用於短距離低速率的通訊用途，但階變折射率單模光纖，簡稱階變單模光纖（SI-SMF），如圖 3.2(c)，由於模間色散很小，所以適用於長距離高速率的通訊用途。

漸變折射率多模光纖，簡稱漸變多模光纖（GI-MMF），由圖 3.2(b)所示，是爲了改善階變多模光纖的缺點而出現，光纖核心的折射率隨著光纖中心往外側之徑向距離成一函數關係的逐漸變化，光纖的核心折射率於中心點最大，朝包覆層方向逐漸減小，這會使光線朝著包覆層傳導時，平滑緩慢地改變前進方向，而不是急劇地從核心-包覆邊界反射過去。由於高階模態和低階模態的光線，分別在不同的折射率層介面上按折射定律產生折射作用，而進入低折射率層中，大角度光線會花更多的時間，傳導於低折射率區域。因此，所形成的曲線路徑，會減低多重路徑色散。在設計漸變光纖的折射率分佈時，必須使得各種光線在光纖內的軸同傳導速度差值，達到極小化，如此的理想折射率分佈應該會非常接近於拋物線分佈。

3.2 光線之傳播

依幾何光學的觀點，有兩種類型的光線可以在光纖中傳播，分別爲子午光線（Meridional ray）及斜射光線（Skew rays）。子午光線是固定沿著同一平面方向前進，這個平面是指穿過光纖的軸心的一個切面而言，主要傳導的模態是橫向電場（TE）及橫向磁場（TM）模態。子午光線分爲兩大類：一是受束縛的光線

（Bound rays），可以被侷限並沿光纖軸心前進的光線，另一種是不受束縛的光線（Unbound rays），容易從光纖核心折射進入到包覆層中。斜射光線是指光波依照螺旋式路徑沿著光纖行進，主要傳導的是混合型模態（如EH和HE模態），圖 3.3 以光纖的側面與橫切面，觀察這兩種光線於光纖中行進的方式。

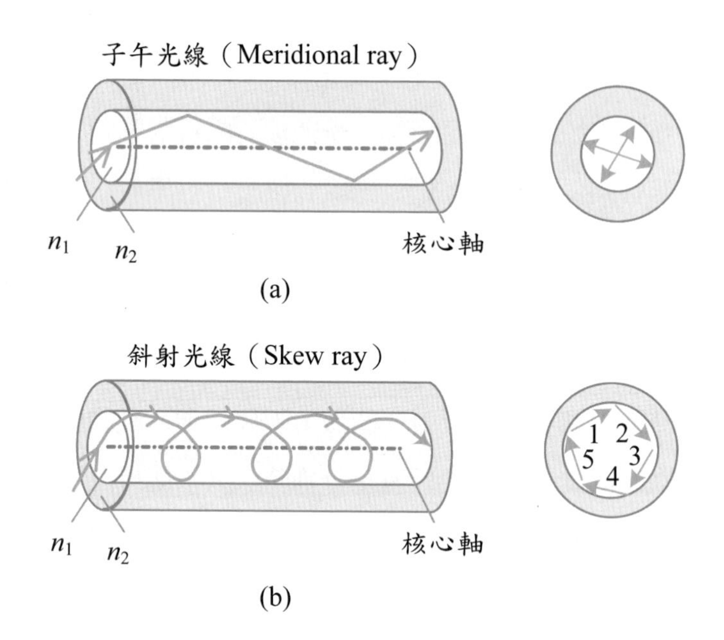

圖 3.3　(a)子午光線與(b)斜射光線，沿著光纖行進的方式[3]。

圖 3.4 描述一子午光線進入一個階變折射率光纖後的詳細光路示意圖，光線由一個折射率為 n 的介質，與核心軸夾角 θ_0 的方向進入核心內，入射光纖後在核心與包覆層之介面產生反射，此反射光線與核心和包覆層之介面的垂直線，形成一個夾角以 ϕ 表示，然後子午光線沿著曲折的光纖核心路徑，經過不斷地在光纖內部反射後傳遞。

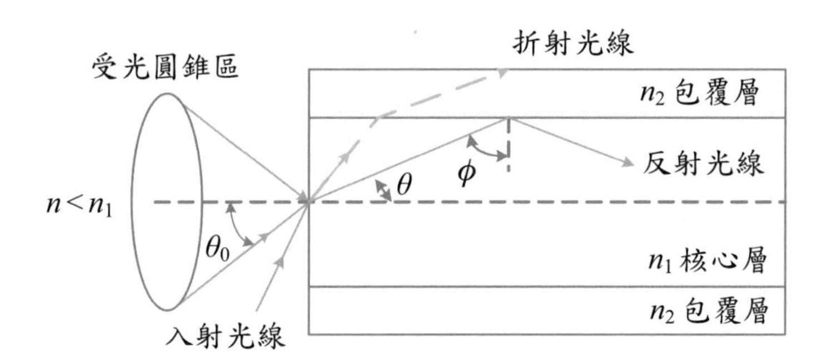

圖 3.4　子午光線進入一階變折射率光纖的光路示意圖[1]。

由斯涅耳定律（Snell's law）得知，要使光線於光纖內達到全反射的最小臨界角爲ϕ_C

$$n\sin\theta_0 = n_1\sin(90^\circ - \phi_c),\ n_1\sin\phi_c = n_2\sin 90^\circ$$

$$\sin\phi_c = \frac{n_2}{n_1} \tag{3.1}$$

光線入射的方向與核心包覆層之間介面垂直線的夾角小於ϕ_c時，光線則會散射出核心而進入包覆層，如圖 3.4 中的虛線表示。由上列式子應用於邊界的條件，可對應於一個最大的入射角$\theta_{0,\max}$，這就是入射光線的受光角θ_A。

$$n\sin\theta_{0,\max} = n\sin\theta_A = n_1\sin\theta_C = \sqrt{(n_1^2 - n_2^2)} \tag{3.2}$$

此時$\theta_C = \pi/2 - \phi_c$。因此，如果光線的入射角$\theta_0$小於$\theta_A$，光線將完全在核心與包覆層界面進行內部反射。故$\theta_A$定義了一個光纖可接受最大入射角度的圓錐形區域。

方程式（3.2）還定義了一光線在階變折射率光纖中的數值孔徑（Numerical

aperture, NA）爲：

$$NA = n\sin\theta_A = \sqrt{(n_1^2 - n_2^2)} \approx n_1\sqrt{2\Delta} \qquad (3.3)$$

其中

$$\Delta = \frac{n_1^2 - n_2^2}{2n_1^2} \cong \frac{n_1 - n_2}{n_1} \qquad (3.4)$$

參數Δ是核心與包覆層之間的相對折射率差值（Relative index difference），n_2通常要使Δ遠小於 1，所以使式子 3.3 中最右側的近似表示式是合理的。由於數值孔徑與受光角（θ_A）有關，常用來描述光纖端面接受角度、光纖聚光能力和計算光源進入光纖之間的耦合效率等，數值孔徑是一個沒有單位的數值，其數值會小於 1，通常介於 0.14 至 0.50 之間。

較高的數值孔徑會允許光線，以較寬廣的角度，進入核心層中，造成光線和光纖更有效率的耦合，由於不同角度的光線會有不同的光程，通過光纖所需的時間也會不同，所以，較高的數值孔徑也會增加色散。反而較低的數值孔徑會是更適當的選擇。

階變型光纖有三種型式：*1.* 全玻璃材質的核心與包覆層，之間有微弱的折射率差。*2.* 二爲矽玻璃材質的核心，以塑膠做包覆層，稱做塑膠包覆矽（PCS）。*3.* 全用塑膠做爲纖心與包覆層材料，其簡稱爲塑膠光纖（Polymer optical fiber, POF），將這三種具代表性的光纖結構，其數值孔徑、受光角與核心包覆層之間的折射率差值做比較，列於表 3.1 中[1]。

表 3.1 典型的三種階變型光纖的特性比較

材料類型	△	NA	θ_A
全玻璃	0.0135	0.24	13.9°
塑膠色覆矽（PCS）	0.041	0.41	24.2°
全塑膠	0.054	0.48	29°

3.3 何謂光纖之模態

我們再以波動光學的觀點說明，當所有光射線入射至一平面介質波導內，會產生不同的全反射路徑，形成的相位差必須滿足 2π 的整數倍，才能達到建設性干涉的光波，我們稱作能在波導中存在的導引模態或是侷限模態（Guided mode）。

將二維（γ 和 ϕ）尺寸的光纖波導橫切面，以 x 和 y 來表示相對的水平與垂直軸，所以光波的建設性干涉包含 x 和 y 方向的反射，因此使用整數 l 和 m 來標記可能存在的模態。在階變多模光纖中，入射的子午光線和斜射光線都會產生沿光纖傳輸的多個導模，具有傳輸常數 β。當光纖的折射率差 $\Delta \ll 1$ 時，稱這種光纖爲弱導光纖，此時傳播的光波中橫向電場（E）和橫向磁場（B）同時存在，並且是互相垂直的，也垂直於 Z 軸（光纖軸心），這些光波稱爲線性偏振波（LP），可以使用沿 Z 軸方向的電場分佈 $E_{lm}(\gamma, \varphi)$ 數學式表示，代表有幾種 LP_{lm} 模態存在，其電場爲

$$E_{LP} = E_{lm}(\gamma, \beta)\exp j(\omega t - \beta_{lm} Z) \tag{3.5}$$

β_{lm} 爲 LP_{lm} 模態沿著 Z 軸的傳播常數。

由於線性偏振 LP_{lm} 模態可以視爲所有向量模態的和，例如 LP_{01} 模態是指

HE_{11}，包括兩個正交的線性偏振模態，LP_{11} 模態是 TE_{01}，TM_{01} 和 HE_{21} 三個模態的總和，線性偏振模態與向量模態的對應關係，與對應之電場強度（以光纖端面來看），整理如表 3.2 所示。

表 3.2　線偏振模態與向量模態的對應關係[2]

線偏振模態	LP_{01}	LP_{11}	LP_{21}
向量模態	HE_{11}	TE_{01}，TM_{01}，HE_{01}	EH_{11}，HE_{31}
電場強度			

以電磁波理論來描述光波特性時，光纖中的電磁場仍須遵守麥克斯威爾方程式（Maxwell's Equations），解波動方程式可以得到光纖模態的特性，一般用貝索（Bessel）函數解出光纖中可傳播的模態數目，並描述光波於核心中的光場分佈，像衰減的正弦函數，對於階變折射率光纖，定義出一個歸一化頻率 V 參數，也稱 V 值（V-number），作爲反應其光纖的特性。

$$V = \frac{2\pi a}{\lambda}\sqrt{n_1{}^2 - n_2{}^2} = \frac{2\pi a}{\lambda}n_1\sqrt{2\Delta} = \frac{2\pi a}{\lambda}NA \tag{3.6}$$

其中 a 爲核心半徑，V 參數是一個無單位的數値，可以決定光纖內能允許有多少模態光場存在，V 值愈大，光纖的模態數目愈多。對於單模態傳播，理論上只有一個模態經過光纖，因此只允許基模 LP_{01} 通過光纖核心傳導，所以單模光纖必須滿足的條件爲

$$V \leq 2.405 \tag{3.7}$$

當 $V > 2.405$ 時，模態數目會增加很快，通常在階變多模光纖中，傳播模態總數近似爲

$$M \approx \frac{V^2}{2} \tag{3.8}$$

而另一特殊的漸變折射率光纖，其 V 值近似爲 3.4。

假使入射光纖之光源波長降低到一定程度以下時，原本單模特性會變成多模態存在，因此定義爲截止波長（Cut-off wavelength），爲光纖內保持單一基本模態的最短光波長，可由下式求得：

$$\lambda_C = \frac{2\pi a}{2.405}\sqrt{n_1{}^2 - n_2{}^2} = \frac{2\pi a}{2.405}NA \tag{3.9}$$

3.4 模場直徑

在多模光纖，輸出光點大小或是模場直徑（Mode-field diamenter, MFD）大小近似於核心層的直徑，反之對於單模光纖而言，輸出光點大小實際上比核心直徑大，在基本模態中的功率分佈場圖可用來分析單模光纖的性能，並非所有光只在核心中載送，因爲光同時可以傳播於核心與包覆層中，在輸出端產生比核心大之特殊形態高斯分佈狀的光點，如圖 3.5 所示。對單模光纖來說，要預測光纖性能，最先需要知道的是光傳輸模態的幾何分佈。所以模場直徑大小是單模光纖的一個重要參數，可以得知光纖模態的模場分佈，爲光源波長、核心半徑和光纖折射率分佈相關的一個函數。

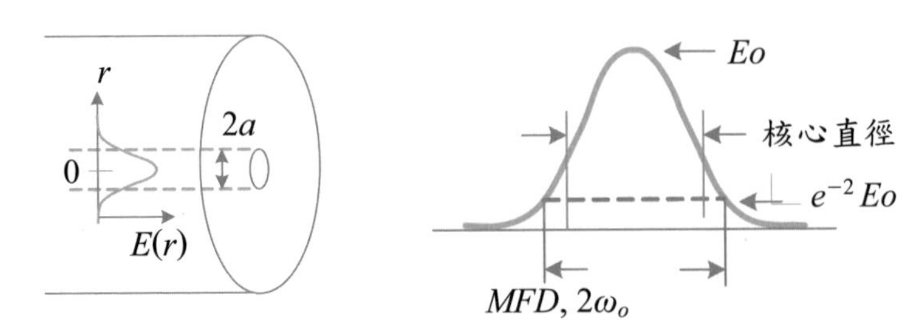

圖 3.5　模場直徑與高斯分佈狀的光點示意圖。

模場直徑（MFD）可以用來預估光纖特性，如裂痕損失、彎曲損失、截止波長和波導色散，測得 MFD 的標準方式是量測遠場強度分佈 $E^2(r)$，然後用下列公式計算 MFD。

$$MFD = 2w_0\left[\frac{2\int_0^{\infty} E^2(r)\, r^3\, dr}{\int_0^{\infty} E^2(r)\, r dr}\right]^{1/2} \tag{3.10}$$

這裡的 $2w_0$（光點大小; spot size）指的是整個光遠場分佈的寬度，可以用高斯函數簡單的計算出切確的光場分佈。

$$E(r) = E_0 \exp(-r^2 / {w_0}^2) \tag{3.11}$$

這裡的 r 是半徑，E_0 是核心中心點的電場強度，如圖 3.5 所示。然後 MFD 即可從光功率的 $1/e^2$ 倍的光場寬度求得。

3.5 漸變多模光纖

漸變折射率光纖的折射率分佈可以用(r/a)的α次方表示，即爲：

$$n(r) = \begin{cases} n_1[1 - 2\Delta(r/a)^{\alpha}]^{1/2} & 0 \le r \le a \\ n_2 = n_1(1 - \Delta) & r > a \end{cases} \tag{3.12}$$

式子中的r是從光纖中心軸算起的半徑距離，a是核心半徑，n_1是核心軸的折射率，n_2是包覆層的折射率，而α取決於折射率分佈的輪廓而定，可稱爲折射率光柵係數。當α滿足下面的式子條件時，模間色散可以最小。

$$\alpha = \frac{4 + 2\Delta}{2 + 3\Delta} \approx 2(1 - \Delta) \tag{3.13}$$

至於漸變型光纖的數値孔徑計算會比階變型光纖更複雜，因爲靠近核心端面的 NA 是個函數，而在階變光纖中靠近核心端面的 NA 仍爲常數，幾何光學認爲只有數値孔徑很小，光纖裡距離核心r的光才會如同導模一般的傳播。

$$NA(r) = \begin{cases} [n^2(r) - n_2^2]^{1/2} \cong NA(0)\sqrt{1 - (r/a)^{\alpha}} & 0 \le r \le a \\ 0 & r > a \end{cases} \tag{3.14}$$

這裡的軸心數値爲

$$NA(0) = [n^2(0) - n_2^2]^{1/2} \cong (n_1^2 - n_2^2)^{1/2} \cong n_1\sqrt{2\Delta} \tag{3.15}$$

因此漸變光纖的NA從$r = 0$的NA(0)往外逐漸減少，直到核心和包覆層的交

界處，漸變光纖邊界模態的數目爲

$$M = \frac{\alpha}{\alpha+2} a^2 k^2 {n_1}^2 \Delta \cong \frac{\alpha}{\alpha+2} \frac{V^2}{2} \qquad (3.16)$$

這裡的 $k = 2\pi/\lambda$。光纖製造廠商通常製作的是拋物線分佈漸變折射率光纖且 $\alpha = 2$。在這個情況下，模態數目 $M = \frac{V^2}{2}$，是一般階變光纖（V 値都相同）所提供的一半。

3.6　光纖重要特性與參數

光纖作爲資料傳輸介質的性能，由衰減與色散兩個主要限制因素而決定，光纖衰減量會降低傳送光訊號的光功率值，反之，色散決定透過光纖傳輸的資料頻寬，因爲色散將決定載送訊號的光脈波於時域上脈波延展的大小。

3.6.1　光纖衰減值

由量測一個光源於光纖的輸入端與穿過光纖後的輸出端之間，所得到的光功率損失決定光纖衰減量，包含光源耦光至光纖，光纖本身的吸收與散射作用等造成。吸收與散射作用的影響會隨著光纖的長度增加而漸增，相較之下，耦光的損失只會發生在光纖的端面，對短距離光纖而言，吸收與散射造成的光衰減量可以小於端面耦光損失，但對於長距離傳輸用的光纖，光吸收與散射效應愈顯得重要。

當光沿著光纖傳播，其光功率會隨著光纖長度的指數函數之關係下降，我們假設進入光纖的光功率為$P(0)$，然而經過光纖長度為L之後的光功率為$P(L)$，兩者關係為

$$P(L) = P(0)\, e^{-\alpha_L L} \tag{3.17}$$

可改寫成

$$\alpha_L = \frac{1}{L} \ln\left[\frac{P(0)}{P(L)}\right] \tag{3.18}$$

α_L為光纖衰減係數（Attenuation coefficient），單位為 km^{-1}，為了要簡化光訊號經過光纖後的光功率衰減的計算過程，一般會將光衰減係數表示成每公里光纖造成光功率降低幾個 dB，單位為 dB/km，我們改為α(dB/km)表示，因此可以定義

$$\alpha(\text{dB/km}) = \frac{10}{L} \log\left[\frac{P(0)}{P(L)}\right] = 4.343\alpha_L \tag{3.19}$$

這個參數一般在光纖規格中，表示成光纖損耗值（Fiber loss）或是光纖衰減值（Fiber attenuation）。

3.6.2 吸收作用

每種材料都會吸收光能量，吸收程度仰賴光波長和材料性質而定，光吸收程度可以由於光波長不同有很大的變化，透明玻璃即使在遠紅外線波長（～10μm）

也是不透光的，某些材料在特定波長有很強烈的光吸收作用，對其餘波段光卻是穿透的特性，例如玻璃含有一些不純的物質時，將使原本透光的波段變成很強烈的吸收作用，所以，移除光纖中這樣的雜質存在是很重要的步驟，確保製作出具極佳穿透性的光纖得以用於光纖通信系統中。通常，我們會將光纖的衰減量，繪成圖 3.6 中與波長變化的曲線圖表示。

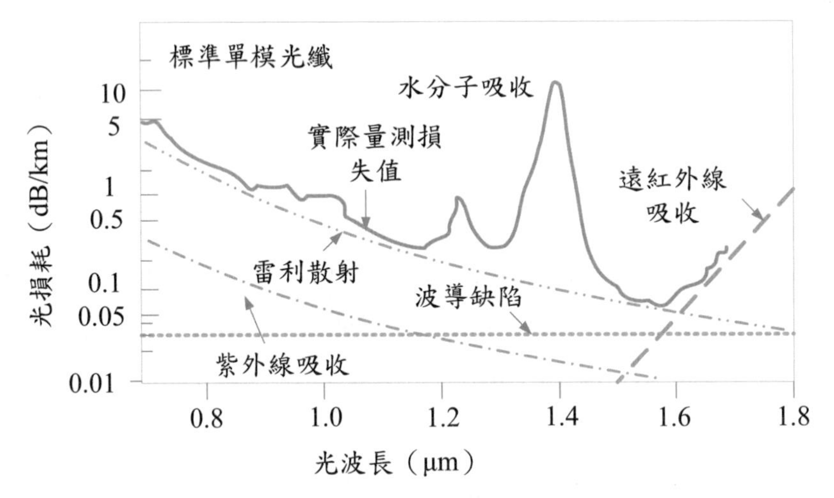

圖 3.6　單模光纖內造成光損耗的組成因素。

以矽土或稱二氧化矽（SiO_2）製成的光纖，材料吸收的損失又可分爲本質吸收與介入雜質的吸收作用，本質吸收在紫外光波段是因爲光激發電子轉態而吸收光能量，另一吸收波段爲紅外線波段，由於材料分子之晶格震動轉變，而吸收光能量，這兩個波段之間剛好畫分一個適合傳輸的波段視窗，發生在近紅外線波段區域。介入雜質的吸收作用起因爲材料不純所造成的，例如含 Fe, Cu 等過度離子及水分子等雜質吸收光能量作用。

3.6.3 散射作用

光纖中產生的散射損失來自材料密度的微小變化、分子的擾動、製造光纖過程時產生的結構缺陷等。因爲材料玻璃是被許多氧化物所組成的，諸如 SiO_2、GeO_2 以及 P_2O_5。散射衰減的分布是相當複雜的，因爲是隨機分子的動作以及玻璃中含許多不同氧化物的成分。一個單模光纖散射的損失，與波長以及密度有關，結構非相同本質以及生產光纖所造成的缺陷將會決定散射程度，這些缺陷的產生可能是在黏貼時有空隙、沒有反應的材料或是玻璃的結晶程度問題。

雷利散射（Rayleigh scattering）是指光纖在製造時，須歷經加熱，冷卻的過程，但在冷卻，結晶過程中，分子的排列不均勻，造成折射率分佈的微小變化，這種現象是不可避免的，這些不規則組織形成光的散射，相較於雷利散射而言，其他缺陷造成的散射以現在的製作技術來說都可以忽略，雷利散射與波長負 4 次方有關係，雷利散射係數如下式所示：

$$\Gamma_R = \frac{8\pi^3}{3\lambda^4} {n_1}^8 P^2 \beta_C K T_F \tag{3.20}$$

$$L_{RS} = e^{-\Gamma_R L} \tag{3.21}$$

其中參數Γ_R爲雷利散射係數，λ爲光波長，n_1爲核心折射率，β_C爲等溫壓力係數，K爲波茲曼常數，T_F爲製造溫度，P爲平均光子彈性係數。L_{RS}爲雷利散射損失，與光纖長度L有關。如果雷利散射想減少必須加大波長，參照圖 3.6，對於一個波長小於 1 μm，在光纖中雷利散射將會是主要的損失，如果波長大於 1 μm，遠紅外線吸收的影響將會是主要的信號衰減原因。

3.6.4 色散作用

光纖的色散（Dispersion）現象在描述，當有一光脈波進入光纖傳播後，最後離開光纖此光脈波的寬度變寬之現象，光纖色散主要包括模態色散（Intermodal or modal dispersion），色度色散（Intramodal or Chromatic dispersion）與極化模態色散（Polarization mode dispersion）。模態色散僅僅發生在多模光纖中，色度色散又細分爲材料色散與波導色散，單模光纖中，由於只有存在一個模態，所以可忽略模態色散，材料色散爲主要的導致光脈波展寬的原因，波導色散值相對較小，對於一個製程良好的光纖，極化模態色散影響是最小的。

接下來我們對於各種色散現象加以描述說明：

1. **模態色散**

多模光纖中，不同模態的光訊號在光纖中傳播的群速度不同，每一模態因全反射的角度不同而使得傳送的路徑長度不同，所以各個模態到達光纖輸出端的時間也不同，產生時間差，在階變多模光纖中，模態色散非常嚴重，對於一長度爲 L 的光纖，假設最低階模態其時間延遲最短爲 $\tau_{(\min)} = \frac{n_1}{c}L$，最高階模態到達的時間爲 $\tau_{(\max)} = \frac{Ln_1^2}{cn_2}$，模態間形成的時間差（或說脈波展寬量）可以表示爲

$$\begin{aligned}\Delta\tau_{\text{mod}} &= \tau_{(\max)} - \tau_{(\min)} \\ &= \frac{Ln_1}{c}\left(\frac{n_1 - n_2}{n_2}\right) = \frac{Ln_1^2}{cn_2}\Delta \cong \frac{Ln_1}{c}\Delta = \frac{L}{2cn_1}NA^2 \end{aligned} \quad (3.22)$$

其中 L 爲光纖總長度，c 爲光在真空中的速率，而在漸變多模光纖中，不同模態雖然也是路徑不同，但前進角度大的模態傳播速度較快，反之模態前進角度較小時，因靠近核心的折射率愈高，反而降低傳播速度，因此，漸變多模光纖的模

態色散會小於階變多模光纖，模態間產生的時間差如下式表示爲

$$\Delta\tau_{\text{mod}} = \frac{Ln_1\Delta^2}{20\sqrt{3}c} \tag{3.23}$$

2. 材料色散

所謂材料色散，是指輸入光波是包含一定的波長範圍$\Delta\lambda$而不是純的單色光，光纖核心材料之折射率會因入射光波長而不同（$n_1(\lambda)$），在光程路徑上不同波長所需要的行進時間不同，波長短（頻率高）的光波行進速度慢，波長長（頻率低）的光波行進速度快，因而使光脈衝變寬，材料色散除了決定於材料折射率的波長特性，還有光源的頻譜寬度（Spectral width）。在光纖波導中的光波以不同的群速度$V_g = (\partial\beta/\partial\omega)^{-1}$在核心中以基模傳播，經過每單位光纖長度會產生一個時間差或稱作群延遲

$$\frac{\tau_g}{L} = \frac{1}{V_g} = \frac{d\beta}{d\omega} = -\frac{\lambda^2}{2\pi c}\frac{d\beta}{d\lambda} \tag{3.24}$$

其中傳輸係數β爲

$$\beta = \frac{2\pi n_1(\lambda)}{\lambda} \tag{3.25}$$

所以由於材料色散造成的群延遲爲

$$\tau_M = \frac{L}{c}\left(n_1 - \lambda\frac{dn_1}{d\lambda}\right) \tag{3.26}$$

因此材料色散造成的光脈波展寬為

$$\Delta\tau_M = \left|\frac{d\tau_M}{d\lambda}\right|\Delta\lambda = \frac{\Delta\lambda}{c}\left|\lambda\frac{d^2n_1}{d^2\lambda}\right|L = |D_M(\lambda)|\,\Delta\lambda L \qquad (3.27)$$

式子中的$D_M(\lambda)$為材料色散係數，由材料折射率的二階導數計算出

$$D_M(\lambda) = \frac{\lambda}{c}\frac{d^2n_1}{d\lambda^2} \qquad (3.28)$$

從圖 3.7 中顯示材料色散有可能是正值，也可能是負值，但光脈波展$\Delta\tau_M$與$\Delta\lambda$會是正值，所以式子（3.27）中的$D_M(\lambda)$取絕對值表示。

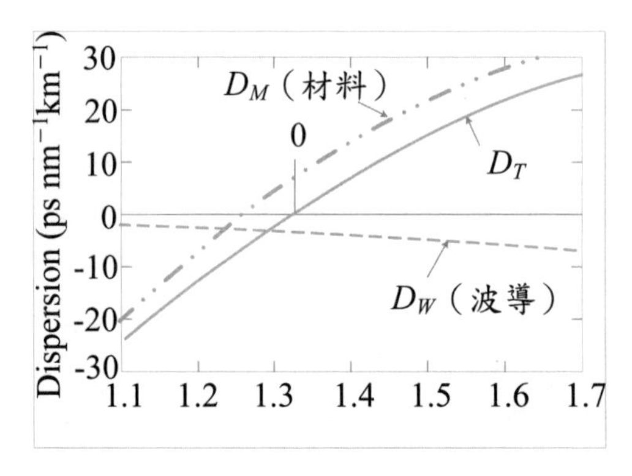

圖 3.7　**典型單模光線的色散係數。**

3.波導色散

假設光纖核心材料的折射率與光波長無關，光波在光纖中行進單位長度得到的群延遲時間就會與光纖結構無關，但不同的波長行進的群速度本來就會不同，可以表示成與正規化傳播常數的關係為

$$b = \frac{(\beta/k)^2 - n_2^2}{n_1^2 - n_2^2} \approx \frac{\beta/k - n_2}{n_1 - n_2} \tag{3.29}$$

$$\beta = n_2 k\,(b\Delta + 1) \tag{3.30}$$

其中 $k = 2\pi/\lambda$，所以由於波導色散導致的群延遲爲

$$\tau_W = \frac{L}{c}\frac{d\beta}{d\kappa} = \frac{L}{c}\left[n_2 + n_2\Delta\frac{d(kb)}{dk}\right] \tag{3.31}$$

從歸一化頻率 V 值的公式得知，當入射光波長變動時，V 也會改變，我們可以得知 V 與 k 關係爲

$$V = \frac{2\pi a}{\lambda}(n_1^2 - n_2^2)^{1/2} \approx kan_1\sqrt{2\Delta} \tag{3.32}$$

所以，將 V 取代 k 帶入公式中，可以將群延遲改寫爲

$$\tau_W = \frac{L}{c}\left[n_2 + n_2\Delta\frac{d(Vb)}{dV}\right] \tag{3.33}$$

因此波導色散造成的光脈波展寬爲

$$\begin{aligned}\Delta\tau_W &= \left|\frac{d\tau_W}{d\lambda}\right|\Delta\lambda = |D_W(\lambda)|\,\Delta\lambda L\\ &= \frac{V}{\lambda}\left|\frac{d\tau_W}{dV}\right|\Delta\lambda = \frac{n_2\Delta}{c\lambda}\left[V\frac{d^2(Vb)}{dV^2}\right]\Delta\lambda L\end{aligned} \tag{3.34}$$

式中 $D_W(\lambda)$ 爲波導色散係數，與光纖的特性有關，可以表示爲

$$D_W(\lambda) = -\frac{n_2\Delta}{c\lambda} = \left[V\frac{d^2(Vb)}{dV^2}\right] \tag{3.35}$$

所以，一般單模光纖存在材料色散和波導色散，隨著光波長變化的關係繪製於圖 3.7 中，有一零色散波長在 1300 nm 附近，形成的總色散爲 $D_T = D_M(\lambda) + D_W(\lambda)$，對應的總光脈波展寬會是 $\Delta\tau = \Delta\tau_M + \Delta\tau_W$。

在長距離高資料速率的傳輸系統中，由於光纖在光波長爲 1.55 μm 有最小的衰減量，但是色散對光脈波展寬的效應非常嚴重，因此鑒於波導色散與光纖的幾何尺寸有關，若是減小核心半徑或是增加摻雜濃度，可適當地修正折射率的變化，可以使波導色散在此波長與材料色散剛好是抵制的效用，這種光纖稱作色散位移光纖（Dispersion shift fiber, DSF）。

雖然對 1.55 μm 波長而言是零色散，但是對其他波段還是存在色散效應，若是在高密度分波多工系統會有嚴重的非線性效應。因此，改進單模光纖的結構與參數的設計，發展出另一種稱作非零色散位移光纖（Nonzero dispersion shifted fiber, NZDSF），可以將 1.55 μm 波長的色散值降低到約 4.5 ps/(nm-km)，結構的設計是爲單模光纖形式但是有較大的有效核心區域，所以非零色散位移光纖也叫做（Larger effective area fiber, LEAF），一般單模光纖的有效核心區域約爲 55 μm^2，但是此種光纖大過 100 μm^2。

另一種光纖的設計是希望操作波長在很大的範圍（如 1.3～1.55 μm）內，都有最小的色散值，此種光纖稱做色散平坦光纖（Dispersion-flattened fiber），此種光纖設計最爲複雜，要計算波導與材料色散的抵銷，需適當的變化光纖的折射率分佈形狀來達成，例如一種設計叫作壓縮包覆層光纖（Depressed-cladding fiber），其核心被一層薄的內層包覆層包圍，此內層包覆層的折射率比外層包覆層的折射率較低。圖 3.8 爲三種特殊光纖的結構和折射率分佈，與相對應的隨波長變化的色散係數。

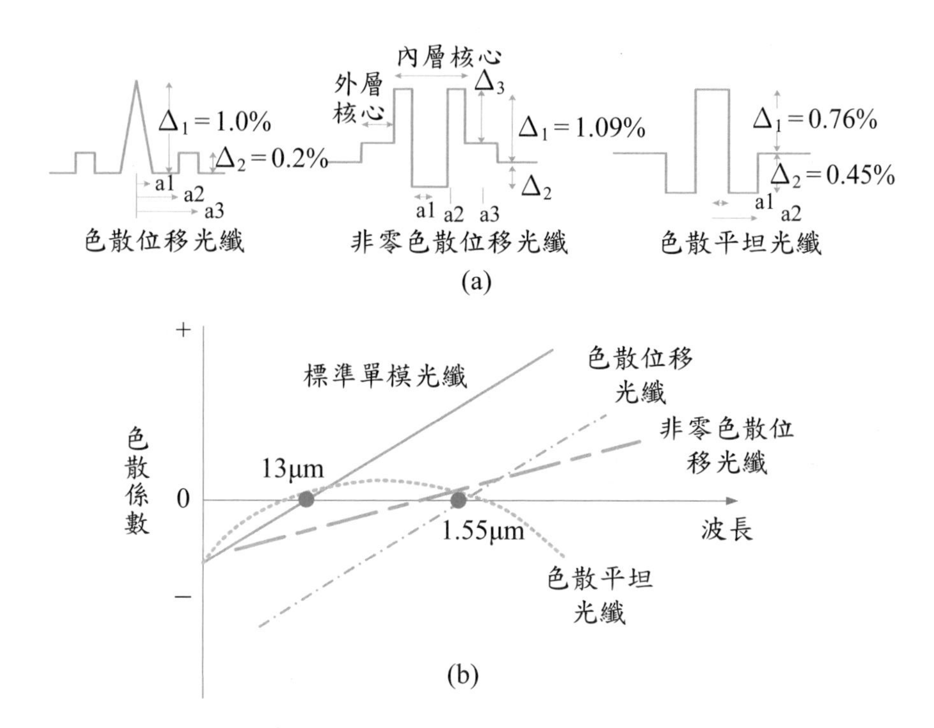

圖 3.8 (a)三種特殊光纖的結構和折射率分佈，與(b)相對應的隨波長變化的色散係數。

*4.*極化模態色散

光訊號的極化狀態會受光纖的雙折射影響，造成脈衝展寬的另一個來源，尤其是在高資料速率長距離傳輸系統時特別重要（例如 10 Gb/s 甚至到 40 Gb/s 資料速率需要傳輸幾十公里的情況），雙折射（Birefringence）效應可以由光纖本質因素所導致，例如製造出的光纖核心之幾何形狀不規則、或是非對稱圓形，此外，有些外部因素也可能導致到雙折射的產生，如光纖的彎曲、扭曲，或是核心受到壓力的擠壓等情況發生。

光訊號的極化（Polarization）狀態是指光訊號的電場方向，它可以沿著光纖產生變化，就如圖 3.9 所示，在一給定的波長上之光訊號能量，是分別占據兩個正交的極化模態上，當隨著光纖傳播時，持續地受到光纖的雙折射效應的影響，導致這兩個極化模態沿著光纖的長度，會用些微差異的速度傳播，兩個正交極化模態的傳播經過一定長度的光纖後，產生的時間差為$\Delta\tau_{PMD}$，而這時間差就會導致光脈衝展寬，這就是極化模態色散（Polarization-mode dispersion, PMD）的作用，如果兩個正交極化模態的群速度分別是V_{gx}和V_{gy}，所以在傳輸一光脈波經過了長度為L的光纖後，這兩個極化模態之間的時間差可表示為：

$$\Delta\tau_{PMD} = \left|\frac{L}{V_{gx}} - \frac{L}{V_{gy}}\right| \tag{3.36}$$

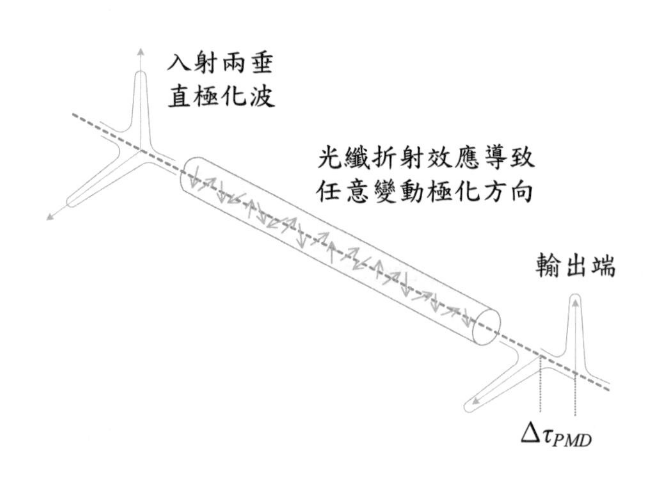

圖 3.9　光纖中雙折射係數造成兩個極化模態經傳輸後的時間差。

極化模態色散不同於一般色散，隨著光纖的長度，一般色散是相對穩定的現象，然而極化模態色散是隨機變化的，原因是因為光纖的雙折射特性會受溫度以及壓力隨時變化，實際上，這些擾動將使得極化模態色散數值變得難以測量，因此式子（3.36）並不能直接地估算極化模態色散值的大小，必須取得群速度變動的平均值作計算，才可用來描述長距離光纖傳輸的極化模態色散特性，如下式的關係：

$$\Delta\tau_{PMD} \approx D_{PMD}\sqrt{L} \qquad (3.37)$$

D_{PMD}是指極化模態色散參數的平均值，單位爲ps/$\sqrt{\text{km}}$，D_{PMD}典型值爲 0.05 至 1.0 之間。

一般單模光纖中極化模態色散效應幾乎是很小的，但當系統傳輸頻寬超過 10Gb/s 以上就必須降低其影響，因此設計出極化保持光纖（Polarization maintaining Fiber, PMF），此種光纖核心折射率分佈不具有對稱性，即互相垂直兩極化方向之折射率不同，此折射率差值要足夠大，使兩極化模態在很短光纖距離內就達到 2π的相位差，這種光纖被設計用來維持入射光波的極化特性，由於兩個極化模態具有不同的傳播性質，故須保持其光源極化，避免在光纖中傳輸過程能量的交換，極化保持光纖是利用光纖內部的不對稱性所設計出，例如：故意製作出不對稱橢圓形的核心，兩個極化模態沿著橢圓的兩軸行進，具有不同的有效折射率，另外包含不對稱壓力製作出的光纖，這兩種結構顯示於圖 3.10 中[2]，其中彎領結（Bow-tie）或是熊貓（PANDA）的結構設計，黑色區域是高度摻雜硼的材料，此區域的熱擴散和包覆層不同，不對稱的壓力施於核心部分，而產生雙折射現象。描述此類光纖之重要參數有雙折射率（Birefringence）；$BF = |n_x - n_y|$，極化保持光纖主要應用於同調光通訊及感測器，如光纖陀螺儀。如果在其核心部分摻雜

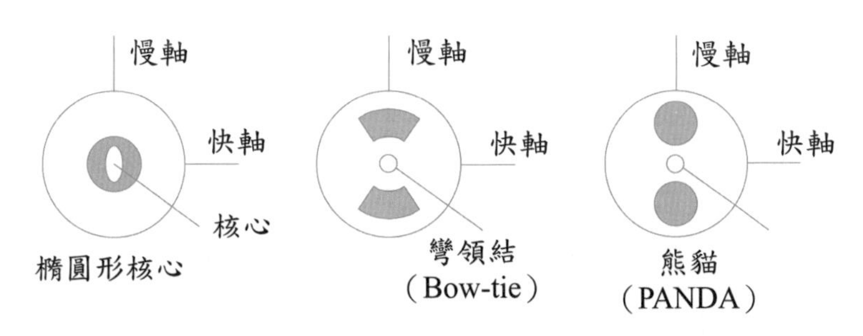

圖 3.10　三種不同設計的極化保持光纖切面圖[2]。

鉺離子，即成爲極化保持摻鉺光纖，可用於高功率光纖放大器，極化保持耦合器及光纖雷射等應用上。

3.6.5 光纖傳輸頻寬限制

限制單模光纖傳輸頻帶寬的主因爲波導色散與物質（材料）色散效應，至於多模光纖是由各個傳輸模態的群速度差異來決定，但是當光源本身的線寬較大時，如LED，在某些波長下的材料色散效應有可能是成爲頻寬限制的主要原因。首先考慮一個以正弦波調變的光束，調變頻率爲f，且週期$T = 1/f$的傳輸訊號，最大允許的脈波展寬爲$\Delta\tau \leq T/2$，所以載送訊號調變頻率被限制爲$f \leq 1/2\Delta\tau$，此定義爲訊號的 3-dB 頻寬，且頻率光纖長度乘積的限制爲

$$f_{3-dB(optical)} \times L = \frac{1}{2\Delta(\tau/L)} \tag{3.38}$$

由於電的 3dB 頻寬等於光學頻寬的 $1/\sqrt{2}$ 倍，所以爲

$$f_{3dB(electrical)} \approx \frac{0.35}{\Delta\tau}$$

$$f_{3dB(electrical)} \times L = \frac{0.35}{\Delta(\tau/L)} \tag{3.39}$$

數位通訊系統中最常見的訊號編碼方式爲返回零準位（RZ）與非返回零準位（NRZ）兩種，如圖 3.11 所示分別爲兩種訊號於時域與頻域上的分佈。返回零準位訊號的資料速率爲 bits/s，但脈波持續期間爲 $T/2$，最小頻寬要求爲 $1/T$ Hz，確保大部分訊號功率會被傳送，因此頻寬長度乘積爲

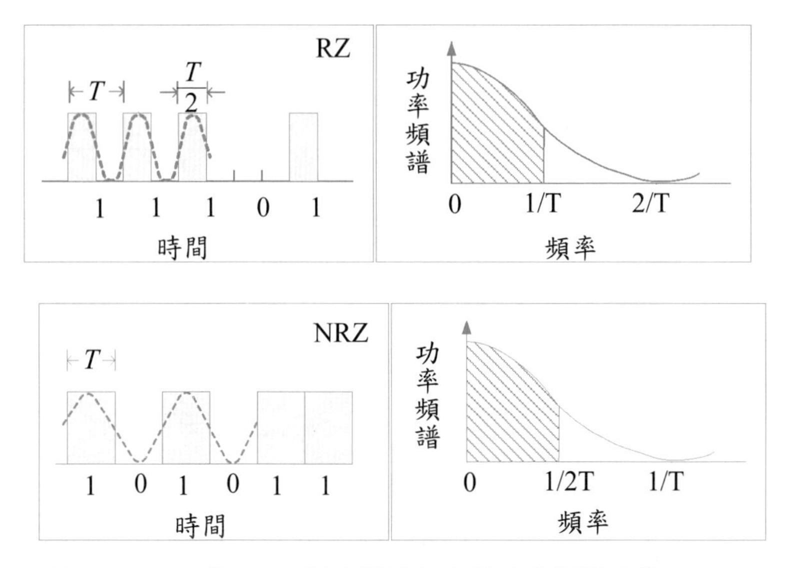

圖 3.11　RZ 與 NRZ 訊號與其各自的功率頻譜分佈。

$$B_{RZ} \times L = \frac{0.35}{\Delta(\tau/L)} \tag{3.40}$$

此外對於非返回零準位訊號，其所需的傳輸頻寬爲 1/2T Hz，爲返回零準位訊號的一半，所以頻寬長度乘積爲

$$B_{NRZ} \times L = \frac{0.7}{\Delta(\tau/L)} \tag{3.41}$$

對於非返回零準位訊號，可允許的脈波展寬爲脈波持續時間 T 的 70%。

由於前面已提及，脈波展寬的原因主要來自光纖色散，所以我們考慮各個色散主要的影響下，將訊號頻寬與光纖長度關係繪製於圖 3.12 中，由模態色散對光脈波展寬程度最爲嚴重，所以系統可提供的訊號頻寬與光纖長度乘積最小，只允許傳輸最低的訊號速率與最短的距離，反之，極化模態色散影響光脈波展寬的程

度最小，所以當系統只存在極化模態色散時，系統能傳輸最高的訊號速率與最長的光纖距離。

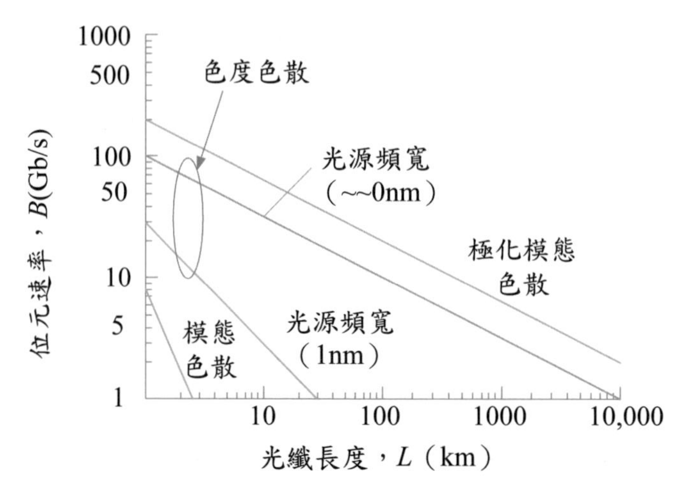

圖 3.12　各種色散影響下，得到的訊號頻寬與光纖長度關係[1]。

3.7　特殊應用光纖

3.7.1　光纖的材料

在選擇光纖的材料上，有些條件必須滿足，例如：

1. 材料本身可以被製作成長距離，輕薄的，且彈性性足夠。
2. 材料可以操作於一定的波長範圍，為了使光纖有效地導引光線的傳遞。
3. 材料需可滿足核心和包覆層有略為不同的折射率之條件。

玻璃和塑膠是兩種符合這些條件的物質，大部分的光纖都是由二氧化矽（SiO_2）或矽酸鹽（Silicate）構成的玻璃所製成的。現有的玻璃光纖從有較大核心，且約中等損耗值的短距離傳輸用光纖，到非常高穿透性（低損耗）的長傳輸距離光纖都有。塑膠光纖由於具有高光損耗特性，只能用在超短距離（幾百公尺）的傳輸，但是其可承受的機械應力優於玻璃光纖，所以適合應用於較惡劣的環境。

3.7.2 玻璃光纖

製成光纖最常使用的方法是由玻璃氧化物構成的透光玻璃。這些氧化物通常是指矽土，一般矽土（Silica, SiO_2）材料的折射係數在波長 850 nm 時為 1.458，而在波長為 1550 nm 時則為 1.444。為了製作出兩個相近的物質間擁有微小折射係數差，以作為核心和包覆層的材料，二氧化矽內部摻雜了氟或其他氧化物（如 B_2O_3、GeO_2、P_2O_5）。如圖 3.13 所示，摻雜 GeO_2 或是 P_2O_5 會增加折射係數，若摻雜氟或 B_2O_3 則會降低，因為包覆層的折射係數需要低於核心。

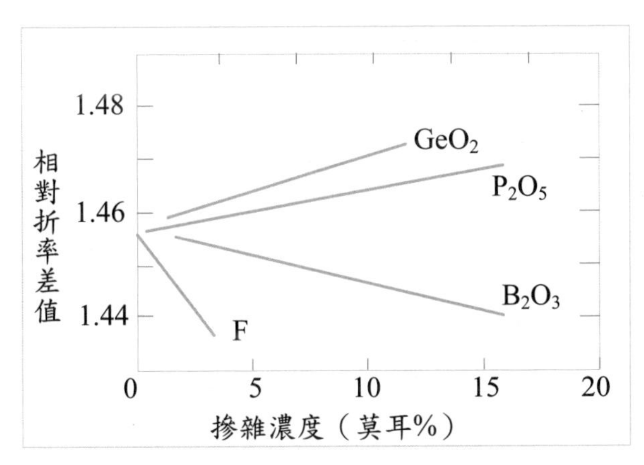

圖 3.13 藉由摻雜不同的元素濃度，可以得到不同的折射率差值[2]。

3.7.3 塑膠光纖

單模與多模光纖已經大量地被使用到光纖網路中，分別支持長距離與短距離傳輸，目前由於家庭用戶對網路頻寬的需求量遽增，光纖到家（Fiber-to-the home, FTTH）已是網路建置的重點，對於大樓內的光纖鋪設，若使用一般光纖的困難點爲，必須使用燒熔才能接續，施工困難，所以促使塑膠光纖（POF）被提出來，建議於室內環境中使用，塑膠光纖的核心不是聚甲基丙烯酸甲酯（Polymethylmethacrylate, PMMA），就是全氟聚合物（Fluorpolymer），因此稱爲PMMA- POF和PF-POF。雖然塑膠光纖的光功率損耗比玻璃光纖還要大許多，但是他們堅固耐用，容易施工安裝。舉例來說，因爲這些聚合物的模數低於二氧化矽兩個數量級，即使是直徑1 mm的漸變式折射率塑膠光纖都具有足夠的靈活性，易安裝在傳統的光纖線路。只要塑膠光纖的核心大小符合多模玻璃光纖的標準直徑，標準的光學連接器就可以使用在塑膠光纖上。此外，使用便宜的塑膠材料也可以製成連接器（Adaptor），接頭（Connector）和收發器。

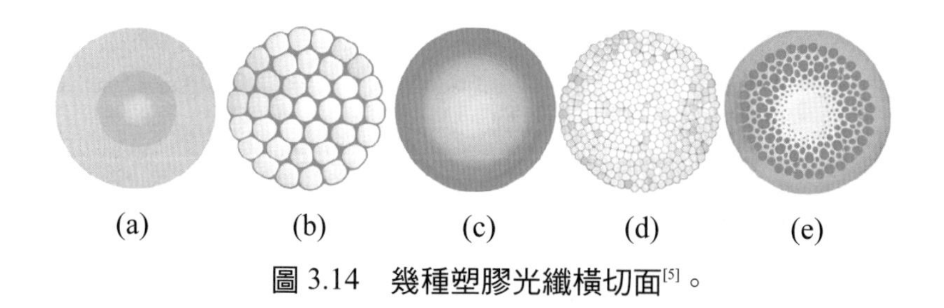

圖 3.14　幾種塑膠光纖橫切面[5]。

圖 3.14 爲目前可以看到的幾種塑膠光纖橫切面，從左至右分別爲：

1. 漸變 PF-POF（核心：120 μm，頻寬：5 GHz，傳輸距離：100 m，損耗：<30 dB/km 於 850 nm 波長），如圖 3.14(a)。

2. 多核心 PMMA-POF（核心：1000 μm，頻寬：500 MHz，傳輸距離：100 m，

損耗：＜180 dB/km 於 650 nm 波長），如圖 3.14(b)。

3. 漸變 PMMA-POF（核心：900 μm，頻寬：1.5 GHz，傳輸距離：100 m，損耗：＜200 dB/km 於 650 nm 波長），如圖 3.14(c)。

4. 多核心 GOF（核心：1000 μm，頻寬：40 MHz，傳輸距離：100 m，損耗：＜200 dB/km 於 650 nm 波長），如圖 3.14(d)。

5. 微結構 GI-POF（目前於開發階段），如圖 3.14(e)。

我們將這兩種塑膠光纖的規格做一比較，列於表 3.3 中。

表 3.3 兩種塑膠光纖規格的比較

特性	PMMA 塑膠光纖	PF 塑膠光纖
核心直徑	0.4 mm	0.05-0.3 mm
包覆層直徑	1.0 mm	0.25-0.6 mm
數值孔徑	0.25	0.20
衰減值	150 dB/km@650 nm	<40 dB/km@650-1300 nm
頻寬	2.5 Gb/s 傳輸 200 m	2.5 Gb/s 傳輸 550 m

塑膠光纖最主要的應用將是家庭網路，下圖 3.15 即是一個可能應用的示意圖，未來每個家庭或是大樓而言，都會是使用光纖連接到寬頻接取網路，對建築物內會是經由一個分歧點（閘道 gateway）後，經由全雙工 POF 模組達到訊號的傳輸到每層樓或是每個房間內，訊號可能是電腦網路數位訊號、數位廣播影像訊號、甚至是廣播式的無線微波訊號等，這類的光收發模組會使用很便宜的紅光或是綠光LED光源，塑膠光纖在施工時只需切平斷面，就可以插入一個光接續用的連接端子裡。

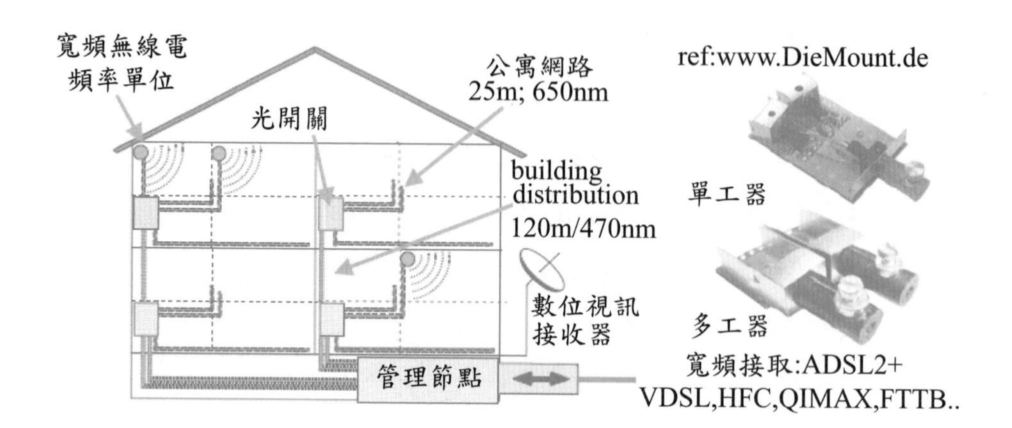

圖 3.15　塑膠光纖 POF 於未來家庭網路的傳輸服務應用範例[6]。

3.7.4　光子晶體光纖

在西元 1990 年初期有研究學者提出一種新的光纖結構，剛開始稱做多孔光纖（holey fiber），之後就被稱爲光子晶體光纖（Photonic crystal fiber; PCF）或是微結構光纖（Microstructure fiber），並於西元 1996 年在實驗上成功地製作出。此種光子晶體光纖可用單一物質（無摻雜之矽土）製作，這個新結構的不同之處在於包覆層和一些核心從頭到尾都含有空氣孔洞，空氣孔的直徑可在 25 奈米至 50 微米範圍間。

微結構裡的孔徑大小，孔洞對孔洞間的距離，以及組成材料的折射率將決定了光子晶體光纖的光導特性。主要的種類可分爲兩種：折射率導引式（index-guide fiber）和光能隙式（photonic bandgap fiber）的光子晶體光纖，圖 3.16 中顯示幾種不同結構的設計。

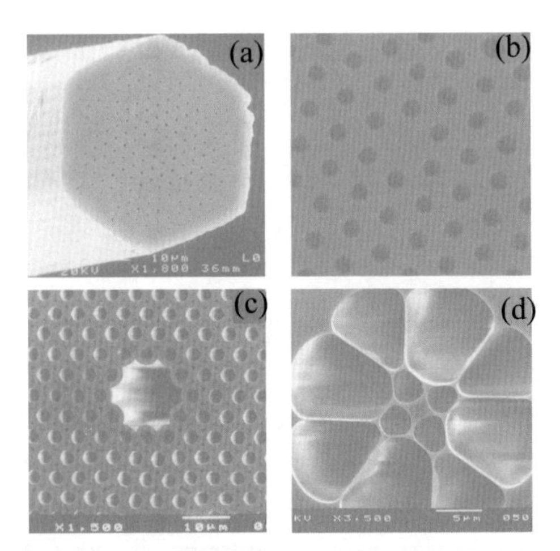

圖 3.16 幾種 PCF 結構的剖面放大圖 SEM（scanning electron micrographs）。(a)第一種被製作出的 PCF-實心的核心層，外面包圍著三角形排列有 300nm 直徑的空氣洞，(b)低損耗實心核心層的 PCF 局部放大圖，(c)第一個被提出的中空核心 PCF，(d)PCF 特殊花瓣型排列設計。[7]

折射率導引式PCF的光傳輸機制，是利用擁有高折射率核心和低折射率包覆層之間折射率差來侷限光波，和傳統光纖十分相似，但是採用修正全反射（Modified Total Internal Reflection; M-TIR）原理來描述。然而對 PCF 而言，實際包覆層的有效折射率取決於光波長和孔洞大小與孔之間的間距。相反的，在光能隙式 PCF，光的傳輸是侷限在被微結構包覆層包圍的低折射率之空氣洞核心，由能隙效應所引導，使光波不可能傳導至微結構包覆層中。

1. 折射率導引式 PCF

圖 3.17 顯示了兩種折射率導引式（Index-guiding）PCF基本結構的二維橫切面圖，這類的光子晶體光纖附有實心核心，被一個可以含有不同的形狀、大小和分佈格局的氣孔的包覆層所包覆，舉例來說，在圖 3.17(a)裡，氣孔排列成一個典型的的六角形，所有氣孔的直徑爲 d，且孔與孔的間距爲Λ。相較之下，圖 3.17 (b)的六角形排列的氣孔，每個氣孔的大小卻都不同。舉例來說，一個具有極低損

耗的PCF的結構設計爲：60個氣孔，氣孔直徑爲4 μm，而氣孔間的間距爲8 μm。

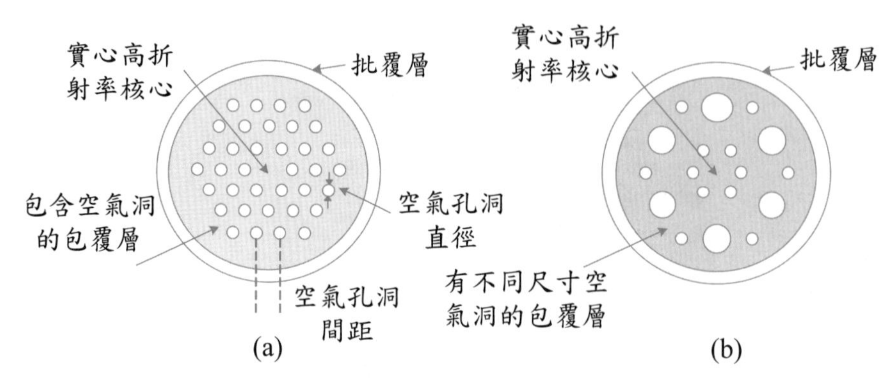

圖 3.17　兩種基本的「折射率導引式 PCF」之剖面圖，(a)固定空氣洞大小，(b)不同的空氣洞尺寸[2]。

孔洞直徑的間距（Pitch; Λ）和孔洞直徑是決定折射率導引式 PCF 操作特性的重要參數。當孔洞的直徑與間距比$(d/\Lambda) < 0.4$，使光纖可以操作於很寬廣的光頻範圍（約 300 至 2000 nm）之間，都保持是單模態特性。這種特性在一般標準光纖裡是不可能達到的，而且有利於利用同一條光纖傳送多波長訊號。舉例來說，在超寬頻帶分波多工傳輸之研究方面，證實可以利用一公里的光子晶體光纖同時傳送波長爲 658，780，853，1064，1309 和 1556 nm 的光訊號，波長涵蓋了可見光和紅外光波段。658 nm 波長傳送的光信號操作在 1 Gb/s，而其他所有波長則可達到傳送 10 Gb/s 資料速率的能力，所有訊號在誤碼率爲 10^{-9}的要求下，光功率償付值（power penalty）皆小於 0.4 dB，也就是進光接收機前必須多提高 0.4 dB 的代價。

儘管光子晶體光纖的核心和包覆層採用的材料一樣（例如：純矽），空氣孔會降低了包覆層的折射率，因爲空氣的折射率爲 1.00 而矽的折射率爲 1.45。這個小尺寸且折射率差異大的微結構設計，會導致包覆層的有效折射率隨操作之光波長而變化。事實上，核心能用純矽製作，讓光子晶體光纖比起一般核心用矽參雜鍺製成的傳統光纖有許多的優點，包括可降低損失與提升光功率容忍度，這種光纖可以提供 300 到 2000 nm 以上的使用波長範圍。PCF 的模場區域可以達到大於 300 μm²，傳統單模光纖只能包含約 80 μm²。這使得光子晶體光纖在傳輸極高的光功率時，不會產生一般標準光纖會產生的非線性效應。

2. 光子能隙 PCF

光子能隙 PCF 有不同的光導機制，他取決於包覆層橫切面的二維光子能隙結構。造成這些光子能隙的原因是包覆層上週期排列的空氣孔，這些能隙的波長無法在包覆層裡傳送，只有在折射率低於周圍物質的範圍才能夠傳輸。傳統的光子能隙 PCF 會做一個中空核心層的設計讓能隙有一個缺陷點，使光可以在這一個區塊傳送。相較於所有模態都可以在折射率導引式 PCF 裡傳輸，光子能隙 PCF 只允許一個狹小的波長範圍通過（約 100 至 200nm）。

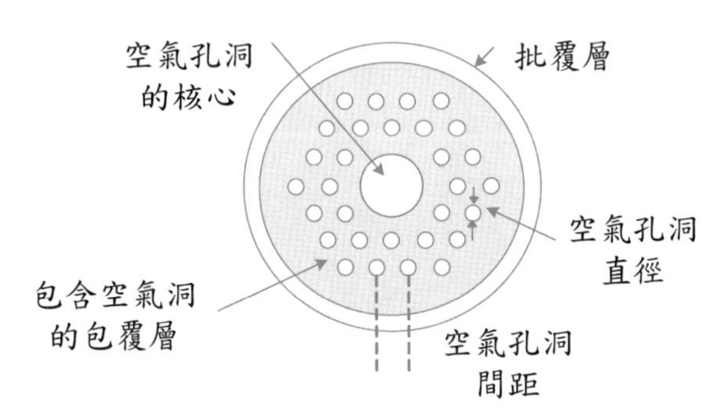

圖 3.18 一種光子能隙 PCF 的橫切面圖。

圖 3.18 是一個光子能隙 PCF 的二維橫切面。中間這個面積較大中空的區域是藉由去除光纖核心所形成的空洞，這個區域約七個氣孔大。這種結構被稱為空氣導引式（air-guiding）或中空核心（hollow-core）的光子能隙 PCF，裡面的氣孔可以傳輸 98％的功率。類似於折射率導引式 PCF，包覆層裡的氣孔的直徑為 d，

且孔與孔的間距爲Λ，這使這種空心核心的PCF光纖可以有低非線性效應和高損傷光功率臨界值。因此，光子能隙PCF可用於高光強度的色散脈衝壓縮。此外，在光子能隙PCF的空心核心內裝入氣體或液體，可以構成光纖感應器或變功率衰減器。

3.7.5 光敏性光纖

取一光纖將其核心部分經過紫外線光照射後，折射率因此而增加的現象，稱此類光纖稱爲光敏性光纖（Photosensitive Fiber），核心部分需含鍺（Ge）濃度提高或加入硼（B）元素，光敏性愈佳，如果將光纖置於高壓氫氣（Hydrogen Loading）環境中，光敏性亦可明顯增高。利用光纖之光敏性，可製成光纖光柵（Fiber BraggGrating, FBG）元件。但用一般單模光纖製作光纖光柵，其穿透頻譜，除所需之反射波長外，會有較短波長的反射，將降低光纖光柵的使用功能，透過特別設計的光纖可解決此問題。

3.7.6 摻雜稀土元素光纖

普通的玻璃光纖材料中結合了稀土元素（原子序爲 57-71）的摻雜，可以使普通的玻璃光纖特性產生了新的光學和磁學特性，這些特性讓光在經過他的時侯產生放大，衰減或相位延遲。

摻雜鉺（Erbium）和釹（Neodymium）是兩個光纖雷射常常摻雜的元素，稀土的離子濃度很低，以避免集聚效應。利用摻雜稀土吸收摻雜材料的波長將電子激發到高能階，當這些被光子能量激發的電子從高能階降回低能階時，過程中會產生窄頻譜的自發光。

於光纖核心摻雜鉺離子，將使光纖吸收某些特定波長（如 980 及 1480 nm）的光後，能激發放大波長 1550 nm 附近的光訊號（參閱圖 3.19），此波長範圍恰巧位於光纖通訊所使用的波段，因此成爲光纖放大器的最佳選擇。摻鉺光纖放大器（Erbium-doped Fiber Amplifier; EDFA）具有高增益、低雜訊比及低插入損耗等優點，是光纖通訊系統不可或缺的關鍵主動元件之一。

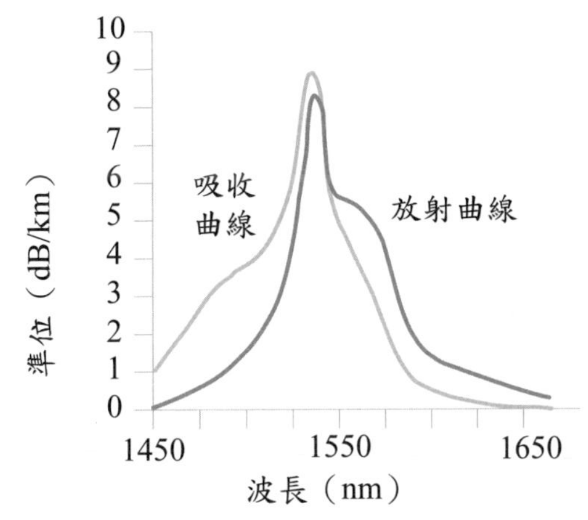

圖 3.19　摻鉺光纖之吸收頻譜與放射頻譜。

除了 1550 nm 波段的光訊號可以被放大，其他通訊用波段，例如 S-band（1450-1490 nm) 與 1300 nm 波段，必須使用光纖核心變更摻雜其他離子作爲放大介質，製作成光纖放大器。摻雜銩（Thulium）是用來製作 S-band（1450-1490 nm）波段的光纖放大器，鐠（Praseodymium）的摻雜是用來放大 1300 nm 波段，然而，目前這些波段需要使用光放大器較少，所以不像 EDFA 發展這麼成熟普及，其他還有摻雜鐿（Ytterbium）離子的光纖，可以製作光放大器與光纖雷射，適用於 1 μm 波段，基於有些特殊應用，甚至可以輸出數十仟瓦的光功率。

較常見的摻鉺光纖除了用於 EDFA 用途之外，亦可用以製作寬頻譜光源

（Broadband Light Source, 1530-1605 nm），當提高鉺離子濃度並加入鐿（Ytterbium; Yb），即可用來製作光纖雷射（Fiber Laser）。摻鉺光纖製作方式主要有以下兩類：摻雜物氣相導入法（Vapor Phase Delivery Methods）與摻雜物溶液浸泡法（Solution-Doping Methods）。

表3.4中列出市面上幾種摻雜稀土元素的光纖產品規格，摻雜釹離子的光纖，結合價格低廉的780 nm至820 nm雷射可以組成光纖雷射，輸出波段為1080 nm至1100 nm，可用於高解析度的光時域分析儀，因為有良好的溫度穩定性，可作為光纖感測應用，如光纖陀螺儀等。

表 3.4　幾種摻雜稀土元素的光纖規格比較[8]

	摻鉺光纖	摻釹光纖	摻鐿光纖	摻鉺與鐿光纖
截止波長（nm）	900-970	875-1025	800-900	950-1050
適用波段（nm）	1550	1085	1075-1100	1550
數值孔徑	0.22-0.24	0.18-0.22	0.14-0.16	0.2-0.24
模場直徑（μm）	3.5@900 nm 5.9@1550 nm	4.5	4.4	5.9
吸收係數@泵激波長	4.5~5.5 dB/m@980 nm	~4.5 dB/m@780 nm	1700 dB/m@977 nm	~1000 dB/m@975 nm
光衰減值@特定波長	<10 dB/km @1200 nm	<20 dB/km @1085 nm	<50 dB/km @1200 nm	<200 dB/km @1200 nm

鐿元素有比鉺離子高很多的吸收能力，以波長977 nm而言，每米可以吸收好幾百 dB，由於吸收波段與放射波段非常接近，所以有極高的量子轉換效率約90%，相較於鉺離子的轉換效率只能達60%左右，如此可以使用較低功率的泵激雷射，有較低的功率消耗，其泵激雷射有寬廣的波長範圍介於900 nm至1064 nm之間。

摻鉺光纖受限於低泵激雷射功率與低轉換效率，於是開發出除了鉺離子外，同時摻雜鐿離子，可以使用固態 YAG 雷射作爲泵激光源，其波長爲 1047 nm 至 1064 nm，輸出光功率接近 3 W。早期 EDFA 只能輸出約 17 dBm 光功率準位，同時摻雜鉺與鐿離子產生的光纖放大器稱爲「YEDFA」，可以輸出 +27 dBm 光功率，適用於有線電視（CATV）廣播分歧式網路架構，大幅地降低建置成本。

習 題

1. 多模光纖核心直徑為 100 μm，在 = 850 nm，折射率 $n_1 = 1.457$，包覆層 $n_2 = 1.455$。

   (a)計算光纖 V 參數，(b)計算單模工作的波長，(c)計算數值孔徑，(d)計算最大受光角。

2. 假設一階變光纖在 0.82 μm 波長時具有 $n_1 = 1.5$ 及 $n_2 = 1.485$，若核心半徑為 50 μm，有多少模態可以被傳導？若波長改為 1.2 μm 時，可被傳導的模態數目改變為多少？

3. 比較多模和單模光纖的優缺點，比較階變多模和漸變多模光纖的優缺點，請製成列表說明之。

4. 已知一個階變單模光纖的截止波長為 1250 nm，工作波長為 1550 nm，核心折射率為 n_1=1.48，折射率差為 0.004，請計算出此光纖的核心半徑，並計算出在此工作波長的模場直徑大小。

5. 使用 LED 光源，輸出波長為 0.82 μm，光纖色散係數 $D = 120$ ps/(nm · km)，光源頻譜寬度 $\Delta\lambda = 20$ nm，光纖長度為 10 km，脈衝展寬是多少？假設改用波長為 1.5 μm 光源，$D_M = 15$ ps(nm · km)，$\Delta\lambda = 50$ nm，脈衝展寬又是多少？

參考文獻

[1] J. C. Palais, "Fiber optic communications," 5th edition, Prentice Hall, 2004.

[2] G. Keiser, "Optical fiber communications," 4th edition, Mc Graw Hill, 2010.

[3] 原榮編著，「光纖通訊系統原理與應用」，新文京開發出版，2004.

[4] 李銘淵，「光纖通信概論」，全華科技圖書。

[5] Z. O lat, K. Jurgen. "FOF" "POF Handbook-Optical Short Range Transmission Systems," 2nd edition, Springer. 2008.

[6] M. Miedreich, B. L'Hénoret, "Fiber optical sensor for pedestrian protection," POF'2004, Nurnberg, 27.-30.09.2004, pp. 386-392.

[7] P. St.J. Russell, "Photonic-Crystal Fibers," J. Lightw. Technol., vol. 24, no. 12, pp. 4729-4749, Dec. 2006.

[8] Fibercore, http://www.fibercore.com/

第四章

光纖製造及非線性光學

在本章節中首先介紹光纖製造方法，從預形體的構成到光纖的抽絲均有相關的討論，並且做了不同製程技術的優缺點比較。另外在本章的最後也簡介光纖中的非線性光學現象以及在光纖傳輸系統中利用非線性光學現象來達成相關光纖系統或光纖元件的應用。

4.1 光纖製造

今日光纖通訊的觀念，是由高錕博士於 1966 年提出。美國康寧公司於 1970 年首先完成小於 20 分貝的光纖（每公里傳輸信號之損失）；隨後 1974 年美國電報電話公司貝爾實驗室開發成功改良式化學氣相沉積法（MCVD）之光纖製造技術，在 1975 年，康寧公司也發展了外部式化學氣相沉積法（OVD）製造技術，而在 1980 年時，日本 NTT 公司發展了軸向式氣相沉積法（VAD）技術以及荷蘭的菲力浦公司也發展了電漿式化學氣相沉積法（PCVD）技術，在國內，交通部電信研究所，自 1982 年 9 月起開始用改良式化學氣相沈積法（MCVD, modified chemical vapor deposition）研製光纖，經一年半之努力，已於 1983 年初建立完成能製造符合世界標準的單模態光纖（在 1.3 及 1.55 μm 波長之損失各爲 0.6 及 0.28 dB/km）的技術。目前一般光纖的損耗由 1966 年時的每公里 20 dB 損耗，減少至每公里 0.2 dB 損耗。

目前光纖的製作需經過光纖預形體的製造，光纖抽絲以及光纖披覆三個步驟。

4.2 預形體製造

光纖預形體（Optical Fiber Preform）是指具有與光纖相同折射率分佈的大型同心圓石英玻璃結構，其外徑約數公分，長度約為數十公分，經過高溫熱熔融，抽拉成絲的步驟之後，一條光纖預形體約可以抽成長達數公里到數百公里的光纖。而對於預形體的製造方法有分成改良式化學氣相沉積法（Modified Chemical Vapor Deposition Method，簡稱MCVD）、外部式化學氣相沉積法（Outside Vapor Phase Deposition Method，簡稱 OVD）、電漿式化學氣相沉積法（Plasma Activated Chemical Vapor Phase Deposition Method，簡稱 PCVD）、軸向式氣相沉積法（Vapor Phase Axial Deposition Method，簡稱 VAD）。

4.2.1 改良式化學氣相沉積法

改良式化學氣相沉積法（Modified Chemical Vapor Deposition Method，簡稱 MCVD）為 1974 年時由美國AT&T（美國最大的固網電話服務供應商）的貝爾實驗室所發表的一項光纖預形體製造技術，圖 4.1 所示為 MCVD 法的裝置架構圖，它是以一個空心的石英玻璃管作為光纖外殼，並在管中導入 O_2與 $SiCl_4$、$GeCl_4$、$POCl_3$ 等氣體材料，用來固定石英玻璃管的車床上有一個轉動盤可旋轉石英玻璃管，在氣體材料導入石英玻璃管中的同時，搭配轉動盤轉動玻璃管，接著把石英玻璃管下方的移動式氫氧火焰加熱器由左往右進行 1400～1600℃的加熱，此時會讓導入的氣體材料開始產生化學反應，其反應式子如下所示：

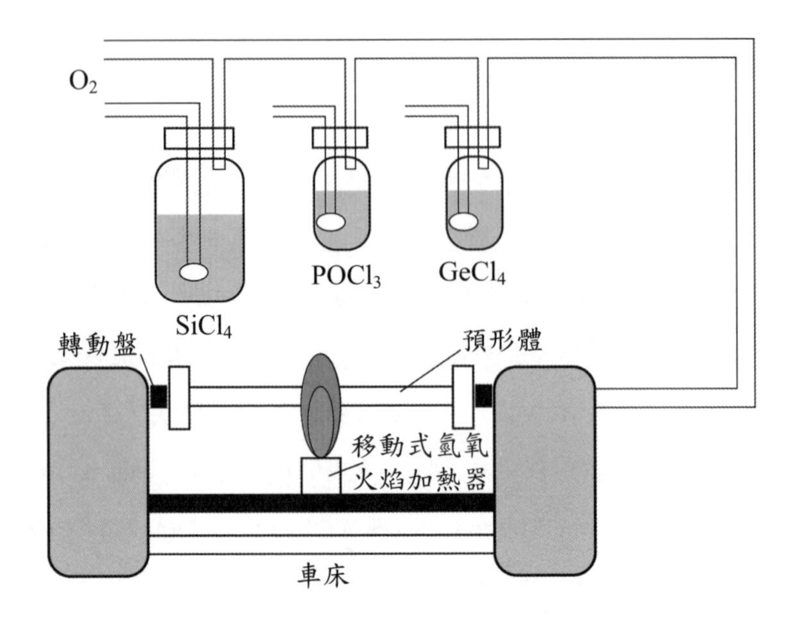

圖 4.1　MCVD 法的反應裝置圖[1]。

$$SiCl_4 + O_2 \rightarrow SiO_2 + 2Cl_2$$
$$GeCl_4 + O_2 \rightarrow GeO_2 + 2Cl_2$$
$$4POCl_3 + 3O_2 \rightarrow 2P_2O_5 + 6Cl_2$$

上述的式子便是指氣體材料與 O_2 氧化反應的結果，而所產生的固體玻璃微粒子便會沉積在石英玻璃管的管壁上。我們所使用的氫氧火焰加熱器只有向右移動加熱，回程時不加熱，而每往右移動加熱一次便會產生約數十微米厚度的固體玻璃微粒子的沉積層，經過如此反覆的供給氣體材料與氫氧火焰加熱，便能產生足夠厚度的玻璃沉積層，如圖 4.2 所示爲石英玻璃管內部的玻璃沉積層。當核心沉積的厚度達到石英玻璃管外殼（光纖外殼）之外徑與核心徑的比值時，便停止繼續供應氣體材料。而當完成沉積層時，此時的石英玻璃管的中心還是中空的，且沉積的玻璃層是不透明的，所以這時便要把石英玻璃管移到高溫約 1300℃的加熱爐中進行燒結，使之成爲透明玻璃層，最後，我們要對玻璃管做熔縮的動作，把石英玻璃管放到溫度 1700～1900℃的加熱爐中，石英玻璃管便會經由熱熔縮成實心的光纖預形體（solid fiber preform）。

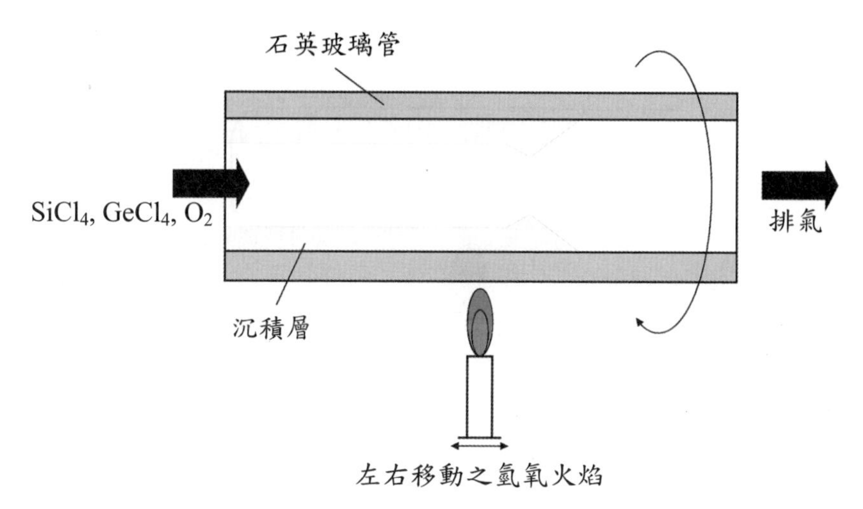

圖 4.2　石英玻璃管的內部玻璃沉積層[1]。

4.2.2　外部式化學氣相沉積法

外部式化學氣相沉積法（Outside Vapor Phase Deposition Method，簡稱 OVD）最早是由美國的康寧玻璃公司（Corning Glass Works）所研發出來的一項預形體製造技術，而康寧也是利用 OVD 法成功地製造出每公里的傳輸損耗僅爲 20 dB 的光纖。

OVD 法的製作設備其實跟 MCVD 法的製作設備幾乎一模一樣；而 OVD 法不同於 MCVD 法的地方在於兩個部分：第一部分是 OVD 法的車床上所架設的是一根實心的芯棒（其材質爲純石墨碳棒或石英玻璃棒）；而不是石英玻璃中空管，

第二部分是 OVD 法的氣體材料供給系統是直接設計在氫氧火焰加熱器的底部，藉由氫氧火焰加熱器對石英玻璃棒加熱時，同時從加熱器的噴嘴跟著氫氧火焰一起噴出；不同於 MCVD 法的設計，如圖 4.3 所示爲 OVD 法的反應裝置簡圖。

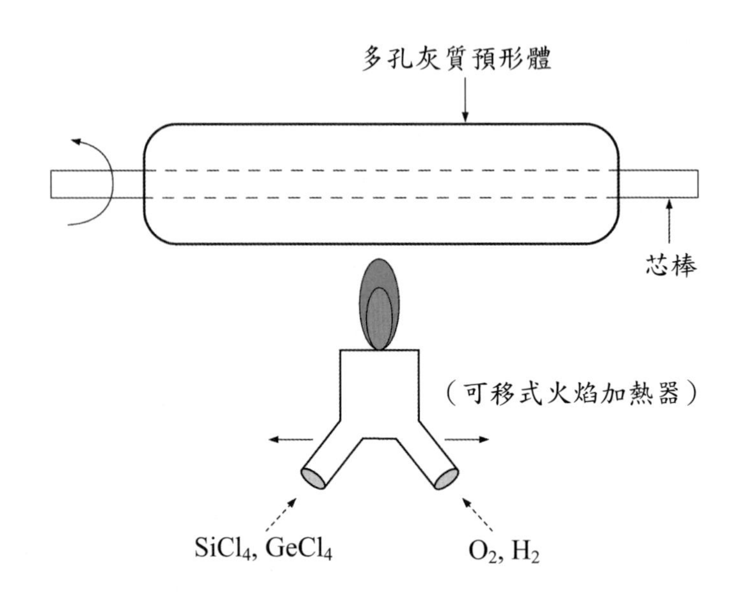

圖 4.3　OVD 法的反應裝置簡圖[2]。

如圖 4.3 所示，我們把氣體材料直接經由氫氧火焰加熱器直接燃燒，因而產生化學反應，其反應式如下所式：

$$SiCl_4 + 2H_2O \rightarrow SiO_2 + 4HCl$$
$$GeCl_4 + 2H_2O \rightarrow GeO_2 + 4HCl$$

由反應式看出，這些氣體材料在火焰加熱器燃燒下發生水解作用而產生玻璃微粒子，再加上芯棒經由車床上的轉動盤不斷地旋轉，而這些玻璃微粒子則會一層一層均勻地附著於芯棒表面，而分佈在芯棒上的玻璃微粒子會使整個芯棒佈滿了一層像灰質（Soot）的多孔狀玻璃結構，經過以加熱器反覆地對芯棒噴上氣體材料，逐漸地在芯棒上累積層層的灰質玻璃，便形成了多孔狀的預形體。

而這時的預形體因爲經由水解作用時含有大量的氫氧離子，所以必須先把這個多孔狀預形體放置於溫度約 1100～1300℃的高溫爐中，並通入氯氣以進行脫水處理，脫水完成後，先把多孔狀預形體中間的芯棒予以抽出，再放入爐中進行加熱，使之燒結（Sintering）成透明的中空玻璃預形體。最後我們要進行熔縮的動作，便把該中空的透明玻璃棒放置在溫度 1700℃以上的高溫爐中進行加熱，使之熔縮成實心的預形體。

經過對 OVD 法流程的探討後，以 OVD 法製作光纖時，可以先製造光纖纖核部分，再繼續從纖核接著做光纖外殼。

4.2.3 電漿式化學氣相沉積法

電漿式化學氣相沉積法（Plasma Activated Chemical Vapor Phase Deposition Method，簡稱 PCVD）爲位於荷蘭的的知名廠牌——飛利浦公司（Philips company）所發明的光纖預形體製造技術，且電漿式化學氣相沉積法與改良式化學氣相沉積法一樣都是使用中空的石英玻璃管作爲製作光纖預形體的原始母材料，在其他的製造設備上也大致雷同；而這兩個技術的不同點在於 MCVD 法是以氫氧火焰加熱器對氣體材料進行加熱，PCVD 法則是以微波共振腔對氣體材料加熱，如圖 4.4 所示爲 PCVD 法的反應裝置圖。

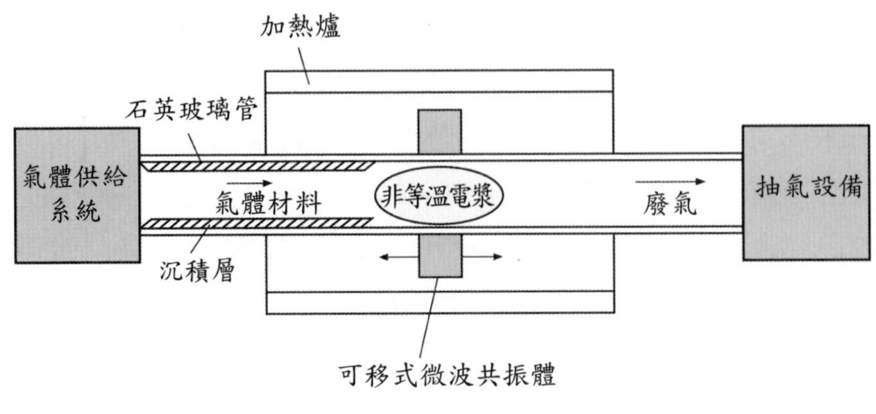

圖 4.4　PCVD 法的反應裝置圖[3]。

如圖 4.4 所示，當氣體材料進入石英玻璃管時，會受到兩旁的微波共振腔加熱的作用而產生非等溫電漿，此非等溫電漿便會直接附著在石英玻璃管的管壁上累積爲玻璃的沉積層，而由於電漿的玻璃合成速度比使用氫氧火焰合成快很多，所以微波共振腔便可以左右來回的高速移動（約 5 公尺／分），而所沉積的玻璃層每層都相當薄且無煙灰顆粒產生，使得這時的沉積層爲透明化的玻璃，不必再經由燒結才轉換爲透明的玻璃層，這正是 PCVD 法的一大特點。

4.2.4　軸向式氣相沉積法

軸向式氣相沉積法（Vapor Phase Axial Deposition Method，簡稱 VAD）是由日本最大的電信服務公司——日本電信電話株式會社（Nippon Telegraph and Telephone Corporation，簡稱 NTT）所研發出來的預形體製造技術，且軸向式氣相沉積法與外部式化學氣相沉積法的製作方式相當類似，而 VAD 法特殊的地方在於它是以是以垂直方式製造光纖預形體的，不同於 MCVD 法和 OVD 法是以水平方式製造光纖預形體，如圖 4.5 所示爲 VAD 法的製作設備簡圖。

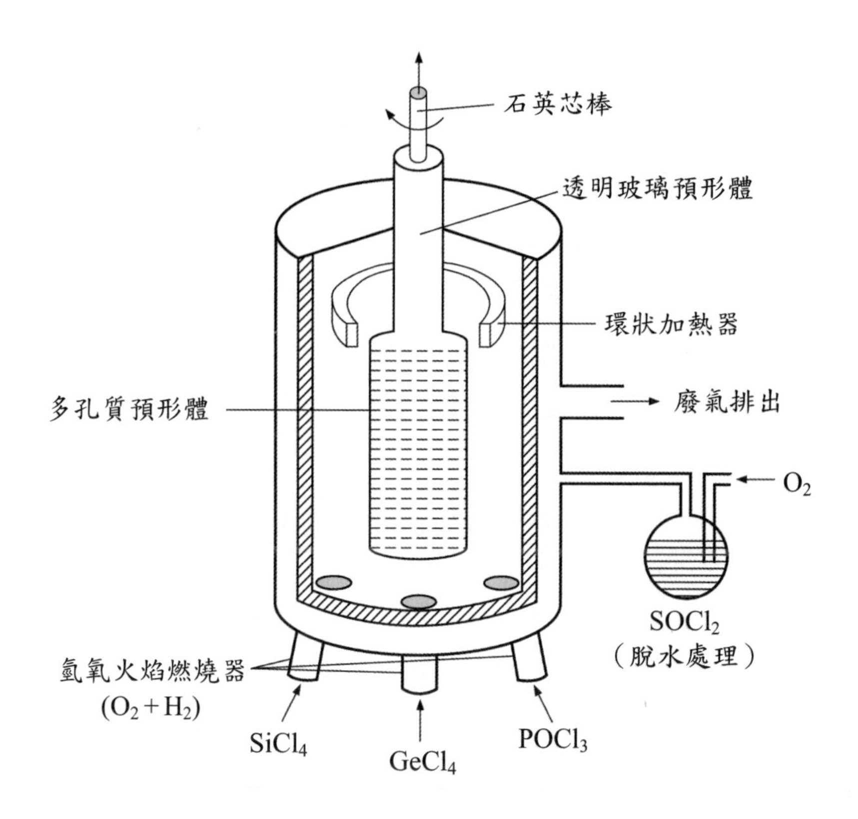

圖 4.5 VAD 法的製作設備簡圖[4]。

由圖 4.5 所示，一開始我們先以一根石英玻璃棒當作芯棒，並把此根芯棒以垂直式的擺入圖中的架構當中，接著便把氣體材料分別導入各自的氫氧火焰燃燒器進行燃燒，並產生化學反應，其反應式子如下所示：

$$SiCl_4 + 2H_2O \rightarrow SiO_2 + 4HCl$$
$$GeCl_4 + 2H_2O \rightarrow GeO_2 + 4HCl$$

這些氣體材料便會在高溫作用下發生水解反應，而產生固體玻璃微粒子，而這些固體玻璃微粒子便會經由氫氧火焰燃燒器的噴嘴噴出，附著於芯棒的底部開始往下累積增長，這與 OVD 法的附著於芯棒的表面沉積技術是完全不相同的。而當芯棒底部開始往下增長玻璃沉積層時，則芯棒的頂端則要跟著轉動並把芯棒往上移動，使得芯棒底部能繼續增長，當增長到一定程度便會得到我們所要的多孔質玻璃預形體。而這時的預形體因水解作用而含有大量的水分，所以我們必須進行脫水處理，脫水完後再經由上方的環狀加熱器進行燒結成透明的玻璃預形體，最後再經由高溫加熱便是實心的光纖預形體。

最後，在表 4.1 中列出不同光纖預形體技術的比較。

表 4.1　各種預形體製造技術之比較

	MCVD	OVD	PCVD	VAD
研發單位	AT&T	Corning	Philips	NTT
沉積速率	慢	較快	慢	快
沉積效率	低	中	高	中
加熱技術	氫氧火焰燃燒	氫氧火焰燃燒	微波共振腔對電漿加熱	氫氧火焰燃燒
氣體材料反應	燃燒氧化	水解作用	氧化作用	水解作用
燒結	需要	需要	不需要	需要

4.3 光纖抽絲

當預形體製作完成後，接著就要進行光纖抽絲的步驟。而光纖的過程如圖 4.6 所示，將預形體固定在夾具上，在以一定的速度放進加熱爐中，加熱至 2000℃左右，會使預形體軟化在由預形體尖端因爲重力的影響會逐漸下垂抽出絲，再透過光纖外徑監測器，量測光纖外徑，把量測信號經控制電路控制牽引裝置來達到我們所要的抽絲速度，使得裸光纖（未披覆任何保護層）線徑為 125 μm，誤差在± 1 μm 之內。途中會先經過披覆過程再藉由牽引裝置將光纖收入轉盤內。

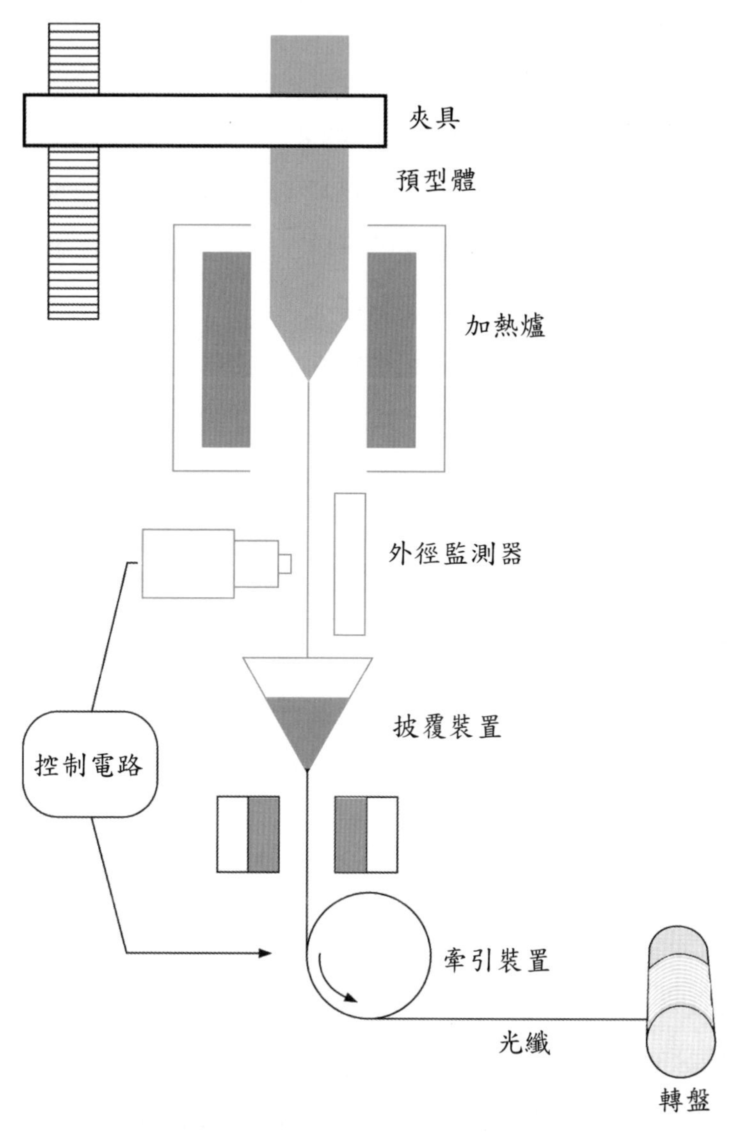

圖 4.6 光纖抽絲裝置簡圖[5]。

4.4 光纖披覆

在光纖抽絲後，所形成的裸光纖，並不會直接應用在我們所需要的地方。這是由於玻璃光纖表面存在著隨機分布的一些細微裂紋，容易由於潮氣，塵埃或者是機械應力作用，使其迅速增加，導致光纖破壞，因此裸光纖顯得脆弱且易折斷。

由於上述的原因，所以我們在光纖抽絲時，會先進行光纖披覆的動作。在光纖外層塗覆上一層保護層。經過披覆後的光纖，能夠避免受潮以及其他表面性汙染，並且可以抵抗些微的彎曲應力作用影響。

而在光纖披覆時所選取的材料以及披覆的方式也是相當重要的，如果有披覆不當的情況發生，不僅會有額外的應力直接施加在光纖上，並且會直接造成微彎曲損失，因此必須慎選披覆材料以及披覆方式。

在披覆材料方面，一般來說可分為不需做熱烘乾以及需要做熱烘乾兩大類的材料：

1. 不需要做熱烘乾的材料，是透過紫外線烘乾製程，經由紫外線燈管照射一段時間後，使材料產生固化的作用，例如：高分子環氧基丙烯酸酯。

2. 需要做熱烘乾的材料，則是矽樹脂以及其他高分子材料，這些材料必須經過加熱程序才能產生固化的作用。

而在披覆方式方面（如圖 4.7(a)、(b)所示），通常裸光纖的披覆過程可分為一次披覆以及二次披覆兩道步驟：

(1)一次披覆時，透過較柔軟的矽樹脂或者是彈性係數較低的材料作為光纖緩衝層，以保護裸光纖阻隔環境因素影響。

(2)二次披覆時，則是採用較硬的材料如：尼龍或者是其他的塑膠材料，如此，可以增強其機械強度，使光纖較能夠避免應力作用的影響，並且可以抵抗微彎曲損失。

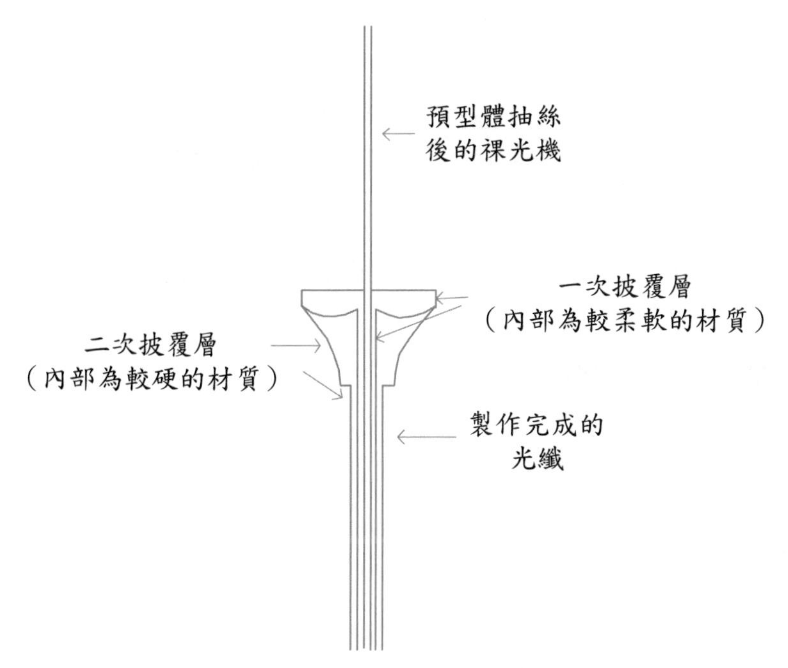

圖 4.7(a) 光纖通過披覆層進行披覆之流程[6]。

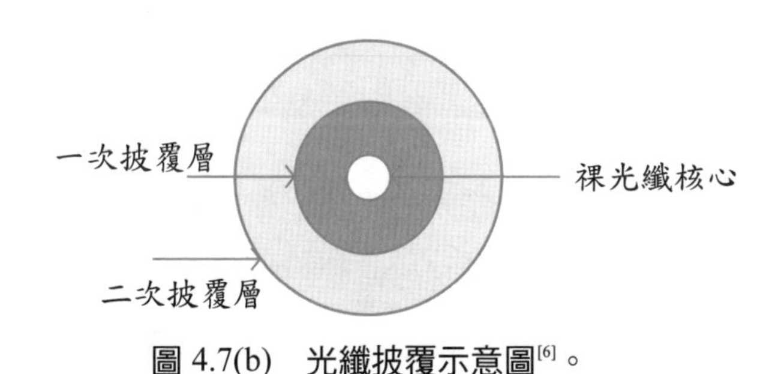

圖 4.7(b) 光纖披覆示意圖[6]。

光纖製作時，若有塗覆不均勻的情況，會使得光纖內部核心和纖核中，有微凹或者是微凸的區域產生，而若光行進中，碰到這些區域，會改變光路徑使得行進光無法做到全反射的效果，造成傳輸的損耗，如圖 4.8 所示，此情形會造成部分光功率的耗損，此種情形所造成的損失便稱爲微彎曲損失。

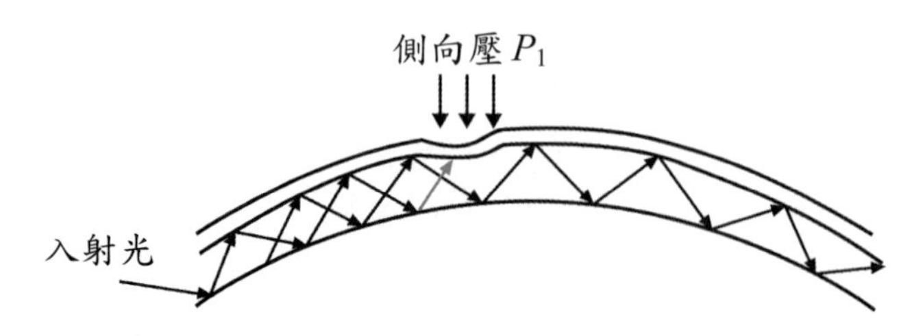

圖 4.8　光纖受側向壓力造成微彎曲損失示意圖[7]。

假設彎曲損失為 Q，側向壓力為 P_1，則可用下式作計算：

$$Q = kP_1$$

k 是常數，0.0029(dB/km)

非線性光學

在光纖傳輸系統中，大部分將入射光功率和光纖傳輸特性設定為線性關係，這個假設在較低的入射光功率和較短的傳輸距離時為合理的。而當高入射光功率進入光纖時，光纖中的非線性效應就不容忽視了。非線性的程度是因不同材料而異，光纖常用的材料為石英玻璃，然而石英玻璃的非線性較小，但在光纖中仍然會產生非線性現象，其理由為入射光在光纖核心傳輸時，被封閉在極細的核心內，所以其光強度很高，因此產生非線性現象，另一個原因為光纖的損失小，在長距離的傳輸之後，產生了相互作用，也會有非線性現象出現。

光纖的非線性效應大致可以分為兩類，一個是受激散射效應（Stimulated Scattering Effects），其中受激散射又包含受激拉曼散射 （Stimulated Raman Scattering）和受激布里恩散射（Stimulated Brillouin Scattering），由於拉曼散射和布里恩散射都是非彈性散射，所謂非彈性散射是指當入射光子功率密度夠大時，光子會把部分能量傳給晶格，會導致入射光頻率不等於散射光頻率，導致散射光頻率降低、光子能量減少。如圖 4.9(a)所示。假如入射光子功率密度比較小時，光子碰撞時沒有將能量傳給晶格，會讓入射光頻率等於散射光頻率，此稱爲彈性散射，如圖 4.9(b)所示。我們所知的瑞利散射（Rayleigh scattering）就是一種彈性散射。

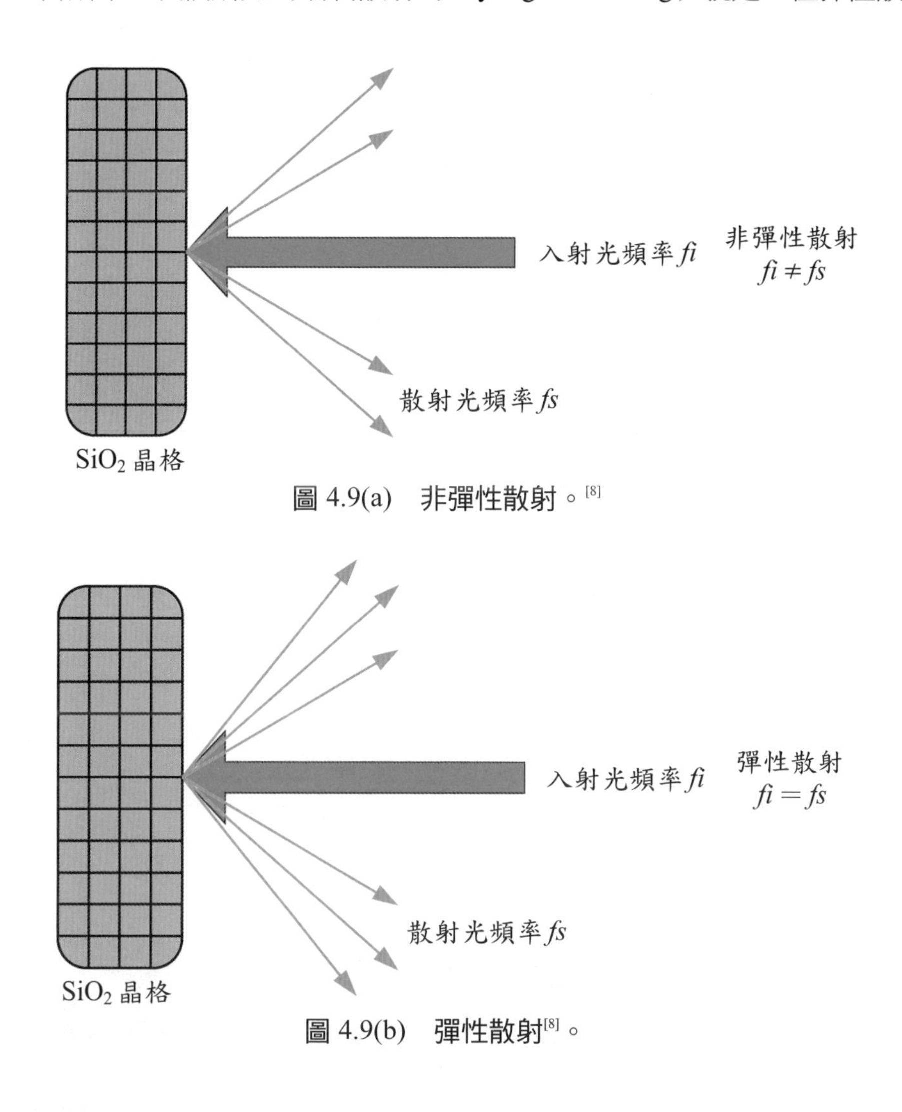

圖 4.9(a)　非彈性散射。[8]

圖 4.9(b)　彈性散射[8]。

另一個是克爾效應（Kerr Effect）所造成的。克爾效應是相當熟爲人知的非線性光學性質，在克爾效應材料中，介質折射率的改變是正比於入射光強度，早期光學介質的折射率視爲是定值，但是近年來由於雷射的發明，提供了極大的光強度，才得以觀察出此非線性的效應。因此受激散射是隨著光功率強度變化而造成增益損失，克爾效應的非線性折射率是隨著光功率強度變化而造成光訊號相位變化，兩者的主要差異在要產生受激散射，入射光的光功率要超過一個臨界值，克爾效應則無臨界值限制。

光纖系統中的非線性現象互有其優缺點，其中優點爲非線性現象爲雷射，光放大器，以及色散補償的基礎。而其缺點爲非線性現象會引起訊號的損失，產生雜訊、串音以及脈波加寬等的現象。

4.5 瑞利散射（Rayleigh scattering）

瑞利散射爲彈性散射，也是我們最常碰到的現象，它是由英國物理學家瑞利（Lord Rayleigh）所提出。當光入射到微小的粒子後，會向四面八方散射出光，如圖 4.10 所示，而散射光的強度與波長的關係，可表示爲

$$I_s(\lambda) \propto \frac{I_i(\lambda)}{\lambda^4}$$

$I_i(\lambda)$：入射光強度

$I_s(\lambda)$：散射光強度

當散射環境因素（入射光頻率等於散射光頻率）符合瑞利散射時，短波長的光會比長波長的光有更明顯的散射。舉例來說，空氣中的分子經過太陽光的照射，

會有散射的情形，在白天由於藍色波長比紅色波長短，所以容易發生散射，導致天空呈現藍色；在黃昏時，太陽光必須穿透較厚的大氣層，而大多數的藍光已經被空氣分子所散射，剩下長波長的紅橙光產生散射。

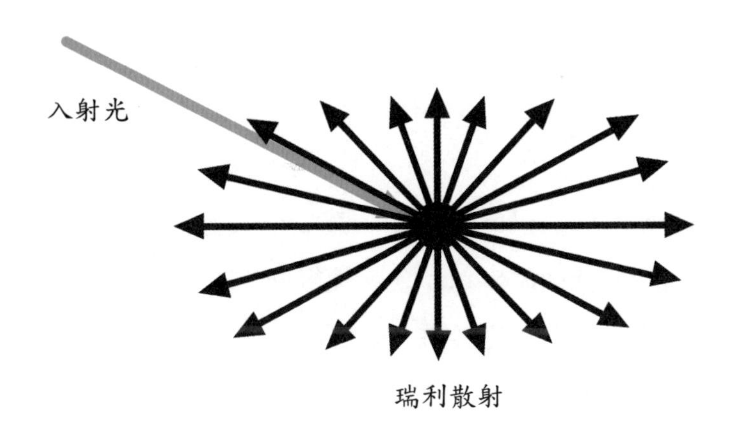

圖 4.10　瑞利散射示意圖[9]。

在光纖中的瑞利散射是在光纖的製造過程中，因折射率不均勻所造成的，這會使得光纖中所傳輸的光波產生損耗，其損耗與波長成 $1/\lambda^4$ 的關係，因此若是一個光纖核心摻雜為 GeO_2 的光纖而言，瑞利散射所造成的損耗為

$$\alpha_r = (0.75 + 66\Delta n_{\text{Ge}})/\lambda^4 (\text{dB/km})$$

其中 Δn_{Ge} 爲摻雜 GeO_2 造成的折射率差異，波長λ的單位爲μm。因此在光纖中傳輸的短波長之瑞利散射損耗比長波長的瑞利散射損耗大。

4.6 受激散射效應（Stimulated Scattering Effect）

4.6.1 受激拉曼散射（stimulated Raman scattering）

受激拉曼散射有兩種型態：*1.* 史托克散射。*2.* 反史托克散射。如圖 4.11(a)所示爲史托克散射，原本分子在基態上，一個頻率爲 ω_p 的入射光子被分子所吸收，同時放出能量爲 $h\omega_s = h\omega_p - h\omega_v$ 的光子，其中 ω_s 爲激發光頻率、ω_v 爲振動能階頻率、h 爲浦朗克常數（Plank constant），使得分子被激發到振動能階上。圖 4.11 (b)所示爲反史托克散射，分子處於在一個振動能階，將電子激發到高能階上，當此電子回到基態能階時，會放出一個能量 $h\omega_a = h\omega_p + h\omega_v$，由於反史托克散射是由振動能階上的分子所造成的，它的強度會比史托克散射還低，所以我們只考慮史托克散射。

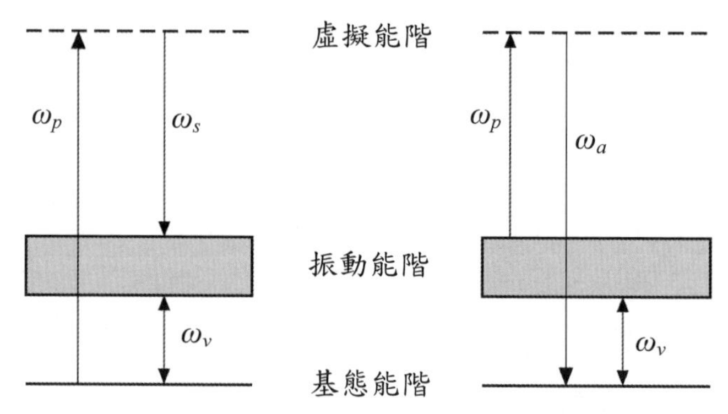

圖 4.11　(a)為史托克的 SRS；(b)為反史托克的 SRS[10]。

當光通過介質時會產生散射，假如使用相干涉光，那散射是一種受激的過程。當入射光子功率大於拉曼起始功率時，就可以產生拉曼散射，光子將會把部分能量轉移給介質。不同的介質，入射光子轉移的能量也會有所不同，因為轉移能量的同時光子的頻率也會造成漂移，這種漂移稱為拉曼漂移（Raman shift），如圖 4.12 所示就光纖而言，拉曼漂移大約為 13 THz。

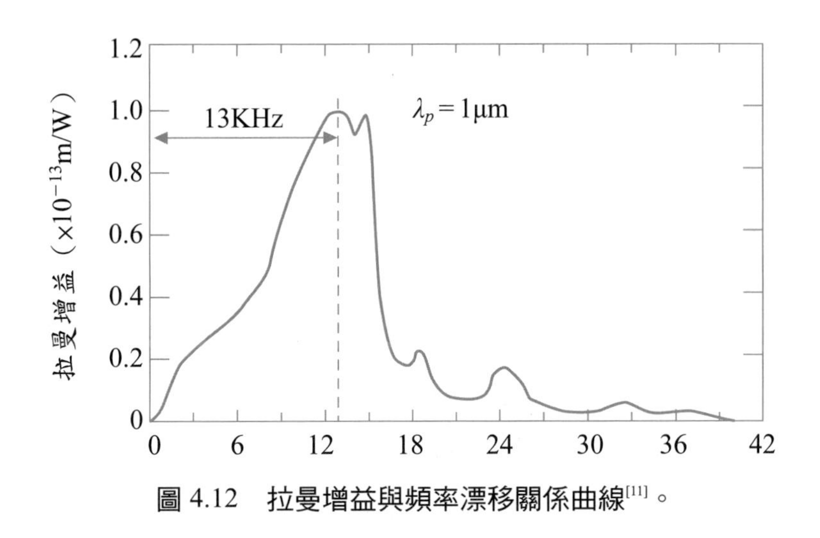

圖 4.12　拉曼增益與頻率漂移關係曲線[11]。

為了要更容易產生拉曼效應，可以由下式可以求出拉曼起始功率：

$$P_{thR} = \frac{16\alpha A_{eff}}{g_R}$$

P_{thR}：拉曼起始功率；α：光纖衰減係數；

A_{eff}：光纖有效面積；g_R：拉曼增益係數。

一個光子散射後成為一個能量較低的光子，它是以分子振動的形式而產生，頻率較高，所以受激拉曼散射是信號光和光纖材料分子產生前向散射的作用，由於拉曼頻寬高達 40 THz，因此在波長多工系統會有明顯的影響，它會將能量由一波道轉移到其他波道，使系統有串音的困擾，並且限制了光纖中每個通道的容許入射光功率不得超過臨界值。

拉曼效應應用在拉曼光纖放大器（Fiber Raman Amplifiers）最爲傑出，它是利用受激拉曼散射效應來放大信號，再藉由調整激發光的頻率來使放大的信號波長範圍能涵蓋整個光纖通訊所需的波段。

4.6.2 受激布里恩散射（Stimulated Brillouin Scattering, SBS）

布里恩散射是光子與晶格振動之間互向作用而產生，由於音波聲子（acoustic phonon）的頻率比較低，使得光纖中的布里恩增益頻譜約爲 10 MHz。因爲 SBS 是信號光和光纖中的聲子產生後向散射的作用，它會使信號光減弱並產生雜訊。SRS 和 SBS 兩種散射都會使入射光的頻率和能量降低，在光纖中形成損耗，當在低功率時，它產生的功率損耗可以忽略不計。但在高功率時，就會導致比較高的光損耗，當入射光功率超過一定的門檻值（threshold value）之後，兩種散射的光強度都會隨著入射光功率而成指數增加。

當入射光子功率大於布里恩起始功率時，光子將會把部分能量傳給晶格，使得入射光子的能量降低。若光波長爲 1.5 μm，則在一般光纖中其布里恩漂移（Brillouin shift）爲 11.1 GHz。圖 4.13 爲受激布里恩散射在各種不同類型的光纖中的增益頻譜，其頻率漂移值略有不同。

藉由下式可以算出布里恩起始功率：

$$P_{thB} = \frac{21\alpha A_{eff}}{g_B}$$

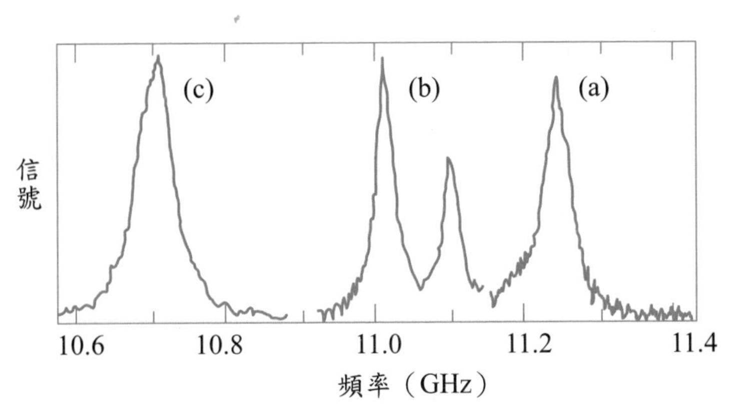

圖 4.13　受激布里恩散射的增益頻譜(a)玻璃光纖，(b)纖殼抑制光纖，(c)色散偏移光纖[12]。

P_{thB}：布里恩起始功率；A_{eff}：光纖有效面積；

α：光纖衰減係數；g_B：布里恩增益係數。

由於布里恩增益係數（$g_B = 5 \times 10^{-11}$ m/W）比較小的關係，因此布里恩效應會比較容易產生。所以我們可以利用 SBS 效應製成布里恩放大器，缺點是增益頻譜比較小，但利用反向散射特性的話，可以在環形腔光纖陀螺中得到重要的應用。

4.7　非線性折射率效應（Nonlinear Refractive Index Effect）

所謂的非線性折射率效應是指當入射光功率強度大小變大時，其光纖的折射率會因此隨之而改變；而它們的關係便如以下的公式所表示：

$$n = n_0 + n_2 I = n_0 + n_2 \frac{P}{A_{eff}}$$

其中為n_0：光纖於調變前之折射率，n_2：非線性折射率係數，n：光纖於調變後之折射率，I：入射光的光強度，P：入射光之光功率，A_{eff}：光纖的有效面積。

所以，因光纖折射率改變所產生的非線性折射率效應主要有以下三種例子：自相位調變（self phase modulation, SPM）、交互相位調變 （cross phase modulation, XPM）、四波混合調變 （four wave mixing，FWM）。

4.7.1 自相位調變（Self Phase Modulation, SPM）

即為當入射光本身的強度變化而導致相位產生變化，其原理為當光纖折射率隨入射光功率的強度大小而變化時，所產生的非線性相位位移可表示成：

$$\phi_{NL} = \frac{2\pi}{\lambda A_{eff}} n_2 P_{in} L_{eff}$$

$$L_{eff} = \frac{[1 - \exp(-\alpha L)]}{\alpha}$$

其中ϕ_{NL}：非線性相位位移，λ：入射光光波長，A_{eff}：光纖的有效面積，n_2：非線性折射率係數，P_{in}：入射光光功率，L_{eff}：有效作用長度。

當入射光功率強度變大時，其光纖的折射率會因此而改變，而光的脈衝相位位移也會因為光纖折射率的改變而跟著改變，由此我們可以發現，光的脈衝相位正是因為入射光功率強度變大而產生的變化，所以稱作自相位調變。

由於脈衝是由眾多的入射光波長所組成，所以脈衝的相位位移會因為波長的影響而產生改變，因此而產生脈衝色散並使脈衝寬度變寬，進而影響通訊品質。而自相位調變對於入射光波長位於正色散區的光脈衝時，會使其脈衝寬度擴寬，而對於入射光波長位於負色散區的光脈衝時則具有會有壓縮的效果，所以若能利用這種壓縮效應當作是色散補償，則可以改善光纖系統傳輸品質。

4.7.2 交互相位調變（Cross Phase Modulation, XPM）

在分波多工系統架構當中，若同時有兩個甚至是多個波道的波同時傳遞不同的訊號，其光脈衝便會互相干擾、產生非線性相移，而這種鄰近波道互相影響的情況就稱爲交互相位調變。

而交互相位調變可寫成下面的表示式：

$$\phi_{NL} = \frac{2\pi L}{\lambda_i A} n_2 z \left[I_i(t) + 2\sum_{i \neq j}^{i} I_j(t) \right]$$

ϕ_{NL} 爲非線性交互相位位移量

上式中 $I_i(t)$ 爲自相位調變所產生的影響，$2\sum_{i \neq j}^{i} I_j(t)$ 則爲交互相位調變所產生，λ_i 爲入射光的波長，n_2 爲其非線性折射係數（在光纖中，n_2 約爲 $3 \times 10^{-20}\ \mathrm{m^2/W}$）

A 爲光纖的有效傳導面積，L 爲光纖的有效傳導長度。

根據上式，我們可以得知，交互相位調變所造成的影響至少會是自相位調變影響的兩倍以上。

一般情形下，兩通道的光並不會互相干擾，當兩通道的光由於傳輸路徑加長、通道間距過近（波長相近）或者是信號強度增加時，其互相影響的情形便會造成信號傳遞上雜訊的產生此情形也就是所謂的串音現象（信號疊合產生雜訊）。

而當兩個不同通道的光脈衝波以不一樣的群速度向前傳遞時，兩者之間的光脈衝波便會由於非線性效應的影響產生互相干擾的情況，而其互相干擾的交互作用距離則稱爲串音距離（Walk-off Distant, L_w）如圖 4.14 所示

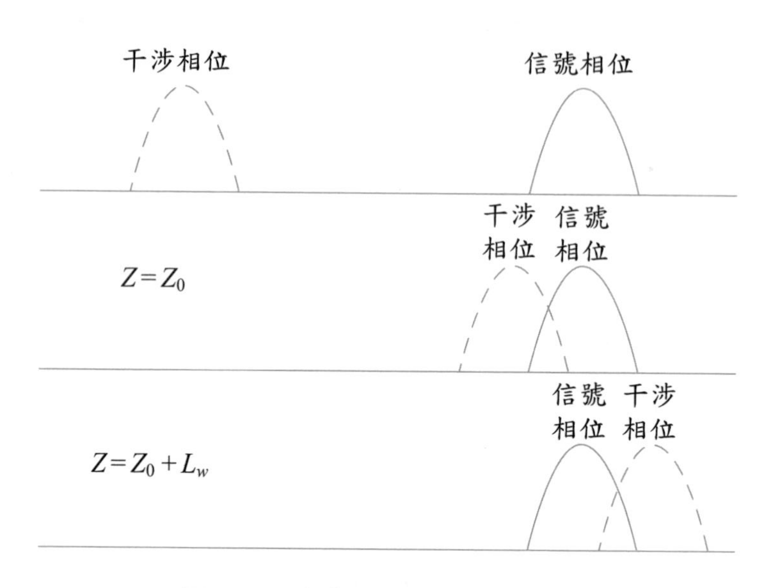

圖 4.14　串音距離模擬圖例。[7]

其計算方式可以下式表示：

$$L_w = \frac{T_0}{|v_g^{-1}(\lambda_1) - v_g^{-1}(\lambda_2)|} \approx \frac{T_0}{|D\Delta\lambda|}$$

T_0 爲信號的週期寬度，v_g 爲群速度，而 λ_1 和 λ_2 則是兩通道的中心波長

$$\Delta\lambda = \lambda_1 - \lambda_2$$

根據串音距離公式來看，我們可以得知當兩通道的入射光波長差距較大時

（色散情形較大），其光脈衝的交互作用也可以忽略，使其交互相位調變的影響減小。

4.7.3　四波混合調變（Four Wave Mixing, FWM）

四波混合調變是指在不同波道中，不同頻率的光其差頻分量調變折射率，相互干擾，使其產生新頻率的光波，而部分信號功率則會衰減，轉移成雜訊，不僅僅是會降低信雜（S/N）比，同時也會使信號功率變化不穩定，增加信號傳遞的錯誤率。

假設有三道頻率分別為 f_1、f_2、f_3 的入射光，同時進入光纖中傳輸，由於差頻分量調變的結果，使其互相干擾，產生新的頻率，而新頻率：

$$f_{\mathrm{FWM}} = f_1 \pm f_2 \pm f_3$$

這些正負組合皆有可能產生新的頻率，但實際上，大部分的組合並無法產生，而是必須滿足相位匹配（phase-matching）的條件才能達到。

相位匹配是指不同頻率的光，由於頻率色散的關係，因此相位失調，要做到相位匹配，則必須透過另外的結構函數來做組合，通常是加入一結構函數來描述這樣的動作，若匹配吻合的情況下，便能達到高效率的非線性頻率轉換作用。

若假設有 N 個波道的話，則經由四波混合調變後，將會產生 $\frac{N^2(N-1)}{2}$ 個新的波道，而若原本的波道間隔相同的話，會造成新波道和原波道重疊，使其互相干擾，產生不必要的雜訊，因此其後討論設計出不等距的波道間隔，藉此區別新波道和舊波道。

以兩個波道來看，便會產生兩個新的波道如圖 4.15 所示，而若有三個波道，則會形成九個新波道如圖 4.16 所示，以此類推。

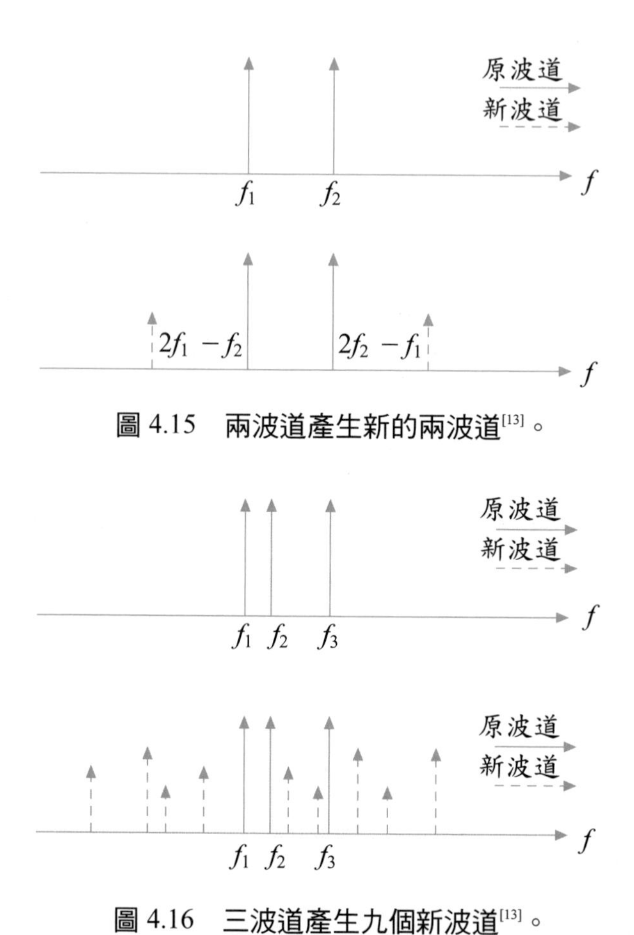

圖 4.15　兩波道產生新的兩波道[13]。

圖 4.16　三波道產生九個新波道[13]。

而當所有通道信號的光功率皆相同時，四波混合調變效率（FWM efficiency, η），可近似爲：

$$\eta \propto \left[\frac{n^2}{AD(\Delta\lambda)^2}\right]^2$$

由此可知道，若增加其波道間隔或者使其色散係數變大，都可以去抑制四波混合的情形產生，但是增加波長間隔會間接減小信號的傳輸量，而增加色散係數則會造成脈衝拓寬的情況，因此如何去衡量兩者間的重要平衡，是目前需要克服的問題。

以上所介紹的是非線性折射率所造成的三種不一樣的非線性效應，但是在實際系統中，尤其是高密度的分波多工系統架構上，由於波道間隔距離都很短，因此這三種不同的非線性效應所造成的脈衝拓寬現象幾乎是難以辨別的。

4.7.4 光孤子（Soliton）

光纖中的孤子現象是藉由光纖群速度色散（Group Velocity Dispersion, GVD）和自相位調變（SPM）平衡的結果，在光纖中的光孤子可以具有長距離傳輸且波形不變以及兩個光孤子碰撞後，各自波形保持不變的特性。

一般而言，光纖中群速度色散（GVD）以及自相位調變（SPM）各自在光纖傳輸系統中限制了脈波傳輸的性能。群速度色散（GVD）造成傳輸脈波的波形延展，而自相位調變（SPM）使得傳輸脈波的高頻分量增加，造成波形變得陡峭。因此若能適當地使這兩個因素結合，相互平衡之下就可以設計出一個波形不變的脈波。因此利用隨入射光強度變化的非線性光學現象中的自相位調變補償了群速度色散，使得光脈波波形不變，並且再利用光纖放大器使得其振幅也維持在一定的幅度，即可形成光孤子。

目前利用光孤子現象的光纖通訊系統正在積極的研究當中，使得光纖傳輸脈波可以長距離傳輸而波形不變，這將可以發展出更高速率以及超長距離的光纖傳輸系統。

習　題

1. 請說明軸向式氣相沉積法（VAD法）與外部式化學氣相沉積法（OVD法）製程上的差別。
2. 請問電漿式化學氣相沉積法（PCVD法）與改良式化學氣相沉積法（MCVD法）在製作技術上有何不同之處？
3. 請列出三項影響光纖抽絲外徑的方法？
4. 製作光纖時，假設預計製作長度為5km，而途中由於被覆不當，造成某段光纖有側向壓力造成微彎曲損失，若測得損失功率為0.2dB，試求其側向壓力為多少？
5. 請比較受激拉曼散射和受激布里恩散射有何異同？
6. 請解釋受激拉曼散射的史托克散射原理？
7. 請說明何謂自我相位調變？
8. 請說明為什麼兩光波的色散情形較嚴重時，其交互相位調變影響會減小。
9. 假設有三個波道的光波同時入射，其產生了四波混合調變，請問，總共出現幾個新波道，請計算且作圖說明。

參考文獻

[1] J.B. MacChesney, P.B. O'Connor, F.V. DiMarcello, J.R. Simpson, and P.D. Lazay, "Preparation of Low-Loss Optical Fibers Using Simultaneous Vapor-Phase Deposition and Fusion," pp. 40-45 in *Proceedings of Tenth International Congress on Glass* (Kyoto, Japan), Vol. 6. Ceramics Society, Japan, 1974.

[2] D.B. Keck, P.C. Schultz, and F. Zimar, "Method of Forming Optical Waveguide Fibers," U.S. Pat. No. 3737 292, 1973.

[3] D. Kuppers and H. Lydtin, "Preparation of Optical Waveguides with the Aid of Plasma-Activated Chemical Vapor Deposition at Low Pressures," pp. 108-30 in Topics in Current Chemistry, Vol. 89. Springer-Verlag, Berlin, 1980.

[4] T. Izawa and N. Inagaki, "Materials and Processes for Fiber Preform Fabrication-Vapor Phase Final Deposition," *Proc, IEEE*, pp. 1184-87, 1980.

[5] 華榮電線電纜抽絲標準作業手冊。

[6] 黃胤年，"簡易光纖通信，" 五南圖書出版股份有限公司，pp102-107, 2002。

[7] 陳君萍，"Designing Chirped-Cavity Dispersion Compensator Filters for Optical Communication," 國立中央大學光電科學研究所碩士論文，2003。

[8] G. K. Mynbaev and L. L. Scheiner, "Fiber-Optic Communication Technology," Prentice Hall, NJ, 2001.

[9] O. K. Lynch, W. Livingston, "Color and Light in Nature," Cambridge University Press, 2001.

[10] R.H.Stolen and E.P.Ippen,and A.R.Tynes, "Raman oscillation in glass optical

waveguides," Appl.Phys.Lett, vol20, pp. 11-19, 1972.

[11] G. P. Agrawal, "Fiber Optical Communication System," John Wiley & Sons, Inc., New York, 1997.

[12] R. W. Tkach, A. R. Chraplyvy, and R. M. Derosier, "Spontaneous Brillouin scattering for single-mode optical-fiber characterization," Electronics Letters, vol. 22, pp. 1011-1013, 1986.

[13] G. K. Mynbaev, and L. L. Scheiner, "*Fiber-Optic Communication Technology*," Prentice Hall, Upper Saddle River, NJ, 2001.

第五章

光纖被動元件

光纖光學系統中，不同的元件被用來操控光學信號，這些元件主要分為兩大類：被動元件（passive component）以及主動元件（active component），其中主動元件需要外部的電源驅動，而光被動元件則不需要外界的電源供應即能工作。光被動元件依功能分類大致可分為：光連接器／跳接線（Optical Connector），光衰減器（Attenuator），光耦合器（Optical Coupler），分波多工器（Wavelength Division Multiplexer），光隔離器（Isolator），光循環器（Optical Circulator）以及光濾波器（Optical Filter）等。在這個章節中我們將介紹光纖系統中這些常見的光纖被動元件。

5.1 光連接器／跳接線／光衰減器

5.1.1 光連接器／跳接線

在光纖系統中，為了要快速的連接不同的光纖元件，需要利用光連接器（Optical Connector）或光跳接線（Optical patchcord）來達到快速裝卸，重複使用的目的。若以光纖傳輸模態來分類，可分為單模光纖（Single-mode fiber）以及多模光纖（Multimode fiber）兩種，而光纖接頭的形式，從 1980 年以來，不同的光纖製造廠都有自己的設計，截至目前，常見的光纖接頭可以分為下列幾種：

1. ST（Straight Tip）型：ST 型的接頭設計首先是由 AT&T 所提出的，是在多模光纖網路中最常被使用的。此項設計是利用一個卡口固定套件和一個長的圓筒套圈來支撐光纖，大部分的套圈是由陶瓷材料製成，但也有一些是由金屬或是塑膠材料製成，當在連接光纖的時候，若出現在較大的損失，可以重新連接並

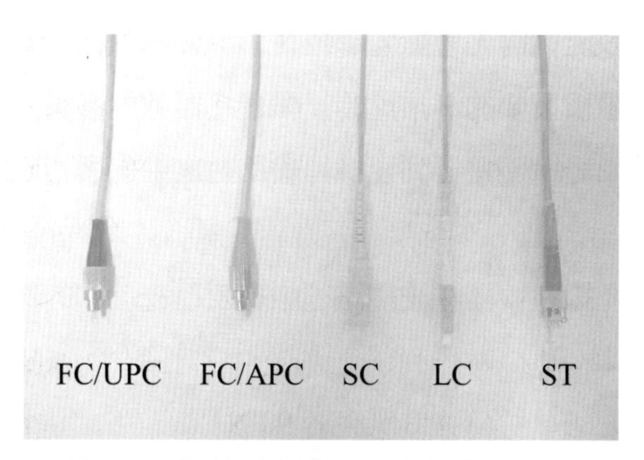

圖 5.1 各種形式連接器的實體圖形。

確定彈簧承載的部分在正確的位置上。

2. SC（Subscriber Connector/Standard Connector）型：SC 型主要爲卡扣式設計，這個設計可以藉由簡單的推挽式動作來連接光纖，主要用於單模光纖系統之中，具有絕佳的效能，並且也具有雙工的光纖接頭設計（SC-Duplex）。
3. FC（Ferrule Connector）型：FC型多年來也是最受歡迎的單模光纖接頭之一，利用螺紋設計來固定光纖，使用時需確認其卡榫位置。近年來有被SC型和LC型取代的趨勢。
4. LC（Lucent Connector/Local Connector）型：LC 型使用 1.25 mm 的套圈，爲一個新式的光連接器，它的尺寸約爲 ST 型的一半，可以提高光纖配線架中光纖連接器的密度。目前在單模光纖方面，LC 類型的連接器已佔據主導地位，而在多模光纖方面的應用也增長迅速。
5. MT-RJ（Mechanical Transfer Registered Jack）型：MT-RJ 起步於 NTT 開發的 MT 連接器，帶有與 RJ-45 型 LAN 電連接器相同的閂鎖機構，通過安裝於小型套管兩側的導向銷對準光纖，爲便於與光收發信機相連，連接器端面光纖爲雙芯（間隔 0.75 mm）排列設計，是主要用於數據傳輸的下一代高密度光纖連接器。

光纖連接器的效能，需先考慮光學特性，另外其機械強度以及是否抗拒外在外界環境的干擾也是很重要的。常見的光纖連接器效能參數如下所示。

1. **插入損失**：當使用光纖連接器到光纖傳輸路徑之中，所引起的損耗。通常需要保持在 0.5 dB 之下。
2. **反射損失**：係指光纖連接器在光纖路徑中對反射光功率的抑制能力，其典型的反射損失應大於 25 dB。
3. **抗拉強度**：一般要求其抗拉強度應大於 90 N。
4. **溫度**：光纖連接器須在 −40～70℃的溫度之中保持正常操作。
5. **插拔次數**：1000 次以上的插拔次數。

在表 5.1 中列出不同形式的光連接器以及其規格。不同的光連接器皆有其優缺點，例如，ST 型的光連接器適合用於現場安裝，FC 型具有浮動套圈，因此有良好的機械隔離性，而 SC 型的光連接器具有很好的封裝密度並且其推挽式設計可以減少光纖端面的損壞。

另外光纖連接器的端面依其接觸方式可分為 PC（Physical Contact），UPC（Ultra Physical Contact），APC（Angled Physical Contact）三種。如圖 5.2 所示。這 3 種端面接觸依反射損失排序為 PC < UPC < APC，其中 PC 的反射損失最小，APC 的反射損失最大。PC 型的接頭截面是平坦的，通常用在數據通訊之中。而 UPC 的損耗比 PC 的還小，通常是用於光纖設備內部的跳接使用。當光纖端面為平坦垂直的時候，會有反射光沿原路徑返回，造成雜訊。而 APC 具有傾斜的端面設計，具有提高反射損失的作用，通常是用在廣播電視以及有線電視之中造成重影。

表 5.1　各種形式的光連接器

接頭	插入損耗	反射損失	再現性	光纖形式	應用範圍
FC	0.50-1.00 dB	SMF ≥ 60 dB MMF ≥ 35 dB	0.20 dB	單模／多模	Datacom, Telecom-munications
LC	0.15 dB(SMF) 0.10 dB(MMF)	SMF ≥ 50 dB MMF ≥ 35 dB	0.2 dB	單模／多模	High Density Inter-connection
MT-RJ	0.30-1.00 dB	SMF ≥ 50 dB MMF ≥ 35 dB	0.25 dB	單模／多模	High Density Inter-connection
SC	0.20-0.45 dB	SMF ≥ 60 dB MMF ≥ 35 dB	0.10 dB	單模／多模	Datacom
ST	Typ. 0.40 dB (SMF) Typ. 0.50 dB (MMF)	SMF ≥ 50 dB MMF ≥ 35 dB	Typ. 0.40 dB (SM) Typ. 0.20 dB (MM)	單模／多模	Inter-/Intra-Build-ing, Security, Navy

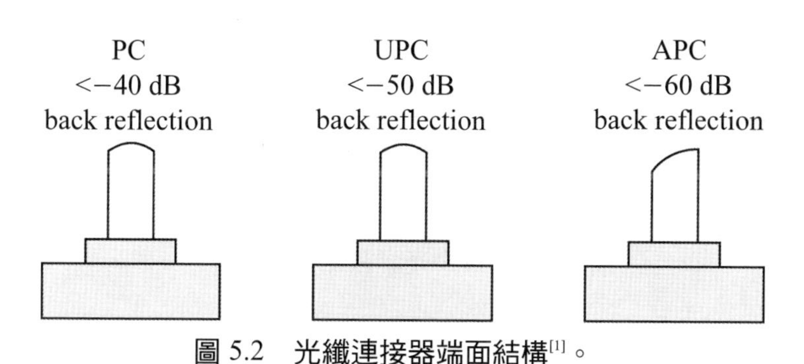

圖 5.2　光纖連接器端面結構[1]。

5.1.2　光衰減器

光衰減器（Attenuator）是一個可以降低光功率的裝置，其工作原理可為透過光的吸收，耦合，散射，偏振等光學特性來完成，當光學接收端接收到太多的入射光功率時，會使得光檢測器產生飽和，此時光檢測器無法與入射光功率保持線性的比例關係，而無法檢測出入射光功率的變化，因此當入射光功率太高時，可以利用光衰減器來適度的降低入射光功率，使得光檢測器在線性區操作。常見的光衰減器爲固定式的，例如，一個 3 dB的光衰減器表示輸出光功率降爲原來的一半，值得注意的是光衰減器是同時衰減光纖中的所有波長，而非如同光濾波器一般，只衰減固定的某個波長。目前也有可調式的光衰減器應用於精密量測設備之中，可以藉由機械式或電子式的可調方法來調整衰減倍率。一個良好的光衰減器須能夠有低反射損失，穩定的衰減量，較低的波長相依性以及不易受外界環境的影響等特性。

圖 5.3 爲一個可調式光衰減器（Variable Optical Attenuator, VOA）之符號表示，爲了能夠適用於光纖系統中，光衰減器被設計成不同的接頭形式，如 SC、FC、ST、LC 等。波長操作範圍爲 1200 nm～1600 nm，衰減範圍爲 1～30 dB，也有適用於單模以及多模光纖之分。

圖 5.3　可調式光衰減器（VOA）。

5.2　光耦合器

光耦合器（Optical Coupler），或稱爲光分歧器（optical splitter），可以將一個或多個光纖訊號分配到兩個或多個輸出光纖之中，光纖耦合器依輸入和輸出的數量定義爲 M×N 型的耦合器，其中 M 爲輸入埠的數目，N 爲輸出埠的數目。除了將光訊號分配到輸出埠之外，光耦合器也可以收集多個輸入的光訊號匯集成一個光訊號，因此光耦合器也可以稱作合光器（optical power combiner）。

5.2.1 光耦合器的原理

圖 5.4 所示爲一個常見的 2x2 耦合器，其原理爲若當一入射光由耦合器的輸入端 1 進入後，由於與另一條輸入端 2 的光纖彼此之纖核（core）相互接近而使得入射光的部分光訊號會因此由輸入端 1 的光纖轉移到輸入端 2 的光纖中，光訊號最後由彼此的輸出端 1 和 2 輸出，這種現象稱爲二光纖之間發生耦合（coupling），這種合併的光纖束稱爲光耦合器。

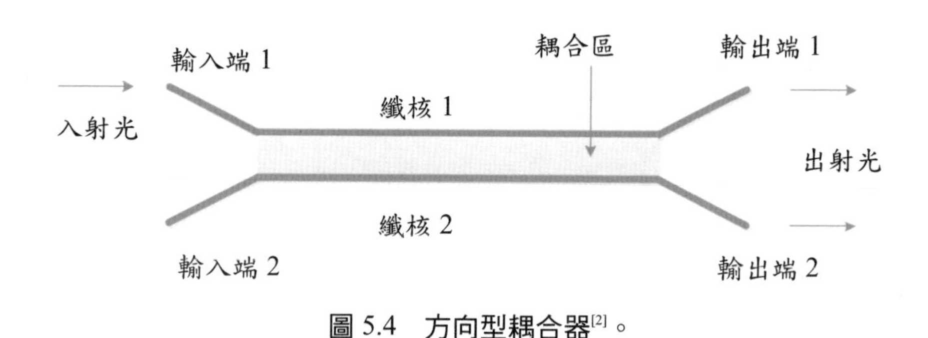

圖 5.4 方向型耦合器[2]。

5.2.2 耦合器參數的特性及分析

光耦合器常見的參數爲工作波長，插入損失，額外損失，方向性，以及分光比等，由圖 5.5 中，我們可以看出耦合器的光功率進出方向，一般的耦合器並沒有固定的輸入端與輸出端（因爲耦合器具有雙向性，每個端口都可當輸入端或輸出端），爲了說明耦合器的參數特性，我們假設輸入端（端口 1）的光輸入功率

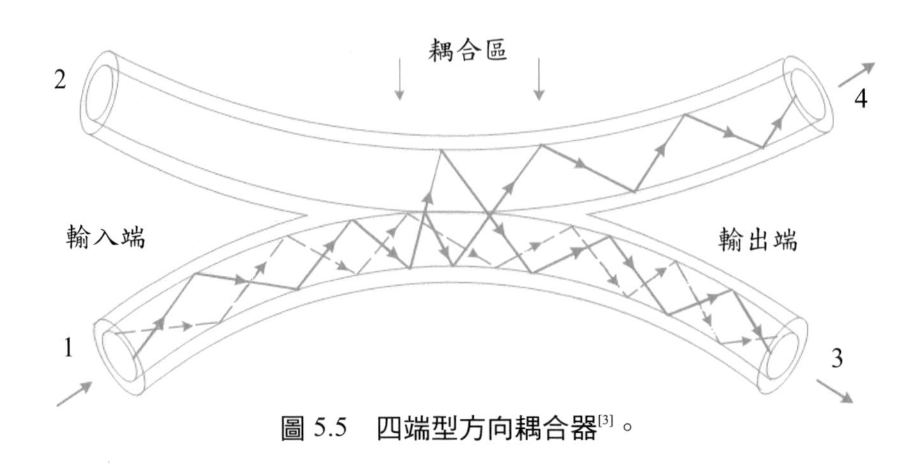

圖 5.5　四端型方向耦合器[3]。

的為，經過耦合器時會依此耦合器的分光比例，把輸入光功率適當地分散到其輸出端（端口 3 和端口 4）。而對於理想的耦合器來說，不會有功率傳送到端口 2（為隔離端），但是實際的耦合器會因為反射、散射和耦合等因素，造成端口 2 的輸出功率不等於零。而一個耦合器的好壞，主要是以其參數特性及可靠性來衡量的，其中參數特性如穿透損耗、分歧損耗、方向性、過量損耗與分光比等更是用來作為耦合器分級的指標；以下是耦合器的損耗參數特性（單位為 dB）之定義為：

1. **穿透損耗**（throughput loss）

$$L_{In} = -10\log_{10}\left(\frac{P_3}{P_1}\right) \tag{5.1}$$

式子中的 P_3 為經由端口 3 輸出的光功率，而 P_1 端口 1 的光輸入功率，此式表示介於光輸入端與直通端（端口 3）之間的傳輸損耗量。

2. **分歧損耗**（tap loss）

$$L_{Tap} = -10\log_{10}\left(\frac{P_4}{P_1}\right) \tag{5.2}$$

式子中的P_4爲經由端口 4 輸出的光功率，此式表示介於光輸入端與分歧端（端口 4）之間的傳輸損耗量。

3. **方向性**（directionality）

$$L_D = -10\log_{10}\left(\frac{P_2}{P_1}\right) \tag{5.3}$$

式子中的P_2爲傳送到端口 2 的光功率，此式表示介於光輸入端與隔離端（端口 2）之間的傳輸損耗量，這個值爲其輸入端與端口 2 之間的絕緣程度，所以對於理想的耦合器來說，端口 2 的光功率必須爲零。

4. **過量損耗**（excess loss）

$$L_E = -10\log_{10}\left[\frac{(P_3+P_4)}{P_1}\right] \tag{5.4}$$

式子中P_3和P_4爲端口 3 和端口 4 的輸出光功率，此式說明爲輸入光功率與總輸出光功率之間相差的損耗量；若是理想耦合器的話則沒有光功率損耗發生，即$L_e = 0$。

5. **分光比**（division ratio）

$$N = \frac{P_3}{P_4} \tag{5.5}$$

所以對一個理想的耦合器來說，其經由輸入端（端口 1）入射的光功率，能完全分配到兩個輸出端（端口 3 與端口 4），而不會有任何的傳輸損耗，即過量損耗：$L_e = 0$ 和方向性：$L_d = \infty$。而目前以一個設計良好的光耦合器來說，其過量損耗：$L_e < 1$ dB 和方向性：$L_d > 40$ dB。

理想的光耦合器其兩端的輸出光功率相加會等於輸入光功率，所以其過量損耗：$L_e = 0$，而公式（5-1）與（5-2）便是以理想的情況所得到的結果；但是實際的耦合器會因爲耦合器內部的功率損耗：像是吸收、輻射、散射、與方向性（隔離不佳）等因素，導致其過量損耗：$L_e \neq 0$，所以爲了求出實際的穿透損耗與分歧損耗，我們假設理想耦合器的穿透損耗與分歧損耗分別爲 L'_{thp} 和 L'_{tap}，那麼可以得到實際的穿透損耗爲：

$$L_{thp} = L'_{thp} + L_e \tag{5.6}$$

而同樣地，分歧損耗則爲：

$$L_{tap} = L'_{tap} + L_e \tag{5.7}$$

由這兩個式子我們可以知道，理想的穿透損耗與分歧損耗會隨著過量損耗的增加而彼此等量的增加，而（5-6）與（5-7）的損耗通常是因爲光耦合器插入系統時所產生的實際損耗，所以通常稱爲插入損耗（insertion loss）。

5.2.3 耦合器的種類

1. 方向型耦合器（Directional Couplers）

如圖 5.6 所示方向型耦合器便是 2×2 耦合器，這於第二節開頭便由敘述，在此便不多做介紹。

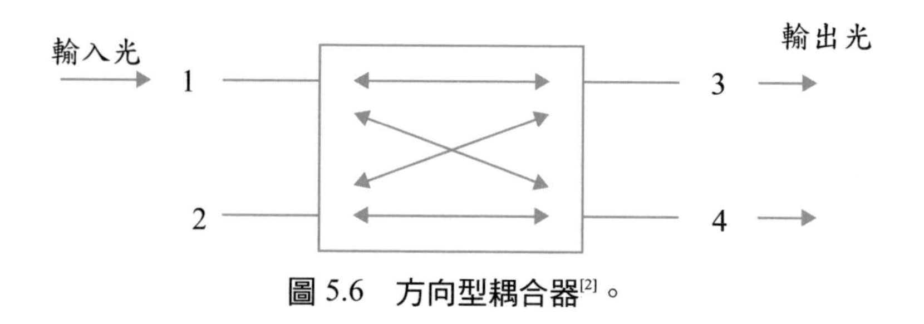

圖 5.6 方向型耦合器[2]。

2. 星型耦合器（Star Couplers）

一些重要的分波多工系統（WDM）都會需要用到M×N型耦合器，其設計是以M個輸入端和N個輸出端，其中M和N可以是任意整數，這樣的耦合器稱作星型耦合器，如圖 5.7 所示爲三種不同形式的星型耦合器，而對於一個理想的星型耦合器來說，經由其輸入端（M個輸入端）入射的光功率，會平均分配給其所有的輸出端（N個輸出端）；但是實際上並不是如此，會因爲插入損耗跟耦合器本身的過量損耗與連接時的連接器損耗等，造成了光功率的損耗，而其光功率的損耗值爲：

$$L = -10\log_{10}\left(\frac{1}{N}\right) + L_e + 2L_e \qquad (5\text{-}8)$$

式子中，第一項表示爲一理想的星型耦合器其光功率由輸入端到N個輸出端時的插入損耗值；第二項爲星型耦合器本身的過量損耗值；第三項爲連接器的損耗值（星型耦合器的輸入端和輸出端會接兩個連接器，所以是兩倍的連接器損耗）。

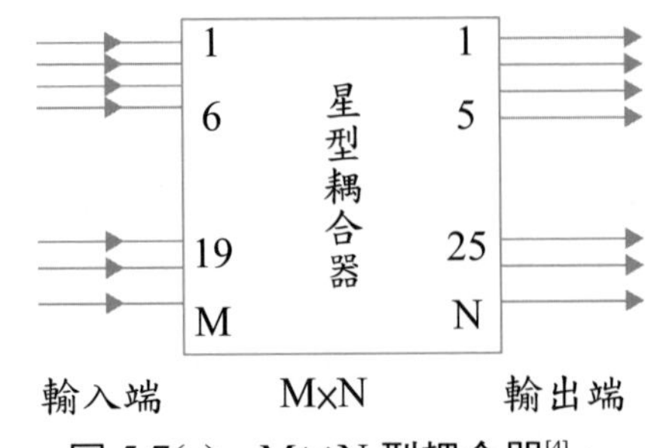

圖 5.7(a)　M×N 型耦合器[4]。

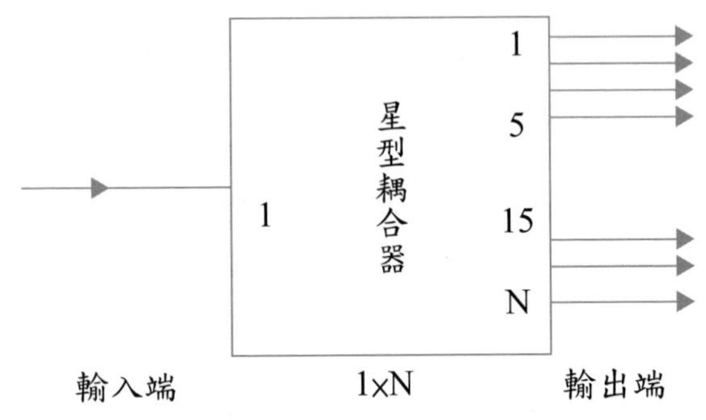

圖 5.7(b)　1×N 型耦合器[4]。

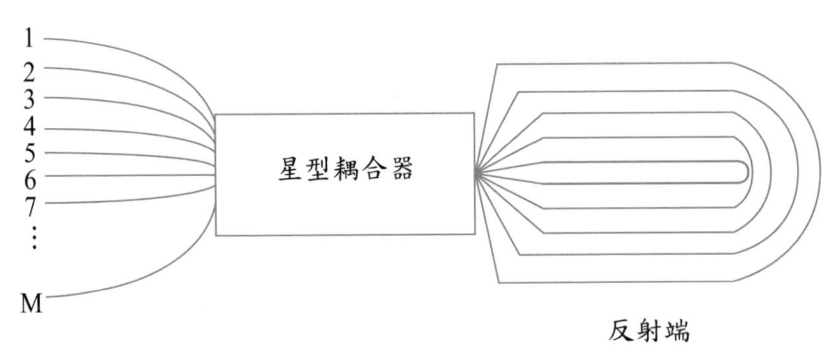

圖 5.7(c)　反射式星型耦合器[4]。

3.波長選擇耦合器（Wavelength selected coupler）

如圖 5.8(a)所示，波長選擇耦合器可以將不同波長的光波傳送到不同的輸出埠，通常會使用在分波多工網路之中，也有一些研究是將此耦合器用於光放大器之中，波長選擇耦合器可以用來分離泵激光源波段（980 nm）以及光訊號放大波段（1550 nm）的波長。圖 5.8(b)顯示在不同波段的耦合效率，當 1550 nm 以及 980 nm 的光波從 port1 輸入時，波長選擇耦合器會分離這兩個波段，讓 1550 nm 的波長從 port2 輸出，且讓 980 nm 的波長從 port3 輸出，而當波長選擇耦合器反向操作時，分別在 port2 和 port3 輸入 1550 nm 以及 980 nm 的光波，則 port1 會輸出 980 nm 以及 1550 nm 的光波。另外也有 1310 nm/1550 nm 的波長選擇耦合器設計。

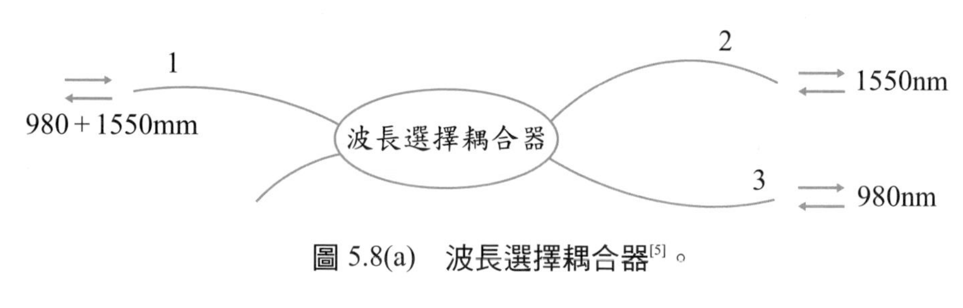

圖 5.8(a)　波長選擇耦合器[5]。

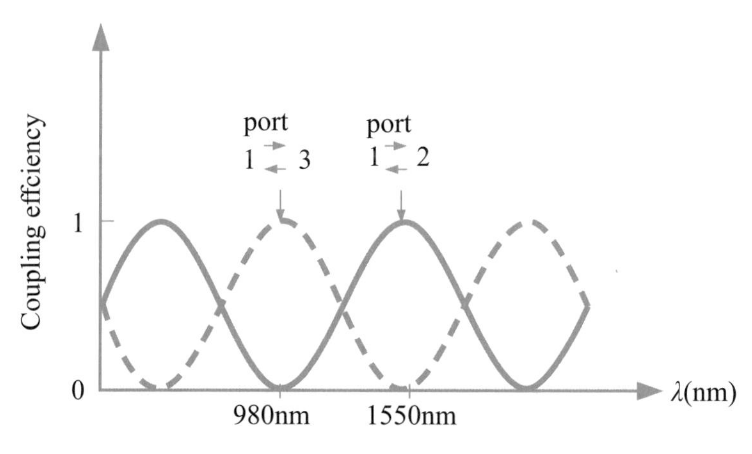

圖 5.8(b)　不同波段的耦合效率[5]。

*4.*光分歧器（Optical Splitter）

光纖分歧器（Optical Splitter）與光纖耦合器（Fiber coupler）的工作原理是一樣的，只是它是屬於單一輸入端和多個輸出端的光纖耦合器（像是1×2、1×4、1×N…等），如圖5.9所示。

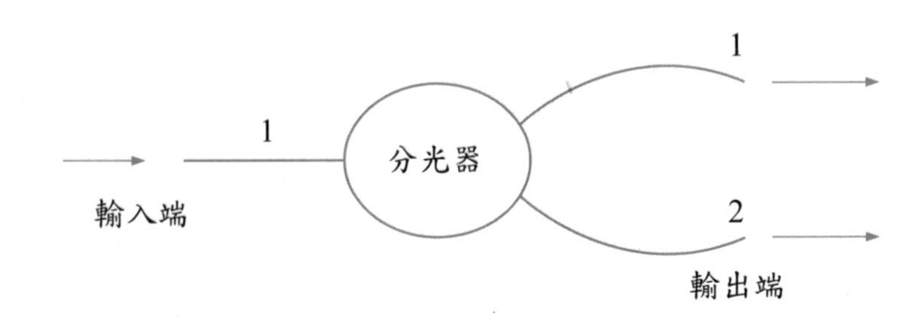

圖5.9(a) 1×2分光器[6]。

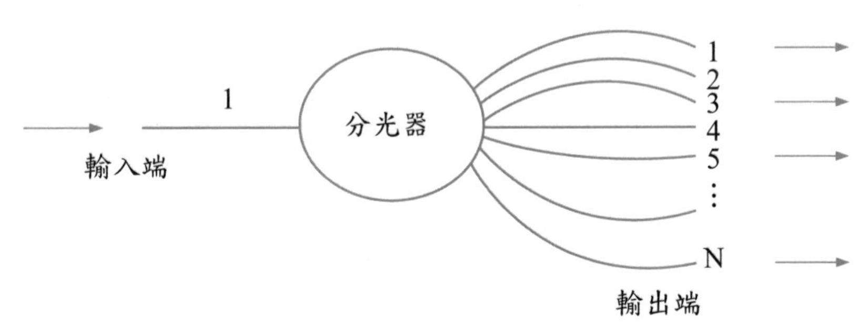

圖5.9(b) 1×N分光器[6]。

5.3 光隔離器與光循環器

5.3.1 光隔離器（Isolator）

光隔離器的原理

爲防止光路中由於各種原因產生的後向傳輸光對光源以及光路系統產生的不良影響，通常被用在光路中避免回波對光源，泵激光源（Pump laser）以及其他發光元件造成的干擾和損害。例如，在半導體雷射光源的光纖傳輸上，常由於反射光及散射光的影響，導致其不穩定的震盪，造成頻率不穩定以及雜訊增加的情況，爲了解決這些問題，光隔離器這項架構就在這前提之下產生，其有效的防止了上述的問題，提供了半導體雷射光源所需的穩定的光共振現象，而長距離光纖通信系統中，每隔一段距離安裝一個光隔離器，也可以減少受激布里恩散射（Stimulated Brillouin Scattering, SBS）引起的功率損失。總之，凡需要避免有害反射光的場合，如激光器的保護、避免光學損傷、光學系統不穩定等，都需要使用法拉第磁光旋轉器或磁光隔離器加以解決。因此，光隔離器在光傳輸，光通信、光信息處理系統、光纖傳感以及精密光學測量系統中具有重要的作用。

基本上一個良好的光隔離器需要具備以下的特性：

1. 光信號的前進方向（入射光），具有較低的插入損耗。
2. 光信號的往返方向（反射光），具有較高的光隔離作用。
3. 具有很寬的工作頻率範圍。
4. 外界環境因素的變化較不易影響其作用。
5. 體積小。

光隔離器的參數主要爲插入損耗以及隔離度，一個理想的光隔離器具有 0 dB

的插入損耗以及無窮大的隔離度，如圖 5.10 所示，其定義如下式所示：

$$\text{Insertion loss} = P_I - P_T\,(\text{dB}) \tag{5.9}$$

$$\text{Isolation} = P_I - P_R\,(\text{dB}) \tag{5.10}$$

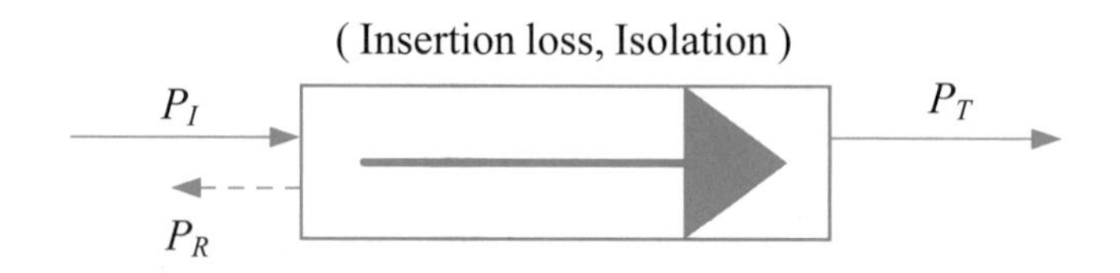

圖 5.10　光功率只允許單向傳輸[7]。

操作原理

法拉第效應（Faraday effect）是一種磁光效應，是由於光波和磁場在介質內的作用影響，當偏振光穿過一施加磁場的非旋光介質（玻璃等）時，會產生旋轉偏振，而偏振平面的旋轉角和磁場強度以及材料長度的乘積成比例。可由下式表示：

$$\theta = \rho HL \tag{5.11}$$

其中，H 爲入射光方向的磁場強度（A/m），L 爲光與磁場相互作用的材料長度（m），ρ 爲材料的維德常數（Verdet constant, r/A）。

法拉第效應是一種非互易光學過程（non-reciprocal rotation），亦即法拉第光旋轉器是一種「非互易」的光學器件，它可以將同一波長的正向入射光及反向入射光的偏振面都向同一方向旋轉同一角度，而與光束傳播方向無關。因此當光束正反兩次通過法拉第光旋轉器時，其偏振旋轉的角度和爲 2θ 角。而一般的旋光材料，當光束正反兩次通過法拉第光旋轉器時，其偏振面旋轉角度為零，如圖 5.11 所示。

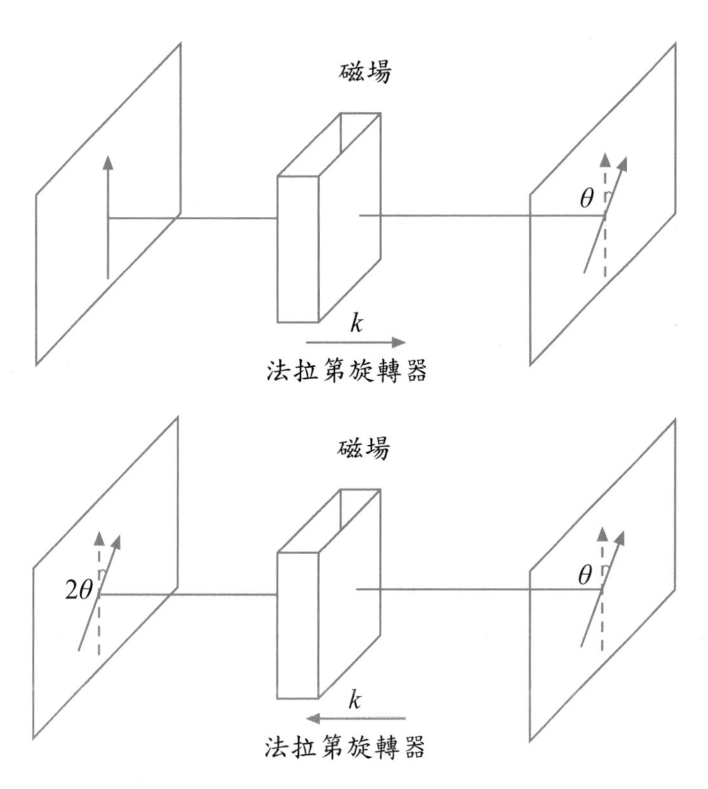

圖 5.11(a) 法拉第非互易光學過程[8]。

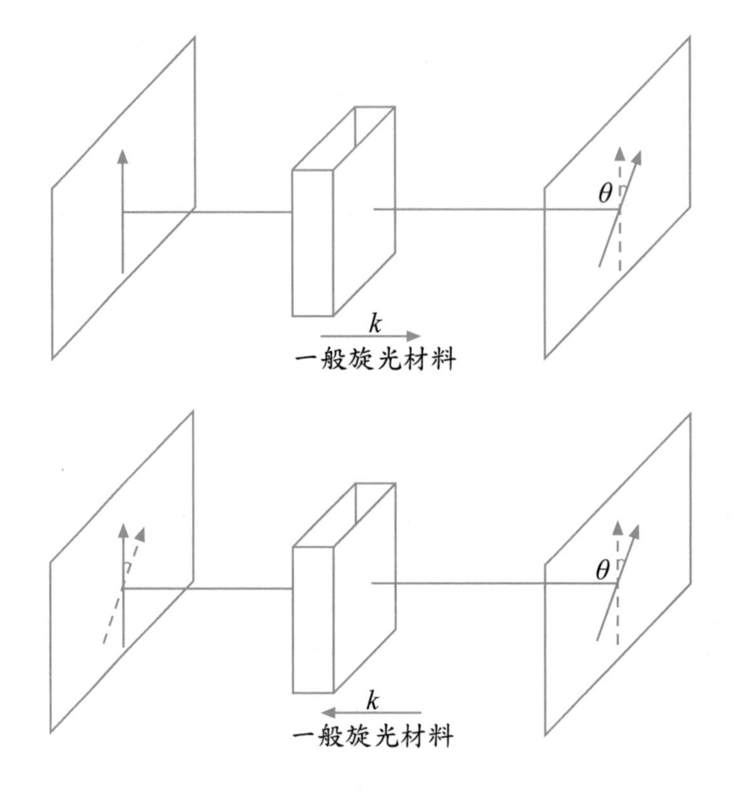

圖 5.11(b)　一般旋光性互易光學過程[8]。

在光隔離器的架構中，我們設定的法拉第旋轉器的旋轉角為45度。如圖5.12所示為一個偏振相依式的光隔離器。根據圖5.12(a)、圖5.12(b)所描述的光行進路徑圖來做入射及反射光路徑的分析，入射光經過極化器1時，留下垂直分量，透過法拉第旋轉器旋轉45度角，接著銜接極化器2（旋轉45度）得以通過，得到出射波；反之，在反射光往返時，由於光經過極化器2之後旋轉45度角，再經由法拉第旋轉器旋轉45度角，得到完整的90度旋轉角（變為水平分量），導致其無法通過極化器1（垂直），進而無法影響入射光源，達成我們想要的結果。

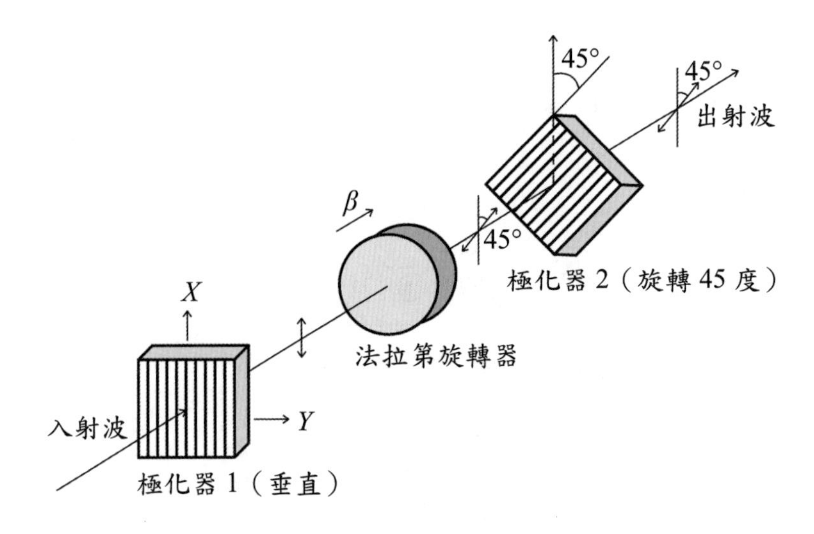

圖 5.12(a) 入射光行進情形[9]。

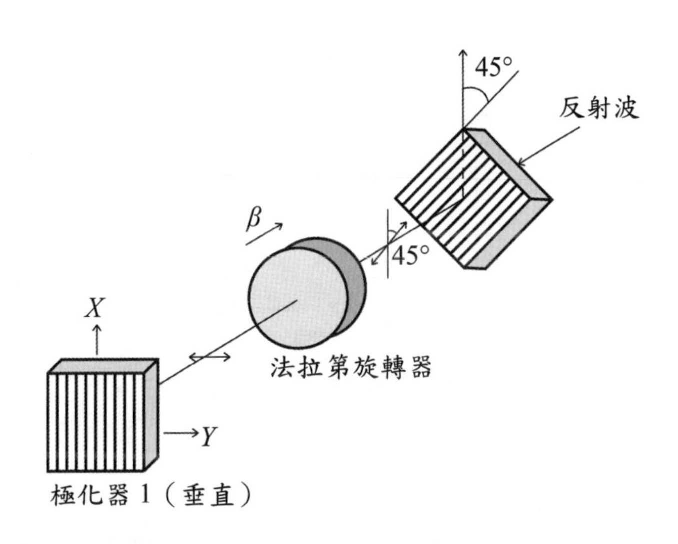

圖 5.12(b) 反射光往返情形[9]。

實際應用上，我們需要考慮到偏振的效應，及輸入以及輸出的偏振態不受光隔離器的影響，由於同時考量到水平以及垂直分量，所以我們會在起始跟結束位置放置一組雙折射分離元件（Spatial walk-off Polarization, SWP），使其水平以及垂直分量做分離。最後再結合獲得完整的向量，反射時則因水平及垂直向量相反，不影響入射光源，流程如下圖 5.13 所示：

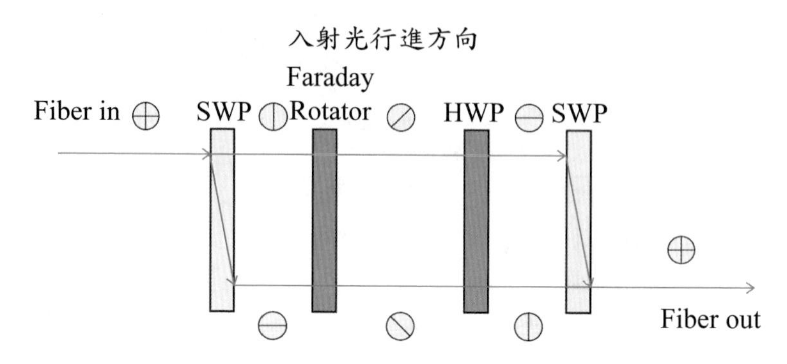

圖 5.13(a)　實際架構的光路徑入射光行進方向[10]。

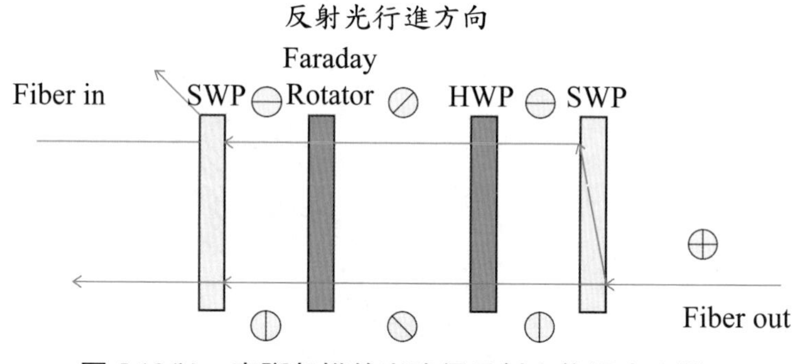

圖 5.13(b)　實際架構的光路徑反射光往返方向[10]。

光隔離器的類型

光隔離器按偏振相關性分爲兩種：偏振相關型和偏振無關型，前者又稱爲自由空間型（Free-space），因兩端無光纖輸入輸出；後者又稱爲在線型（in-Line），因兩端有光纖輸入輸出。

自由空間型光隔離器一般用於半導體雷射中，因爲半導體雷射發出的光具有極高的線性度，因而可以採用這種偏振相關的光隔離器而享有低成本的優勢；在通信線路或者EDFA中，一般採用在線型光隔離器，因為線路上的光偏振特性非常不穩定，要求器件有較小的偏振相關損耗。

5.3.2 光循環器（Optical Circulator）

光循環器的功能和設計與光隔離器非常相似，同樣是利用法拉第效應以及光偏振的特性來完成所需的工作原理，最簡單的設計為使用兩個光隔離器就可以構成一個3個端口的光循環器，在端口1和2之間置放一個光隔離器，即可隔絕端口2的光進入端口1，另一個光隔離器放在端口2和端口3用來隔絕端口3的光進入端口2。

圖5.14表示為更加完整的光循環器原理圖，圖5.14(a)表示從端口1輸入，端口2輸出的情況，輸入光束經過雙折射分離元件A將分離成兩個正交偏振的光線，水平偏振的光線沿著原來光路前進，垂直偏振的光線則向上位移。接著法拉第旋轉器和相位旋轉器的效應使兩偏振光線產生偏轉角，雙折射分離元件B的作用把兩個偏振光線複合，在端口2輸出。

圖5.14(b)表示從端口2輸入，端口3輸出的情況，雙折射分離元件B將輸入光束分離成兩個正交的偏振光線，由於法拉第旋轉器的互易性，所以偏振不會在該方向做改變。雙折射元件A使兩偏振光線更加分離，但透過偏振分束立方體透鏡和反射稜鏡又再重新組合，在端口3輸出。

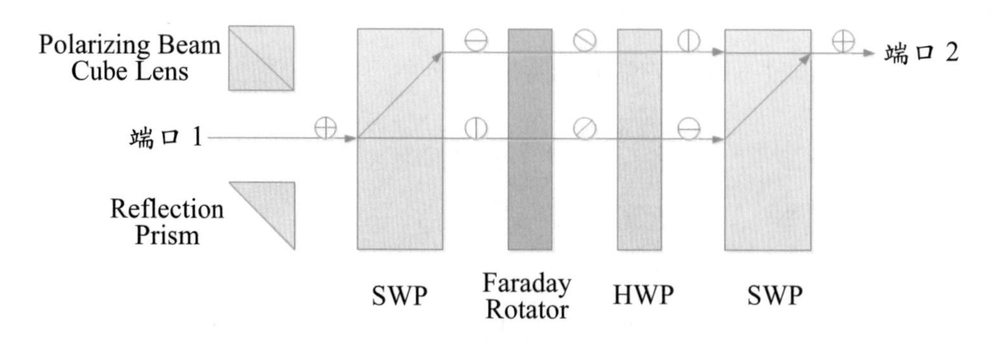

圖 5.14(a)　光循環器工作原理，端口 1 輸入，端口 2 輸出[11]。

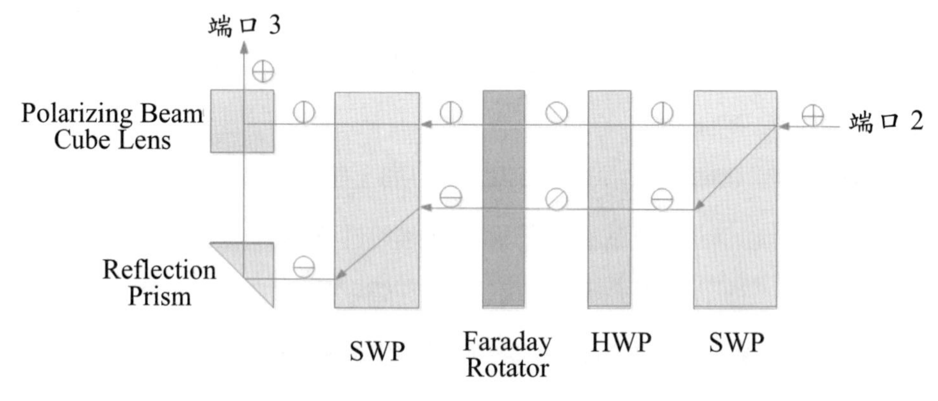

圖 5.14(b)　光循環器工作原理，端口 2 輸入，端口 3 輸出[11]。

圖 5.15 所示爲光循環器的結構圖，其傳輸過程由第一端到第二端，再從第二端到第三端，構成循環性的傳輸。且循環器具有隔離器之隔離功能，可以防止光源發射的光，因爲散射或反射回光源的共振腔，藉此穩定光源並做保護。

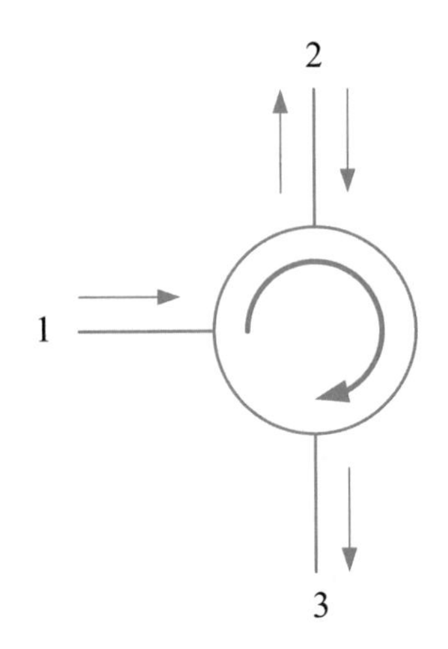

圖 5.15 三端口之循環器[12]。

5.4 光濾波器

光濾波器（Optical Filter）是一種波長選擇元件，它的功能是從眾多的輸入波長中，選擇出所需要的波長訊號。如圖 5.16(a)顯示光濾波器的基本功能，當多個光訊號波長經過一個固定波長的光濾波器時，會將不屬於所需波長的光訊號屏除，而讓所需的光訊號波長通過，從圖中可以看到光濾波器的頻譜特性會影響濾波的效果。在圖 5.16(b)中可以顯示出光濾波器的頻譜特性，一個良好的光濾波器需要具備有平坦的通道，低的頻道串音以及準確的波長分隔校正。

在討論光濾波器之前需要介紹幾個概念，如圖 5.17 所示是一個理想的光濾波器，具有一個平坦的通道，陡峭的通道特性以及 100%的反射率或是穿透率。當然在現實中，理想濾波器是不存在的，實際上的光濾波器就如圖 5.18 所示，具有些許的不理想特性，首先反射率或穿透率並非 100%，通道非平坦，且會有旁波

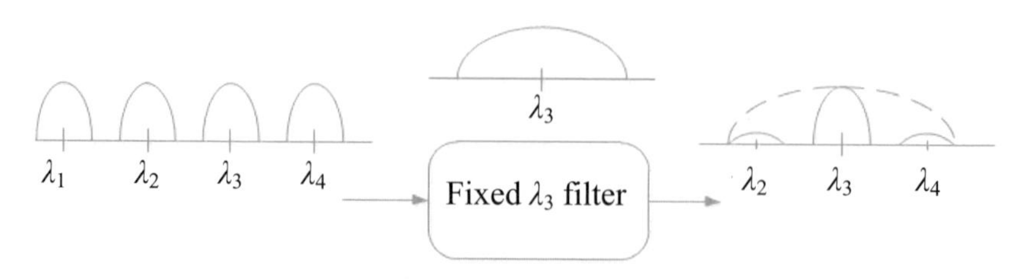

圖 5.16(a) 光濾波器的工作原理。

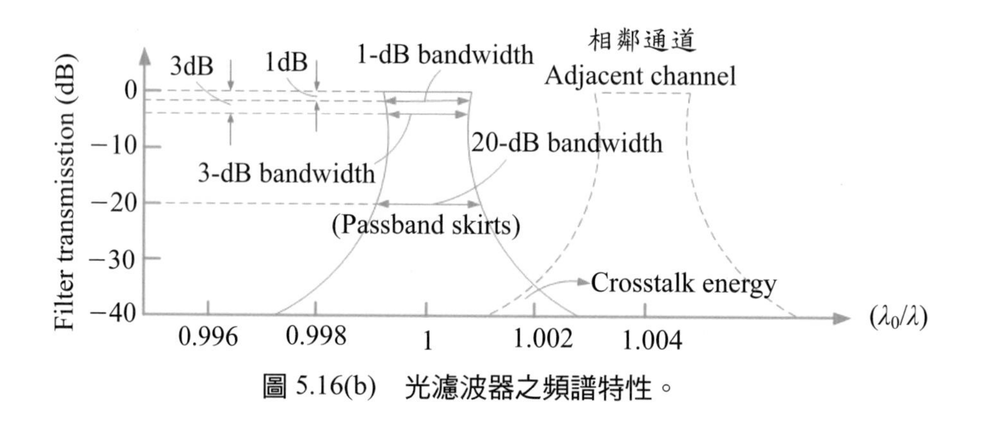

圖 5.16(b) 光濾波器之頻譜特性。

伴隨出現，這些不理想的濾波器，都會影響到濾波效果。

光濾波器的重要特性包含：

1. **中心波長**（central wavelength）：亦即兩個頻帶邊緣的平均波長值。

2. **尖峰波長**（Peak Wavelength）：衰減最小的波長值。

3. **標稱波長**（Nominal Wavelength）：由製造商所標記的波長值，通常會與實際的中心波長有些許差距。

4. **頻寬**（bandwidth）：常見的頻寬有 1 dB，3 dB，以及 30 dB 頻寬，例如 3 dB 頻寬亦即取頻譜降到（半功率點）的寬度。

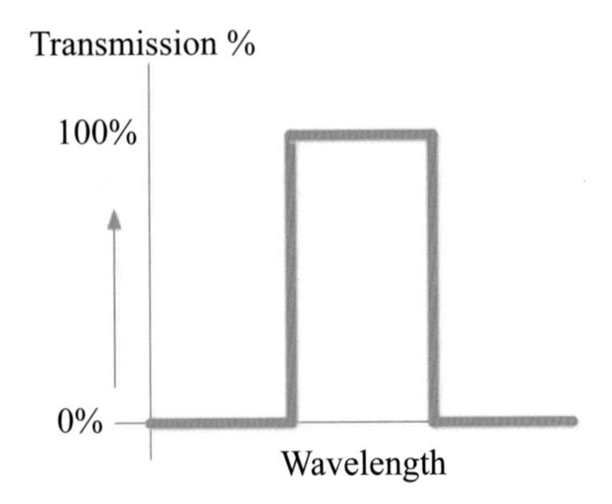

圖 5.17(a)　理想光濾波器的反射率[13]。

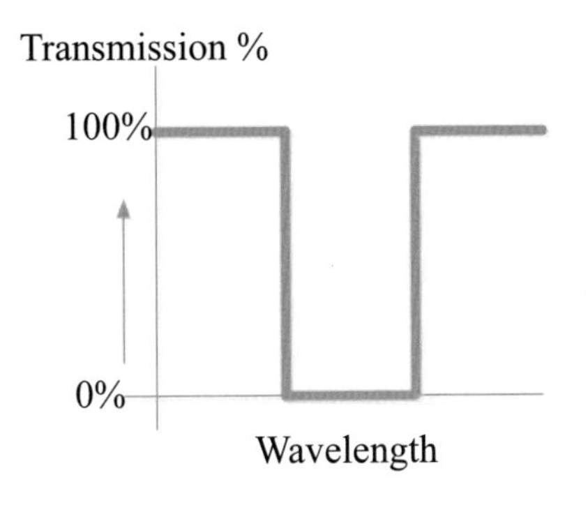

圖 5.17(b)　理想光濾波器的穿透率[13]。

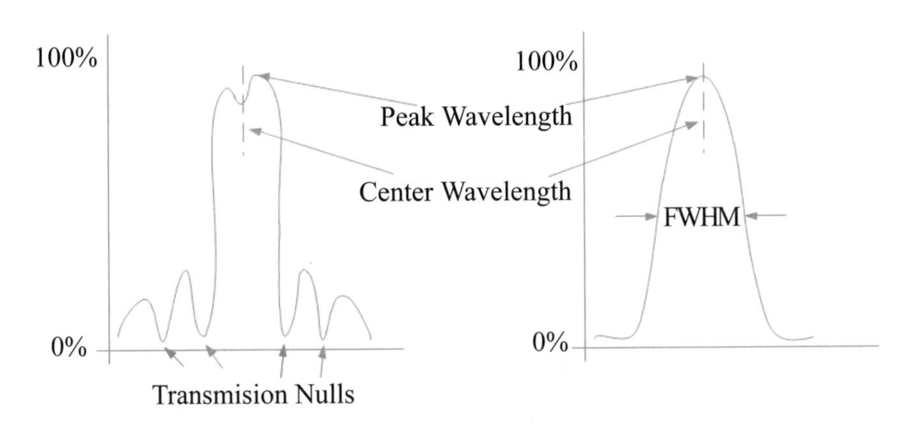

圖 5.18　兩個實際光濾波器的傳輸特性[13]。

在光纖系統中，常見的光濾波器爲薄膜濾波器（Thin film filter）、光纖光柵濾波器（Fiber Grating filter）及干涉式光濾波器（Interferometric optical filter）等，其中常見的干涉式濾波器又可分爲 FP（Fabry-Perot） type、and Mach-zehnder type。

5.4.1 薄膜濾波器（Thin film filter）

薄膜濾波器（Thin film filter）是利用蒸鍍技術在石英晶圓上完成數十層的週期性折射率結構，這些多層膜介質結構會決定了濾波器的各項特性。如圖 5.19 所示，在高折射率層反射光的相位不變，而在低折射率層反射光的相位改變 180 度，於是反射光在前表面產生建設性干涉，在一定波長範圍產生高強度的反射光束，而其他波長的光則會直接通過，常用的介質薄膜材料爲 TiO_2（$n = 2.2 \sim 2.4$）和 SiO_2（$n = 1.46$）。

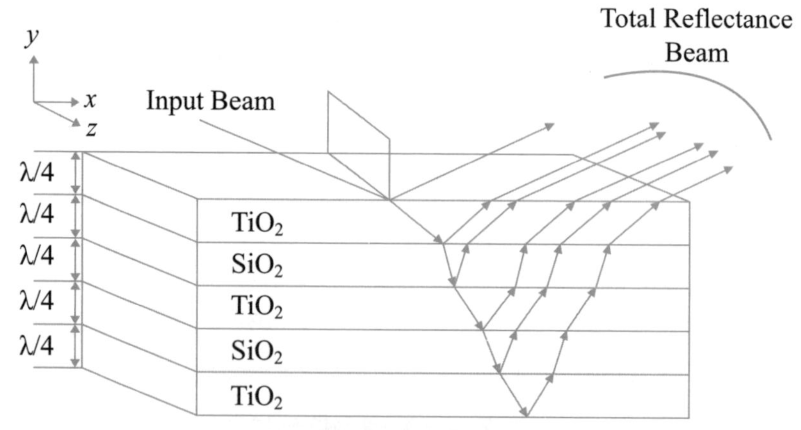

圖 5.19　薄膜濾波器的結構[14]。

5.4.2 光纖布拉格光柵（Fiber Bragg Grating）

光纖布拉格光柵爲光濾波器的一種，通常也稱爲反射式（reflection）光纖光柵，是因爲當一寬頻光源沿著光纖軸向行經光纖布拉格光柵時，會受到光纖布拉格光柵的作用下而產生一特定波長的反射；而由於光纖布拉格光柵的光柵週期非常短（其光柵週期爲Λ），約爲 1 μm 左右，其又稱爲短週期光纖光柵。

如圖 5.20 所示爲光纖布拉格光柵的內部結構與工作原理示意圖，當我們輸入寬頻光源到光纖布拉格光柵時，光纖布拉格光柵會反射一特定的布拉格波長，而其餘的光源波長則會穿透，這便是光纖布拉格光柵的特性。

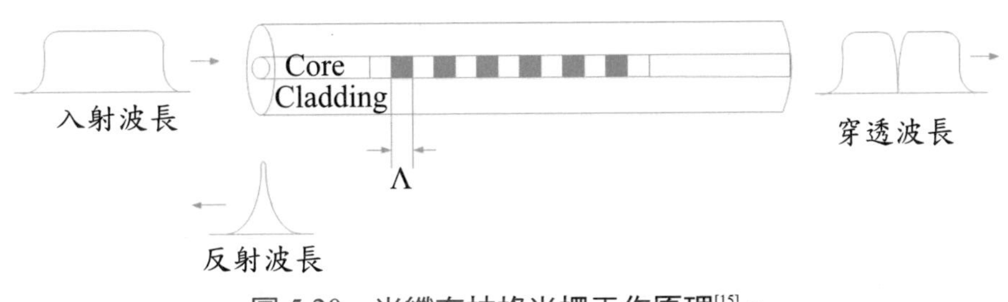

圖 5.20 光纖布拉格光柵工作原理[15]。

簡單來說，光纖布拉格光柵的基本特性就是一個以共振波長爲中心的窄頻光濾波器，此共振波長便稱爲布拉格波長。

$$\lambda_B = 2n_{eff}\Lambda \tag{5.12}$$

由上式可知布拉格波長爲光柵週期（Λ）以及光纖有效折射率（n_{eff}）的函數，因此不同的光柵週期以及有效折射率可以造成不同的反射波長。

5.4.3 FP 濾波器（Fabry-Perot Filter）

如圖 5.21 所示爲基本的FP濾波器（Fabry-Perot Filter）架構，是由兩個平行鏡面所組成的共振腔所構成，鏡面結構可以用金屬反射膜或是多層介質膜來完成。當光訊號經由光纖進入 FP 濾波器時，經過共振腔反射一次後，聚焦輸出光纖端面上，可以藉由改變共振腔的寬度來設計出不同波長的濾波器，圖 5.22 爲 FP 濾波器的傳輸特性。

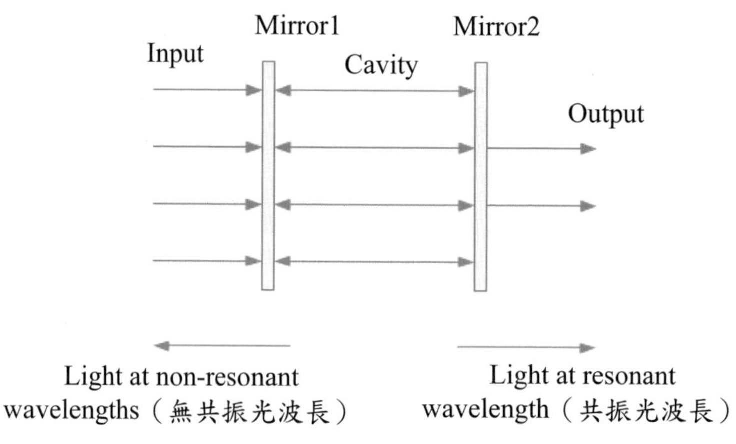

圖 5.21 FP 濾波器的架構[16]。

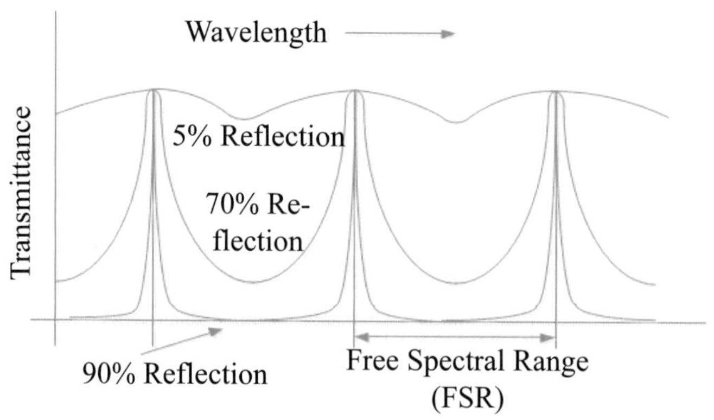

圖 5.22 FP 濾波器的特性，當鏡面的反射率非常高時會出現窄頻波段[16]。

操作原理如下：

光訊號入射到第一面鏡子，其中大部分的光被第一面鏡子反射，而有一些光進入到共振腔內，這些共振腔內的光入射到第二面鏡子時，同樣也是大部分反射，而小部分透射，這樣的過程在兩面鏡子組成的共振腔內重複動作，然而會有某些能在共振腔內符合共振條件，這些波長即會穿透濾波器外，而未能產生共振的其他波長，則不會出現在濾波器外，因此就產生了濾波的效果。

假設構成 FP 濾波器的兩面反射鏡反射率爲 R_1 和 R_2，且距離爲 d，而中間的介質的增益爲 g，衰減爲 α_s，則 FP 共振腔內的電場可寫成

$$E\,(t,\,x) = A\exp\left\{\frac{-\alpha_s x}{2}[j(\omega t - \beta x)]\right\} \tag{5.13}$$

當光波在共振腔內來回一次後之電場爲

$$E\,(t,\,0) = R_1 R_2 A\exp\left\{\frac{(g-\alpha_s x)2d}{2}[j(\omega t - 2d)]\right\} \tag{5.14}$$

若要有一個穩定的震盪，則須符合兩個條件，第一個條件爲振幅條件，如下式

$$R_1 R_2 A\exp\left\{\frac{(g-\alpha_s)2d}{2}\right\} = A \tag{5.15}$$

而第二個條件爲相位條件，如下式

$$\exp\{-\beta 2d\} = 1 \tag{5.16}$$

亦即$\beta d = \frac{2\pi n}{\lambda} d = m\pi,\ m = 1, 2, 3, \cdots$

因此符合共振條件的波長爲$\lambda = \frac{2dn}{m}$。

5.4.4 馬赫詹德濾波器（Mach Zehnder filter）

光纖式馬赫詹德濾波器的架構係經由串聯兩個 3 dB 耦合器形成一個干涉儀架構，其中干涉儀的兩臂長度不等，光程差爲ΔL。兩個耦合器分別被接於 Mach-Zehnder 干涉器的兩個臂端。如圖 5.23 所示，兩耦合器爲相等的且輸入端的功率均衡的分配於兩個臂端，兩端訊號相互作用兩次。第一個耦合器將一訊號一分爲二。兩個行進訊號的相位可經由改變兩個臂端的長度來改變，此訊號將會於第二個耦合器中進行第二次的相互作用，其干涉的情形可能爲建設性或破壞性干涉。例如當兩個波長訊號λ_1和λ_2經過第一個耦合器時，平均分配光波長到干涉儀的兩臂，由於兩臂的光程差是ΔL，所以經過兩臂的光波到達第二個耦合器時，會產生相位差 $2\pi f(\Delta L)n/c$，如圖 5.24 所示，在滿足一定的相位條件下，假設λ_1在輸出埠 3 產生建設性干涉，而在輸出埠 4 則會產生破壞性干涉，對λ_2來說則是相反，在輸出埠 4 產生建設性干涉，而在輸出埠 3 則會產生破壞性干涉，因此在輸出埠 3 只有λ_1，在輸出埠 4 只有λ_2，此原理經由耦合波理論推導後可得輸入埠 1 到輸出埠 3 和 4 傳輸特性如下：

$$T_{13} = \cos^2\left(\frac{\Delta\phi}{2}\right) = \cos^2\left(\frac{2\pi f(\Delta L)\,n/c}{2}\right) \tag{5.17}$$

$$T_{14} = \sin^2\left(\frac{\Delta\phi}{2}\right) = \sin^2\left(\frac{2\pi f(\Delta L)\,n/c}{2}\right) \tag{5.18}$$

圖 5.23 Mach-Zehnder 干涉器[17]。

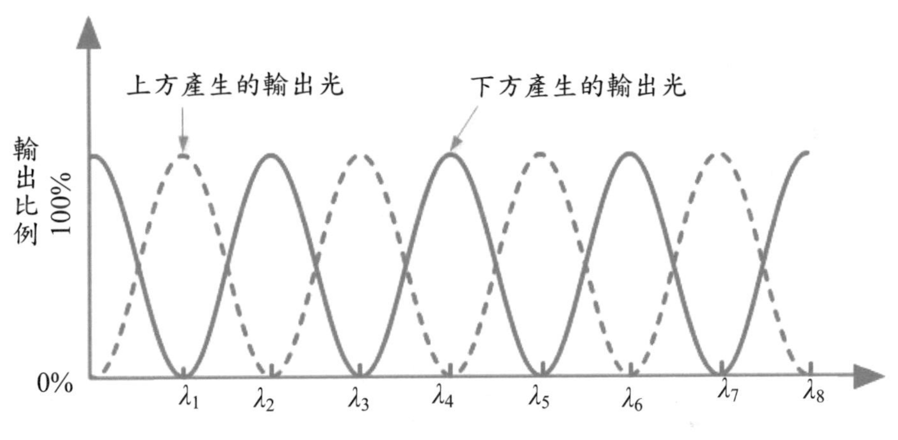

圖 5.24 馬赫詹德濾波器的傳輸特性[17]。

其中f為真空中光訊號頻率，n為光纖折射率，c為真空中光速，ΔL為兩臂間的光程差。

5.4.5 光纖環路共振腔濾波器（Fiber loop resonator filter）

當光纖環路的纖核接近另一根光纖纖核時，就構成了光纖環路共振腔濾波器如圖 5.25 所示，經由波耦合理論，假設光纖環路的長度是L，耦合器的功率損耗為Γ，耦合長度為L_0，當光訊號經過耦合器的耦合區時，會有$(1-\Gamma)^{1/2}$的光場耦合到光纖環路中，並在環中傳輸，因此環繞一圈之後的損失為α，以及相位差為Φ

$=\beta L$，此光訊號相位差和L以及波長λ有關。然後又經由耦合區進入到傳輸光纖，此時會與相位差爲$\Phi = 2\pi N$的產生建設性干涉（N爲整數），而和相位差爲$\Phi=2\pi(N+1/2)$的光波產生破壞性干涉，藉此產生濾波的效果。因此，光纖環路共振腔濾波器最大和最小的功率間頻率差爲$\Delta f = \dfrac{c}{2n_{eff}L}$，其中$n_{eff}$爲光纖有效折射率。

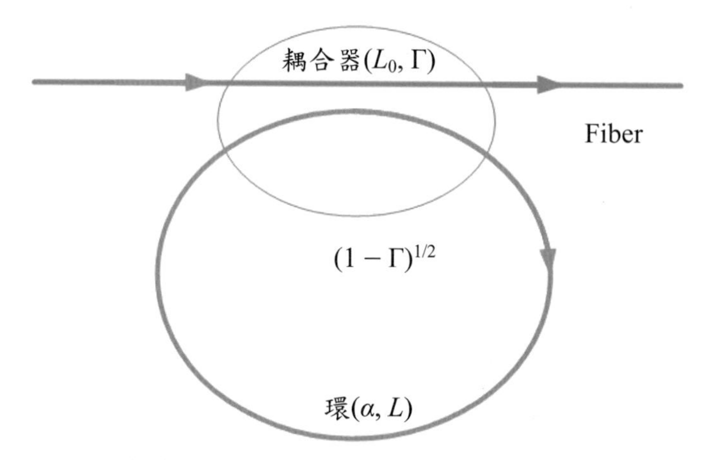

圖 5.25　光纖環路共振濾波器（由一環形光纖使其纖核靠近另一條傳輸光纖的一環型共振器結構）[7]。

5.4.6　聲光可調式過濾器（Acousto-optic tunable filter）

聲光可調式過濾器（Acousto-optic tunable filter）於二氧化碲晶格波導中產生了一系列的超聲波形成一個聲光柵。如圖 5.26 所示，超聲波經運用 RF 訊號至晶體而產生。超聲波本質上爲縱波，其行進方式建立在區域性的壓縮與稀疏方式，不同於橫波之行進方式。區域性的壓縮與稀疏方式相當於區域性的高與低的折射率。當光通過此區域性高與低的折射率分佈時，其產生的影響就如同光行經光柵。此種交互作用的光與聲波爲光子與聲子交互作用的結果，而因其效果則被稱爲光彈性效應。光子與聲子的交互作用可經由碰撞能量守恆來解釋。聲光可調式過濾器可運用二氧化碲或鈮酸鋰波導達到最佳化的製備，產生小的偏振無關過濾器。聲光可調式過濾器的特點是在 250 nm 的調動範圍，含蓋了 C 與 L 波段，其調整所需時間相當短，大致上在數百萬分之一秒間。聲光可調式過濾器亦可被應用在光路由器上。

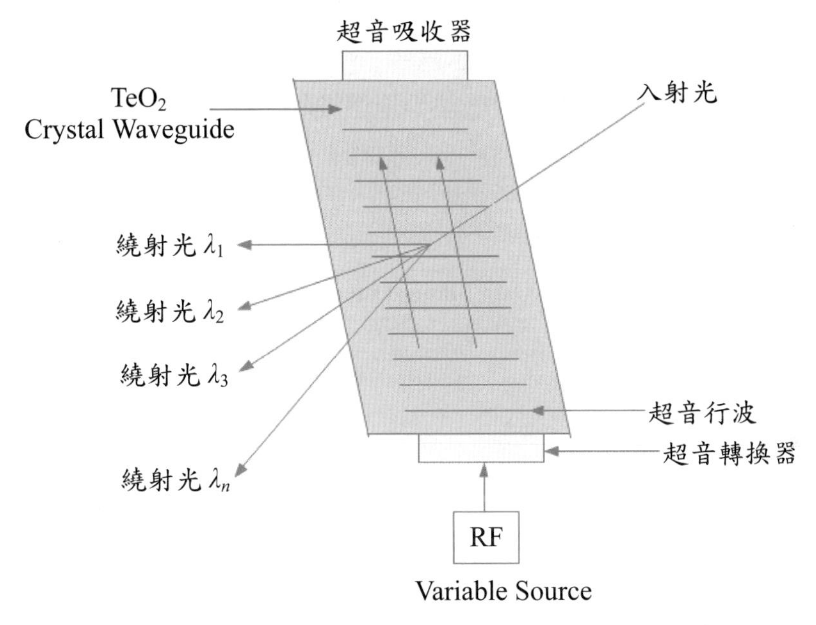

圖 5.26 **聲光可調式過濾器**[17]。

另外光濾波器除了用來選取波長之外，也有一些光濾波器是用來修整頻譜，最常見的例子爲 EDFA（Erbium-doped Optical Fiber Amplifer；摻鉺光纖放大器）中的增益平坦濾波器（Gain flattening filter, GFF），EDFA 的出現使得長距離的光纖通訊得以推廣，但是 EDFA 的增益頻譜並非平坦，如圖 5.27 所示，使得在分波多工系統中，造成不同通道之間的增益不相同。增益平坦濾波器的性能主要藉由插入損耗誤差函數（Insertion loss error function, ILEF）來檢測，其主要是比較目標插入損耗與實際插入損耗之值。插入損耗誤差函數（ILEF）值愈小，增益平坦濾波器的性能愈佳。

因此可以利用上述的濾波器技術設計出一個增益平坦濾波器，其原理爲當增益頻譜具有高增益波段時，設計光濾波器在此波段具有較高增益，當增益頻譜具有低增益波段時，使光濾波器在此波段具有較低增益，如圖 5.27 中的頻譜圖所示，當此不平坦的 EDFA 增益頻譜和此濾波器串聯之後，即可得到一個平坦的增益頻譜。運用薄膜技術製造的增益平坦濾波器（GFF）相較於 FBG，其擁有較低的色散情形，運用薄膜技術所製造的增益平坦濾波器（GFF）能保持對於溫度的穩定性，大於 1.0 pm/℃。

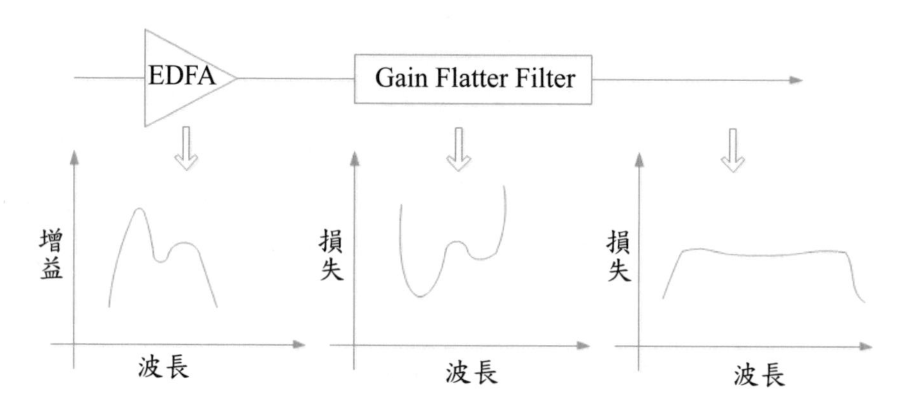

圖 5.27　EDFA 與增益平坦濾波器的傳輸頻譜特性與所得到的輸出頻譜。

最後將目前常見的光濾波器特性列於表 5.2 之中。

表 5.2 各種光濾波器的工作特性。

濾波器類型	薄膜型	光纖光柵型	FP 型	MZ 型	環型共振腔型	聲光型
可調範圍（nm）	40	7	60	10	25	400
調變速度	ms	μs	ms	μs	ms	ns
3dB 頻寬（nm）	1	1	0.5	0.01	0.2	1
通道數目			100	100		100
損耗（dB）	1.5	0.1	2～3	＞5	3	5～6
極化損耗（dB）	＜0.5		＜0.1			＜0.5

5.4.7 陣列波導光柵（Arrayed Waveguide Grating）

另一項具備光濾波功用的被動元件爲陣列波導光柵（Arrayed Waveguide Grating），或稱作相位陣列（Phased Array），也可稱作或波導光柵路由器（Waveguide grating Router, WGR），陣列波導光柵初步的架構是由 M.K. Smit 於 1988 年率先提出來的，在隔年的 1989 年，A.R. Vellekoop 與 M.K. Smit 共同製作出一個可操作於短波長的陣列波導光柵元件，而在 1990 年，H. Takahashi 等人製作出可操作於長波長的陣列波導光柵元件，使得陣列波導光柵的波長使用範圍更爲廣闊，接著在 1991 年，C. Dragone 將陣列式波導光柵由 1xN 波長多工器的觀念拓展到 NxN 波長多工器，使得陣列式波導光柵可應用在波長路由器（Wavelength Routers）上，在多波長通訊系統中扮演相當重要的角色。

陣列波導光柵是由數個不同長度的波導匯聚於同一點所形成。每個通過波導的訊號與通過鄰近波導訊號於匯聚點產生干涉。此干涉由其間的淨相位差和干涉的對象來決定建設性或破壞性干涉。在發送方向，陣列波導光柵將不同蝕刻於基板（支撐波導的基本材料）上獨立的波長混合至單一蝕刻線上，此稱爲輸出波導，此即爲多工器。相反的，陣列波導光柵亦可當解多工器。圖 5.28 解釋陣列波導光柵當成解多工器時的應用。陣列波導光柵可取代多重布拉格光柵；每個布拉格光柵只允許一波長，卻占據了與 8 波長陣列波導光柵相同的物理空間。多重布拉格光柵成本亦較單一陣列波導爲高。於某些應用上，陣列波導提供較高的通道容量，體積較小且成本較低，這提供了多工與交換系統可以用更少的配件組成。陣列波導光柵主要利用熱光調諧機制來獲得 40 nm 的可調變濾波範圍，調制時間大概爲 10 毫秒。

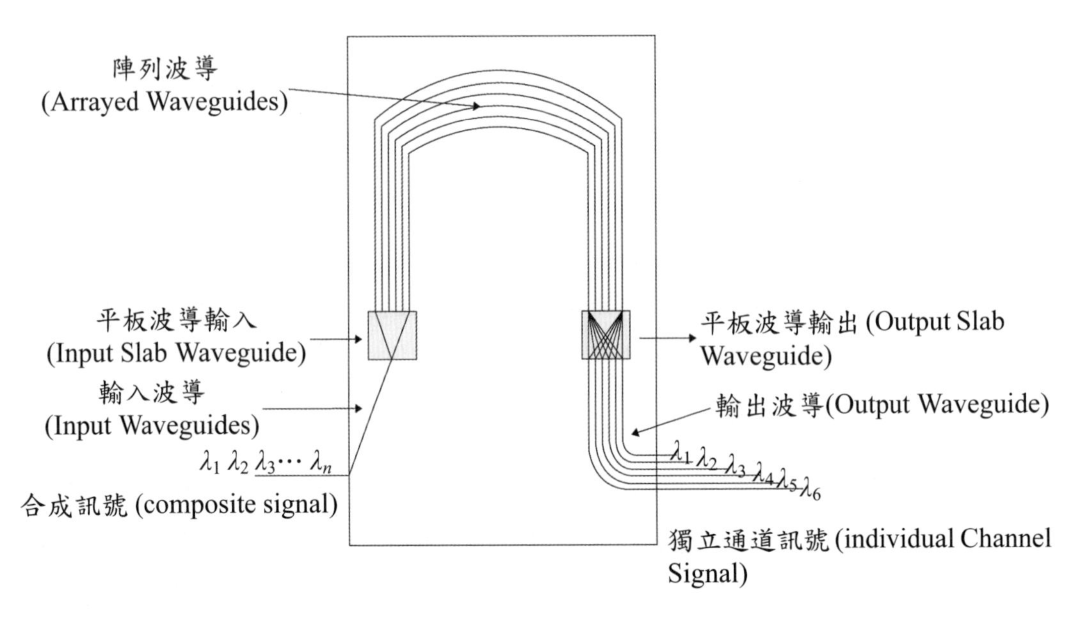

圖 5.28　陣列波導光柵之解多工器應用[18]。

5.5　光開關

光纖系統中，光開關的功用是用來接通或切斷光學性號的路徑，常被用來和分波多工器組成光交叉連接系統（Optical Cross Connect, OXC），可以使得 DWDM 傳輸系統在用戶端增多或是需有效利用頻寬時，可以更彈性的利用不同的波長以及路徑。常見的光開關技術為可分為鉅體光學式（Bulk opto-mechanical switches），微反射鏡式（Micro mirror switches），電光式（Electro-optical switches）以及液晶式開關（Liquid crystal switches）等。

5.5.1 鉅體光學式光開關（Bulk opto-mechanical）

傳統的光開關可以用可移動光纖或是可移動菱鏡來完成，如圖 5.29(a)(b)所示。在圖 5.29(a)中，原本光訊號的傳輸路徑為由路徑 1 連接至路徑 2，當需要將光訊號由路徑 1 導引到路徑 3 時，利用可移動光纖，使兩條光纖對準後即可完成切換動作。同理，在圖 5.29(b)中，也可以利用移動式菱鏡完成類似功能。此類光開關的切換速度較慢且為機械式切換動作。

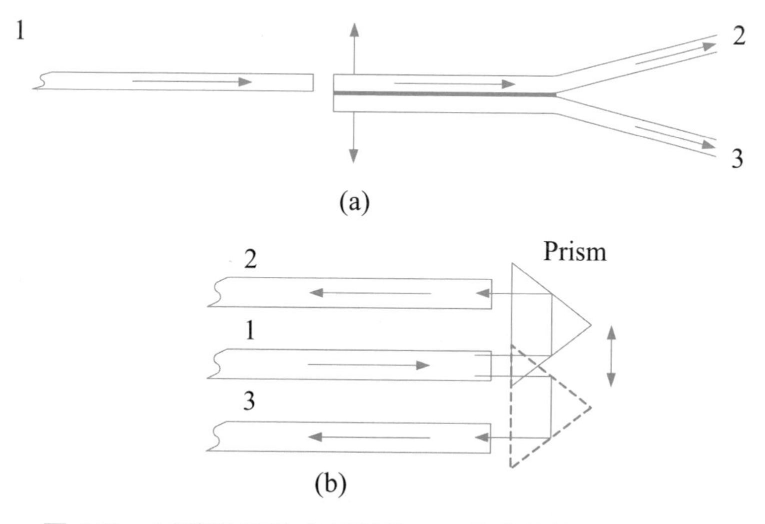

圖 5.29　(a)移動光纖式光開關；(b)移動菱鏡式光開關[19]。

5.5.2 微反射鏡式開關（Micro mirror switches）

此項技術是利用微機電技術（Micro Electro Mechanical Systems, MEMS），將反射鏡做在矽晶圓上，並且結合光纖來導引光訊號到微反射鏡上而完成光訊號的切換。如圖 5.30 所示，當微反射鏡平放時，光訊號會直接傳透至傳輸路徑上，而當微反射鏡直立時，光訊號會反射至另一個傳輸路徑上，通常一個反射鏡可以控制 2×2 的開關切換，如圖中若是將微反射鏡以陣列方式排列，即可以達到多通道對多通道的開關切換功用。此項技術的優點爲體積小，切換速度快，以及開關切換動作的可靠度高。

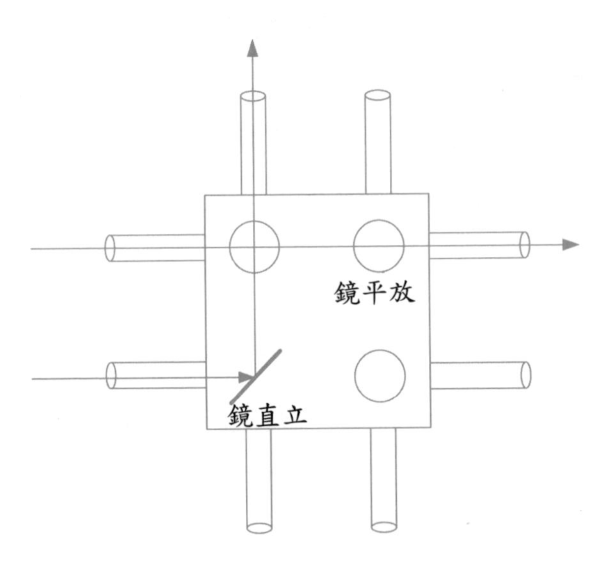

圖 5.30　微反射鏡式光開關[20]。

5.5.3 電光式開關（Electro-optical switches）

此項技術係利用之前所提到馬赫詹德（Mach-Zehnder）干涉儀來完成，主要利用積體光學（Integrated Optics）技術將Mach-Zehnder干涉儀製作在光學積體電路中，藉由控制兩光路的相位差，使得不同波長會有建設性或是破壞性的干涉，而將所需的波長導入所欲到達的通道中。如圖 5.31 所示，當施加切換訊號到上分支時，通道 1 的訊號會傳輸至通道 3，通道 2 的訊號會傳輸至通道 4。反之，若施加切換訊號到下分支時，通道 1 的訊號會傳輸至通道 4，通道 2 的訊號會傳輸至通道 3。利用此項技術可以容易的完成 2×2 的通道切換，並且可以整合光開關到光積體電路之中。

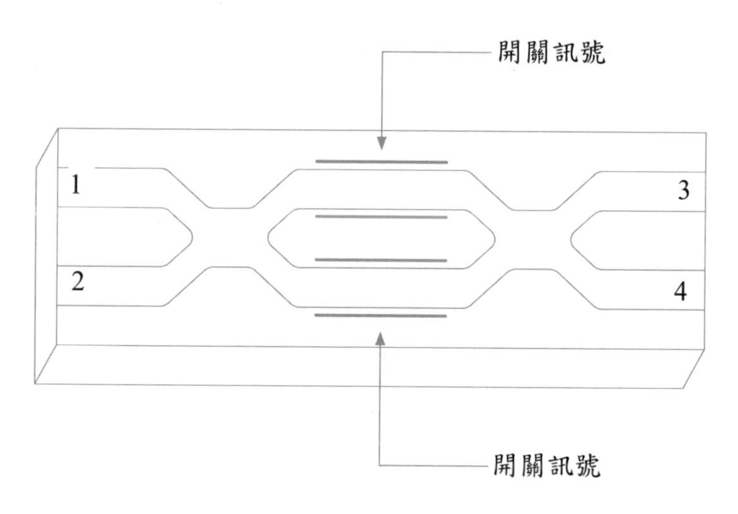

圖 5.31　電光式光開關[21]。

5.5.4 液晶式開關（Liquid crystal switches）

液晶式光開關是利用液晶的光偏振效應來切換光訊號，如圖 5.32 所示，其原理為先利用偏振式分光器將入射光分為垂直以及水平偏振光，接著利用液晶的旋光效應，例如在圖 5.32(a)中，當液晶未受外加電壓影響產生旋轉時，光訊號進入液晶後的偏振狀態不變，因此兩道光會在光纖通道 2 輸出，而若如圖 5.32(b)中，當液晶受外加電壓影響，此時入射到液晶的光訊號之偏振狀態會產生旋轉，在經過偏振式分光器後，會經由光纖通道 3 輸出。液晶式光開關優點為具有較少的光功率損耗，但其缺點為切換速度稍慢。

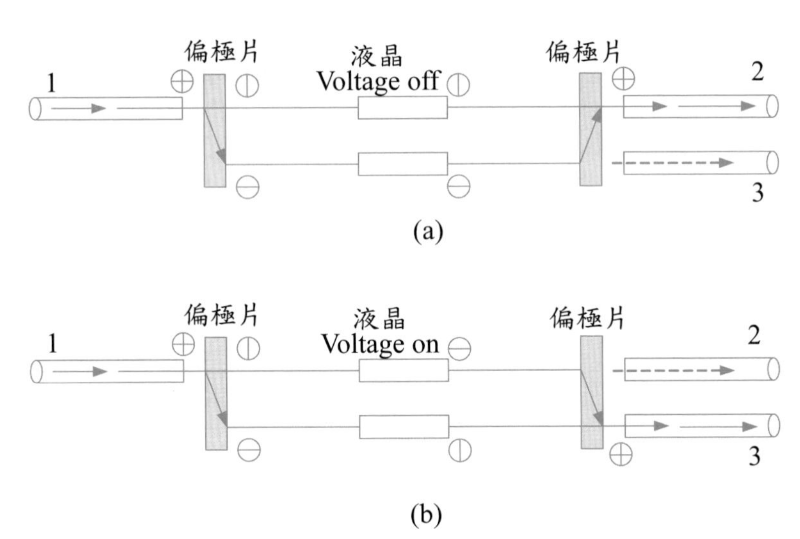

圖 5.32　液晶式光開關(a)未施加電壓；(b)施加電壓於液晶上[22]。

習　題

1. 一個四端口方向型耦合器有 3 dB 的過量損耗，且分光比為 1：1 的話，請問會有多少輸入功率傳輸到兩個輸出端？
2. 有一個四端型方向耦合器其分配比例為 9：1 和有著 1 dB 的過量損耗，且耦合器的方向性為 40 dB。試求：
   (a)求到每一端與輸入功率的比值為多少？
   (b)計算其穿透損耗與分歧損耗？
3. 一個良好的光隔離器需要具備什麼特性呢？
4. 請簡單敘述法拉第效應。
5. 一布拉格光纖光柵，其光柵週期為 0.54 μm，光纖有效折射率為 1.45，試推算此光纖光柵可反射的光波長為多少？
6. 請比較光纖布拉格光柵（FBG）和增益平坦濾波器之間的特性差異。
7. 請依據下圖說明 Fabry-perot Filter 之操作原理。

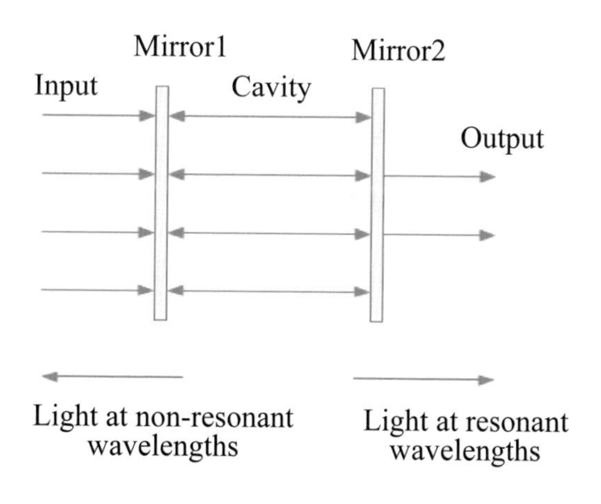

8. 在一假設的 FP 濾波器當中，其間隔距離長為 150 μm，若入射波長為 765 nm，請計算出最靠近此波長的模態。

9. 請說明增益平坦濾波器（GFF）的原理。

參考文獻

[1] 「認識 ST、SC、FC 等光纖連接器」，北清視通，技術指南

[2] B. S. Kawasaki and K. O. Hill, "Low-Loss Access Coupler for Multimode Optical Fiber Distribution Networks." *Appl. Opt*. 16,no.7, pp. 1794-95, 1977.

[3] 光電科技工業協進會，「光通訊產業及技術動態調查」，1998。

[4] Michael Barnoski, "Design Considerations for Multiterminal Networks," pp. 334-340.

[5] Jeff Hecht, "Understanding Fiber Optics," Prentice Hall, 2006.

[6] Narinder S. Kapany, "A Family of Kaptron Fiber Optics Communications Couplers." In *Proceedings of the Third International Fiber Optics and Communications Exposition*. San Francisco, CA: Information Gatekeepers, Inc., 1980.

[7] Stamatios v. Kartalopoulos , "Introduction to DWDM Technology," IEEE Communications Society , 1999.

[8] Ji-Yao Huang, "The study of time-division multiplexed fiber-optic current sensing systems," 國立中山大學電機工程學系碩士論文，2003。

[9] "Magneto optic Materials and Integrated Optical Isolators," Ultrafast Optical Processing Group.

[10] Yuanjian Xu, Bradley Scott, and Yongqiang Shi, "Pre-qualifying optical components for space applications," SPIE, 2006.

[11] Jing-Heng Chen, Kun-Huang Chen, Hsiang-Yung Hsieh, and Fan-Hsi Hsu, "Design of Crystal Type Multi-port Optical Quasi-circulator," IEEE Photonics Technology Letters, pp. 48-50 , 2010.

[12] Stewart D. Personick, “Fiber Optics technology and applications,” Plenum Press, New York, 1985.

[13] Harry J. R. Dutton, “Understanding Optical Communications,” IBM Corporation, 1998.

[14] 李正中，「薄膜光學與鍍膜技術」，藝軒出版社，台北，2002。

[15] W. Dd, X.M. Taoa, H.Y. Tam and C.L. Choy, “Fundamentals and applications of optical fiber Bragg grating sensors to textile structural composites,” Sci-Verse, pp. 217-229, 1998.

[16] G. Hernandez, “Fabry-Perot Interferometers,” Cambridge University Press, 1986.

[17] Vivek Alwayn, “Optical Network Design and Implementation,” Cisco Press, 2004.

[18] Junichi Hasegawa, Tsunetoshi Saito, Hiroyuki Koshi and Kazuhisa Kashihara, “Development of a Heater-Control AWG Module,” Furukawa Review, No.22, 2002.

[19] Y. Yokoyama, H. Ota, M. Takeda and T. Matsuura, “ Micro-optical switch with uni-directional I/O fibers,” IEEE Micro Electro Mechanical Systems International Conference, 2000, pp. 479-484.

[20] A. A. Yasseen et al., IEEE MEMS, pp.116-120, 1998.

[21] 王崗嶸，「各類新式光開關發展現況」，光電產業技術情報，第 32 期，2001。

[22] 易善穠、陳瑞鑫、陳鴻仁、林依恩，「光通訊原理與技術」， 全華科技圖書股份有限公司，2004。

第六章

光纖光柵種類

由於光纖具有許多優良的機械性質，無論在物理量或工程上的量測，都能利用光纖感測元件進行能量的轉換，形成高準確度之光纖感測系統。光纖感測器可配合其他相關技術進而發展出高效能、高靈敏度及高準確度之多功能光纖感測器，爲極具發展潛力及未來性的領域。常見的光纖光柵種類有短週期光柵（Short-period gratings)、長週期光柵（Long-period gratings)、高斯無足型光柵（Gaussian apodized gratings）、啁啾型光柵（Chirped gratings），閃光型光柵（Blazed gratings）及超結構型光柵（Superstructure gratings）等，茲將各類型光纖光柵其功能及應用分述如下：

6.1 短週期光纖光柵

6.1.1 短週期光纖光柵簡介

短週期光纖光柵又稱布拉格光纖光柵（Fiber Bragg Grating, FBG），或反射式（Reflection）光纖光柵。短週期光纖光柵爲目前光纖感測系統中最常使用之感測器，能感測的物理量包含了溫度、應變、應力及壓力等。早期的光纖是使用在通訊傳輸上，目前已將光纖轉換應用在工程量測用途，其重要關鍵在於光纖具有訊號傳輸損失低、高頻寬及在劣質環境下也可執行工作的優點。光纖量測不只用於材料結構上，且漸漸轉型爲化學與環境工程、橋樑土木工程、醫療工程、海洋開發工程與道路系統檢測工程。

早期生產短週期光纖光柵是以光束干涉法來製造，但此方法極易受到震動的影響，導致干涉穩定度不足，所生產之FBG會有光柵週期不均勻及光柵長度不正確的問題，導致無法大量生產。而經幾十年的發展，當今短週期光纖光柵是藉由一般摻鍺光纖利用「相位光罩法」加工而成，其加工方法是利用紫外光對摻鍺光纖進行曝照，當紫外光由光源發出，經聚焦透鏡後將光垂直入射於相位光罩，而在相位光罩上具有一週期性凹凸結構，當紫外光通過時會產生繞射，在摻鍺光纖上形成干涉而產生光柵結構，此時會改變部分纖芯區的折射率，形成一週期性的折射率變化，這也是當今最常見的短週期光纖光柵製作方式，其原理如圖 6.1 所示。

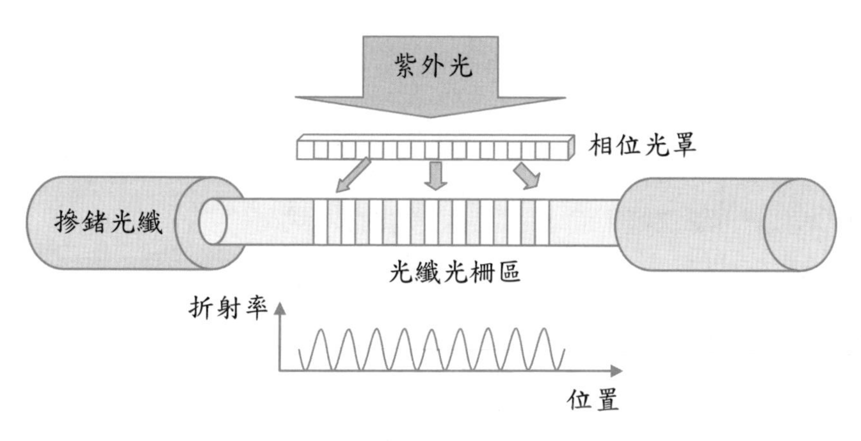

圖 6.1　相位光罩法製程示意圖。

6.1.2　短週期光纖光柵理論

西元 1978 年學者 K. O. Hill 等人[1]，利用 488 nm 的氬離子雷射結合駐波法在摻鍺光纖中製作出全世界第一根光纖光柵，並具有不易衰減的特性。其架構如圖 6.2 所示。

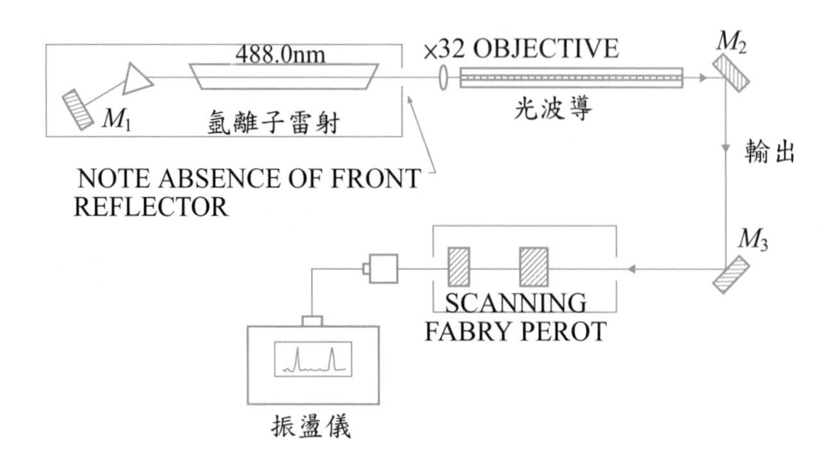

圖 6.2　1978 年 K. O. Hill 等人製作光纖光柵架構圖[1]。

基本光柵原理可從線性幾何光學中的光柵繞射（Diffraction）原理可知，當光在光源端入射至一個狹縫平面，因入射光的波長與狹縫寬度，在另一端產生不同間距之明暗繞射條紋，而整個明暗條紋會以貝索函數（Bessel function）分佈來呈現。由繞射原理中的單狹縫擴展成週期性的狹縫，將可以獲得疊加的效果，此一週期性狹縫結構可稱為光柵（Grating）結構。光柵繞射的現象，由線性幾何光學的角度可以得到如（6.1）方程式（n 為介質之折射率，λ 為傳播之光波長，Λ 為光柵週期，m 為光繞射的階數，θ_1 為光之入射角，θ_2 為 -1 階的繞射角）：

$$n\sin\theta_2 = n\sin\theta_1 + m\frac{\lambda}{\Lambda} \tag{6.1}$$

圖 6.3 為光柵原理，由圖中可以看出 0 階繞射（$m=0$）的繞射光線是和通過光柵前一樣方向的直進光線，而在能量次高的 -1 階繞射（$m=-1$）則有偏離原本直進光線方向的繞射光線。若將光柵結構製作於光纖纖芯內即可得到光纖光柵（Fiber grating），由於繞射現象會產生在光纖內，使得光在光纖裡傳播時產生不

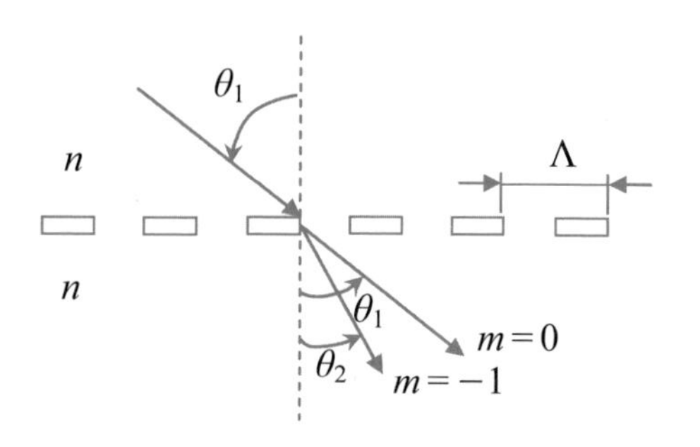

圖 6.3　光柵原理示意圖[2]。

同之模態，每個模態具有不同之傳播速度及折射率，故定義出傳播模態常數（Propagation constant; β）：

$$\beta = \left(\frac{2\pi}{\lambda}\right) n_{eff} \tag{6.2}$$

$n_{eff} = n\sin\theta$，其中 n_{eff} 爲光纖纖芯有效折射率（Effective refraction index），而模態傳播常數 β_1 受到擾動即產生另一個模態傳播常數 β_2，（6.3）方程式表示 β_1 爲光最初於光纖裡進行之傳播模態，β_2 爲受光纖光柵擾動後產生之新傳播模態：

$$\beta_2 = \beta_1 + m\frac{2\pi}{\Lambda} \tag{6.3}$$

當繞射階數爲 −1 階繞射（$m = -1$）的情況下，可以得到（6.4）方程式：

$$\beta_2 = \beta_1 - \frac{2\pi}{\Lambda} \tag{6.4}$$

由上述可知光在光纖裡面傳播時，若受到光纖光柵的擾動，則會有部分的能量從原先的傳播模態β_1轉移至另一個新的傳播模態β_2，此現象稱為光傳播模態耦合[2]。

短週期光纖光柵是利用反射的方式量測光能量的反射頻譜，一般短週期光柵的週期數約為 1 μm。當光在光纖中傳播遇到短週期光柵時，會有一符合布拉格條件波長的光，受到短週期光柵影響，耦合至另一反向前進的光，由於光受到短週期光柵作用產生反射，假設兩個相同模態耦合，即可得到布拉格光纖光柵方程式，如式（6.5）所示，短週期光纖光柵原理如圖 6.4 所示[2, 3]。

$$\lambda = 2n_{eff}\Lambda \tag{6.5}$$

其中λ為布拉格反射波長，n_{eff}為纖芯有效折射率，Λ為光柵週期

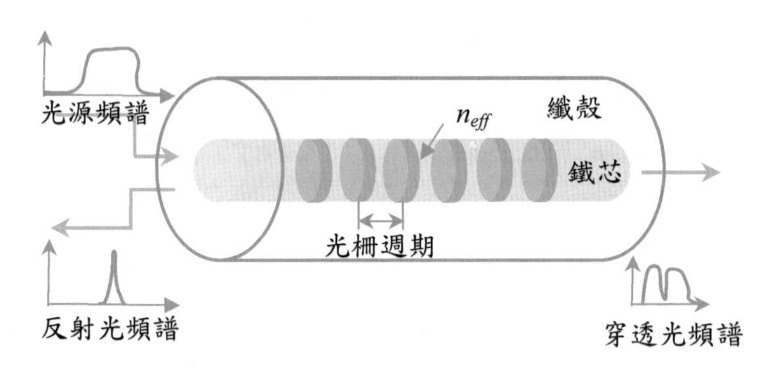

圖 6.4　布拉格光纖光柵原理示意圖[3]。

6.1.3 短週期光纖光柵應用

由於光纖光柵受到物理量變化時，會導致光柵的週期及纖芯有效折射率改變，因此該特性可深入應用在感測的領域上。八零年代後期短週期光纖光柵（FBG）開始被應用於應變及溫度的感測上，以下將介紹一些近年來運用短週期光纖光柵量測之實例。

1. 以光纖監測材料所受之物理量

1998 年 V. D. Marty[4]等人提出利用 FBG，分別監測複合材料的應變及爐體溫度，以解調方式截取訊號，並利用光纖費比-珀羅共振腔（Fabry-Perot cavity）進行校正，由最後頻譜的換算可得知成化後的應變，實驗架構如圖 6.5 所示。

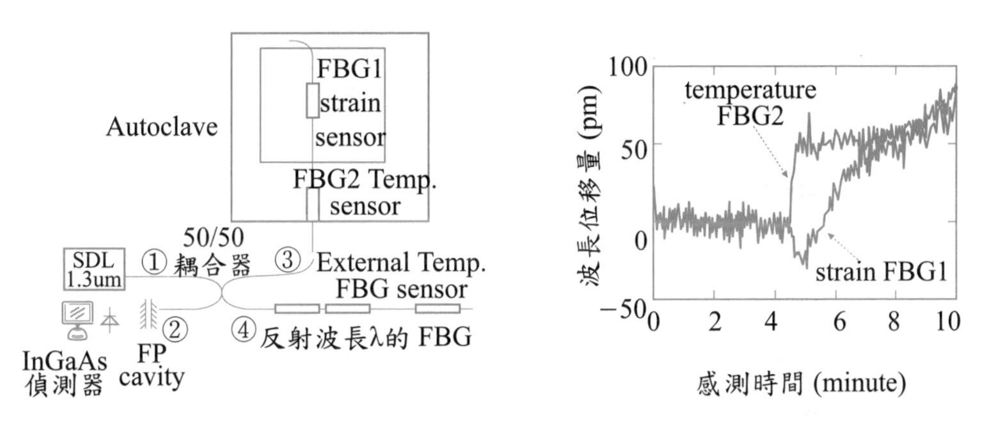

圖 6.5 1998 年 V. D. Marty 等人以 FBG 監測示意圖[4]。

2001 年 K. S. C. Kuang[5]等人提出利用 FBG 埋入多種不同疊層複合材料，其中包括金屬纖維疊層當中，從成化過後的光學頻譜發現頻譜有扭曲及變寬的現象，因此推斷此時 FBG 上受到了強烈的不均勻應變及不對稱的負載。從頻譜的結果可得知，碳纖維及玻璃纖維材料成化後的內部殘留應變分佈及金屬纖維材料成化後的內部殘留應變，圖 6.6 為複合材料軸向拉伸及靜態負載示意圖。

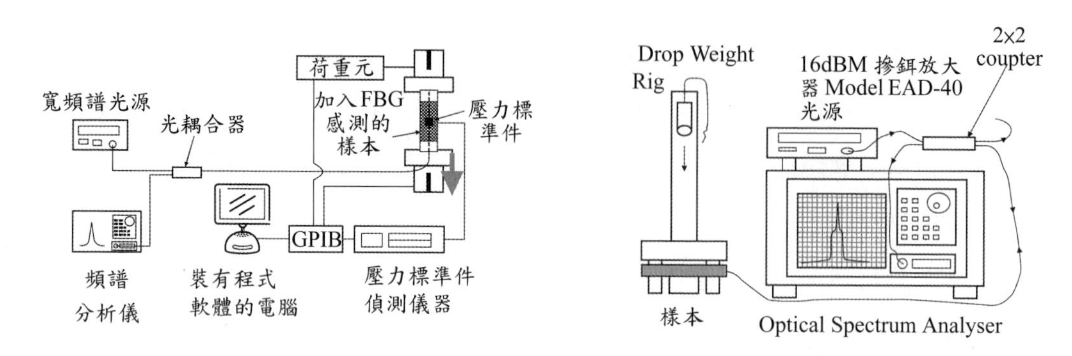

圖 6.6　複合材料軸向拉伸及靜態負載示意圖[5][6]。

2005 年 L. Sorensen[7]等人利用 FBG 監測熱塑性材料的變化及熱殘留應變，以不同長度的 FBG 放置在不同的位置去監測材料內部殘留應變，圖 6.7 為布拉格光纖監測熱殘留應變結果圖。

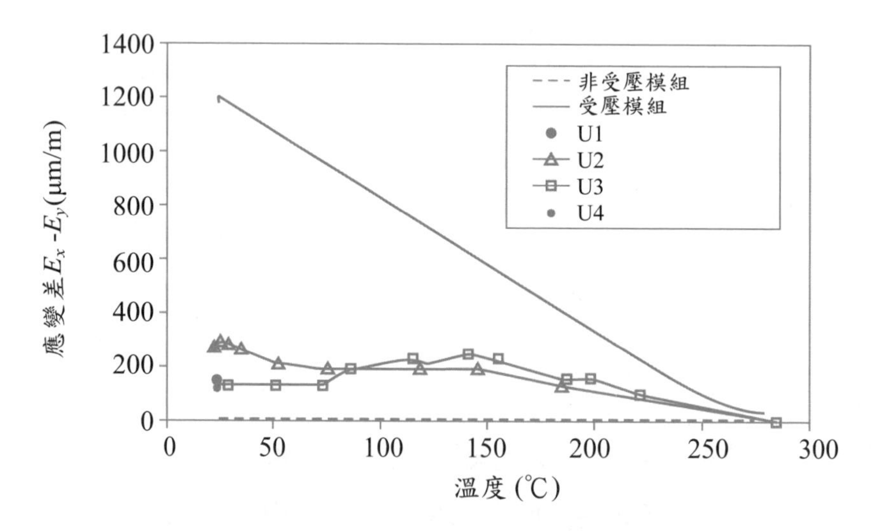

圖 6.7　布拉格光纖監測熱殘留應變結果圖[7]。

2005 年 D.H. Kang 等人[8]利用簡單的懸臂樑機構來實驗，當施加外力於懸臂樑時，懸臂樑會因變形而產生應變，而黏貼於懸臂樑上的光纖光柵感測器同時也會產生應變，造成光頻譜發生波長飄移現象，最後再由頻譜的計算求得應變量，達到感測效果，圖 6.8 爲光纖振動感測系統架構圖。

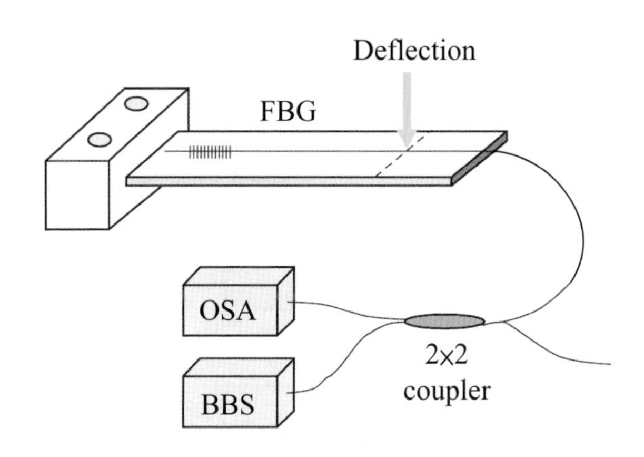

圖 6.8　光纖振動感測系統架構圖[8]。

2. 以光纖監測材料特性

2004 年 M. Giordano[9]等人提出利用 FBG 監測熱固性材料的成化過程，推斷基材液態轉爲凝膠態時爲熱應變出現時間點，由於基材大約在 66℃爲膠凝點的轉變，應變也在此時開始出現，實驗結果確定 FBG 可監測基材的相變化，並計算其所受的應變，圖 6.9 爲布拉格光纖監測基材化學變化結果圖。

2004 年 L. Sorensen[10]等人提出用 FBG 埋入熱塑性材料中，分別放在不同的位置監測成化過程，經由實驗結果所得之光學頻譜特性換算成應變量，並在成化過程中發現熱塑性材料的玻璃轉移溫度（Tg）及融熔溫度（Tm），經由溫度補償結果對照波長飄移量，可以明確的求出 Tg 及 Tm 點。圖 6.10 爲布拉格光纖光柵監測基材化學變化結果圖。

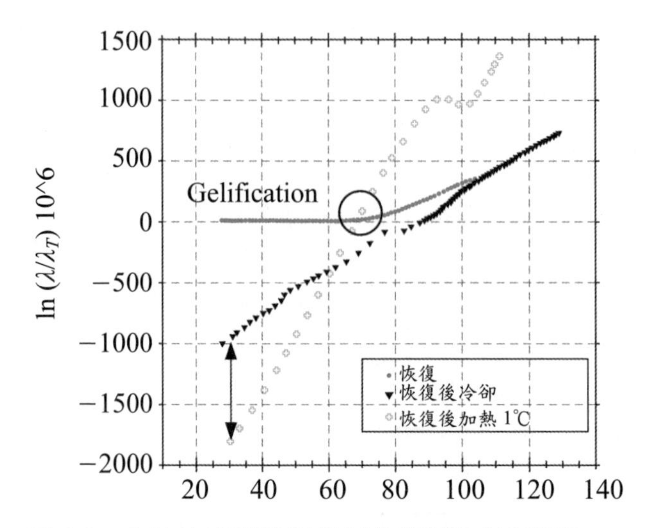

圖 6.9　布拉格光纖監測基材化學變化結果圖[9]。

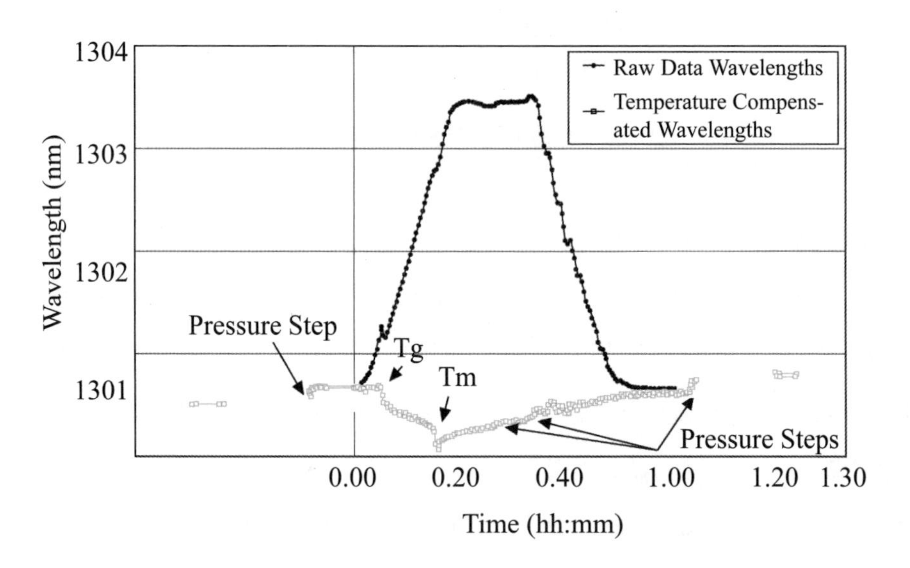

圖 6.10　布拉格光纖光柵監測基材化學變化結果圖[10]。

6.2 長週期光纖光柵

6.2.1 長週期光纖光柵簡介

長週期光纖光柵（Long Period Fiber Grating）之週期約爲數十μm至數百μm，其模態傳播方式是由纖芯模態（core mode）和纖殼模態（cladding mode）之間的耦合方式傳播，如圖 6.11 所示。此種模態耦合的方式對於外在環境條件之影響因素更加敏感，所以非常適合被當作感測器來使用；因此，長週期光纖光柵元件之開發與應用，也逐漸成爲眾多學者所研究之重點。

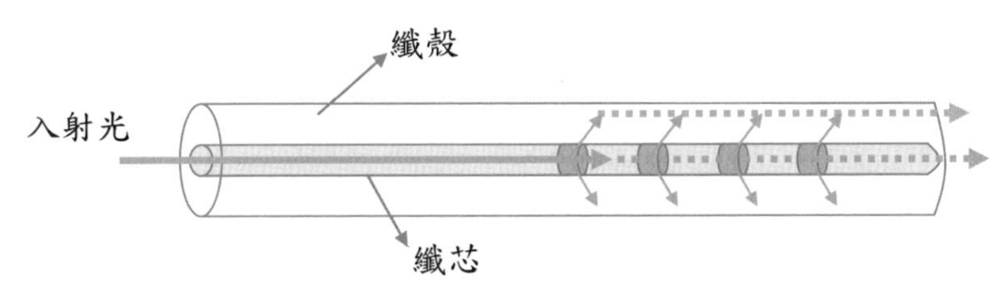

圖 6.11　長週期光纖的傳播。

6.2.2 長週期光纖光柵理論

可由幾何線性光學中的繞射原理得知，光源端入射到一個有狹縫的平面，將會因入射光的波長及狹縫的寬度，在另一端產生不同間距的明暗相間繞射條紋，而整個明暗條紋會以貝索函數的分佈來呈現。

若將上述繞射原理中的單狹縫擴展爲週期性的狹縫，可以獲得疊加的效果，而其週期狹縫將形成光柵結構，產生光柵繞射現象，由線性幾何光學的角度可得下式：

$$n \sin \theta_2 = n \sin \theta_1 + m \frac{\lambda}{\Lambda} \tag{6.6}$$

其中 n 爲介質的折射率，λ 爲傳播之光波長，Λ 爲光柵之週期，m 爲繞射階數，θ_1、θ_2 分別代表光入射角與 -1 階繞射角，在圖 6.12 所示 0 階（$m = 0$）的繞射光線是和沒有通過光柵一樣的直進光，而真正影響是能量次高的 -1 階繞射（$m = -1$）的光線，若將光柵結構製作於光纖內便可以得到光纖光柵，而相同的繞射情形也會產生於光纖內，光在光纖內的傳播常數（β_1）受到擾動產生另一個模態傳播常數（β_2），此現象可由下式表示：

$$\beta_2 = \beta_1 + m \frac{2\pi}{\Lambda} \tag{6.7}$$

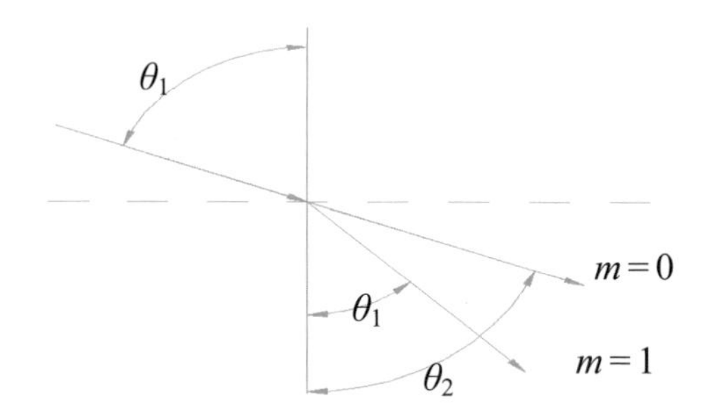

圖 6.12　光柵原理示意圖。

真正會影響的是能量次高的 -1 階繞射（$m = -1$）光線，所以探討繞射階數爲 -1 階的情況下，令（6.7）式中 $m = -1$ 可得下式

$$\beta_2 = \beta_1 - m\frac{2\pi}{\Lambda} \tag{6.8}$$

由上可知光在光纖裡傳播，若光纖內的光受到光纖光柵的擾動（折射率的變化）則會有部份的光能量從原先的傳播模態轉移至另一個新的傳播模態（$\beta_1 \rightarrow \beta_2$），此現象爲光傳播模態的耦合，由此可知當我們光纖光柵的週期越短時，耦合時模態常數的偏移量值 $\frac{2\pi}{\Lambda}$ 值也越大，使得耦合光成反向前進（$\beta_2 < 0$）；相反，當光纖光柵的週期越長時，耦合時模態常數的偏移量值 $\frac{2\pi}{\Lambda}$ 值也越小，使得耦合光成相同方向前進（$\beta_2 > 0$），也就是說入射光會穿透長週期光纖光柵而且不會反射，由（6.3）及 $\beta_2 > 0$ 得知，長週期光纖光柵共振衰減波長由下式表示

$$\lambda = (n_{eff1} - n_{eff2})\Lambda \tag{6.9}$$

所以，傳播之光波長（λ）、光纖的折射率（n）以及長週期光柵之週期（Λ）三者有著密不可分的關係。

6.3 長週期光纖光柵製作技術

6.3.1 準分子雷射寫入法

長週期光纖光柵是在 1996 年由 A.M. Vengsarkar 等人發明出來[11]，其原理是利用準分子雷射搭配相位光罩，以繞射的方法將週期性光柵寫入載氫過後的光敏

光纖中（如圖 6.13 所示）；此方式製作過程簡單且穩定性高，但缺點爲製作設備及光敏光纖過於昂貴。

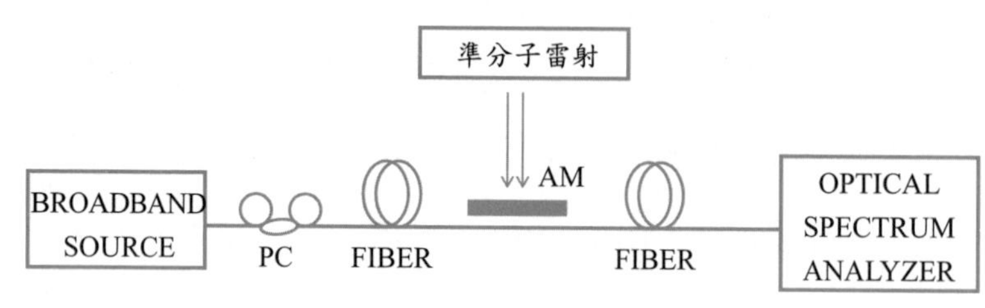

圖 6.13　準分子雷射寫入法示意圖[11]。

6.3.2　二氧化碳雷射寫入法

在 1998 年 D.D. Davis[12]等人及 2002 年 Y.J. Rao[13]等人利用二氧化碳雷射配合精密位移裝置，以逐點寫入的方式將週期性光柵直接雕刻在纖殼上（如圖 6.14 所示）；此方法的優點爲製作快速且適合大量生產，但穩定性不佳。

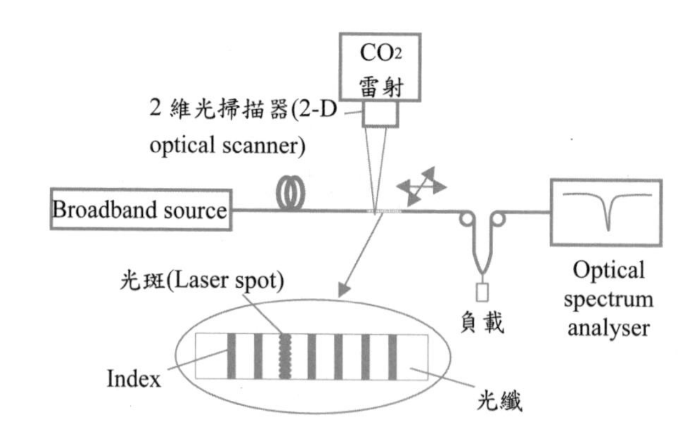

圖 6.14　二氧化碳雷射寫入法示意圖[12]。

6.3.3 電弧法

1999 年，I.K. Hwang 等人[14]利用電極所產生的熱效應，在光纖表面加工出週期性的結構（如圖 6.15 所示），以達到長週期的效應；此加工方法簡單，且設備便宜，不過加工速度緩慢、不適合大量生產。

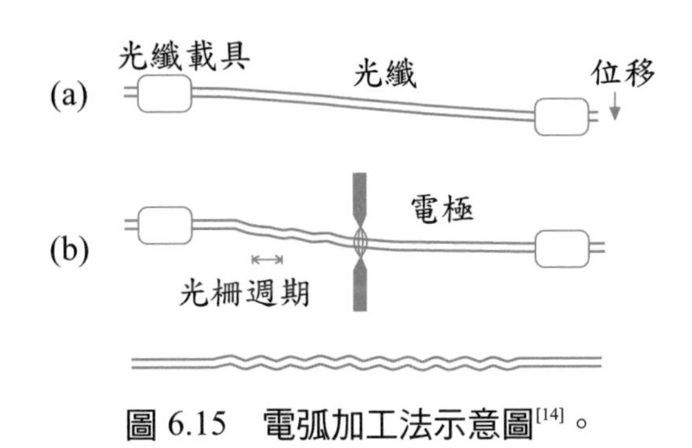

圖 6.15 電弧加工法示意圖[14]。

6.3.4 機械壓力法

2000 年，S. Savin 等人[15]以負載的方式，直接使用夾具在光纖上施加壓力，使其產生週期性結構（如圖 6.16 所示），此製作方法簡單、快速，不過這種用機械力直接對光纖加工的方式，對光纖表面會造成一定程度的破壞，間接的影響到靈敏度。

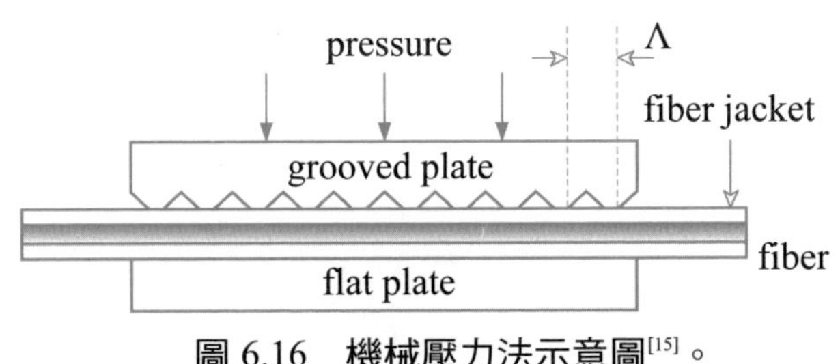

圖 6.16 機械壓力法示意圖[15]。

6.3.5 電極法

2000年，Y. Jeong 等人[16]將液晶注入液晶光纖中後，在光纖外圍施加電壓，使液晶沿著光纖呈現週期性的長週期結構，藉此製作出長週期光纖光柵，如圖 6.17 所示；其優點是可藉由改變電壓大小來調變長週期的共振損失，但是缺點爲光纖過於昂貴。

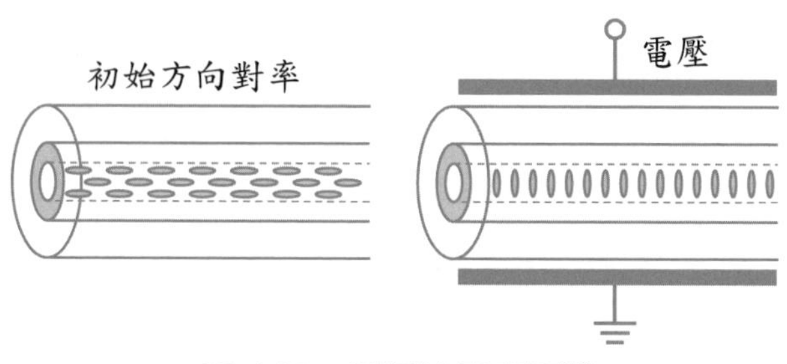

圖 6.17　電極法示意圖[16]。

6.3.6 蝕刻法

1992年，M. Vaziri 和 C.L. Chen[17]利用蝕刻的方法在光纖表面蝕刻出波浪結構，如圖 6.18 所示；此方式需要先在光纖表面鍍上一層週期性的保護層，再利用氫氟酸（Hydrofluoric Acid）將光纖表面蝕刻出結構，不過因爲等向性蝕刻的關係，使得蝕刻後的結構呈現不均勻狀態；因此，此方法無法確保其光柵週期之正確性。

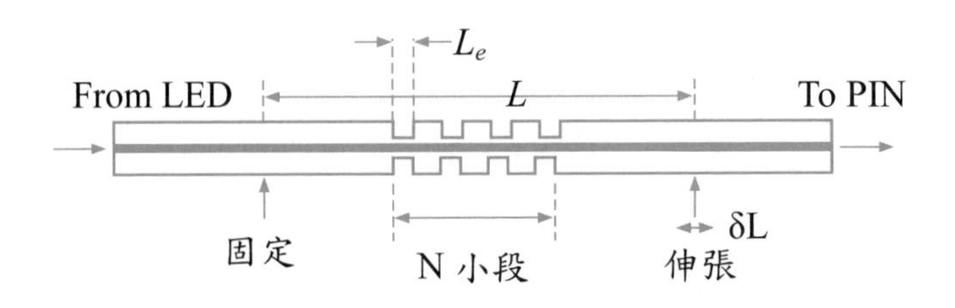

圖 6.18 蝕刻法示意圖[17]。

6.3.7 溫度調製法

2002 年，Y. Jiang 等人[18]將光纖放置在一個具有週期性結構的 V 溝矽基板上，再藉由將聚亞醯胺（Polyimide）加熱後，對光纖所產生的熱應變來調製長週期光纖光柵，如圖 6.19 所示；此方法雖然簡單快速，但長週期光纖元件必須固定在一個經設計過的金屬基板上，且必須加熱後才能產生長週期效應，所以並不適合應用在量測上。

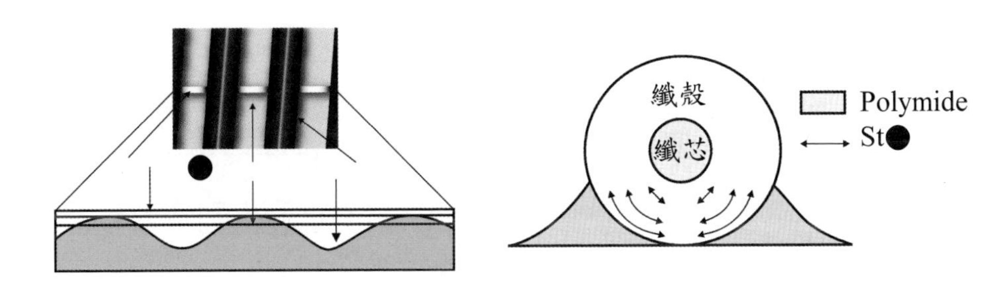

圖 6.19 溫度調製法示意圖[18]。

2004 年，C.H. Lin 等人[19]提出了金屬線圈加熱法，這個方法是將鈦合金以週期性的排列沉積在玻璃基板上，再藉由對鈦合金加熱的方式來使 Polyimide 對光纖產生熱應變，而達到長週期效應如圖 6.20 所示。

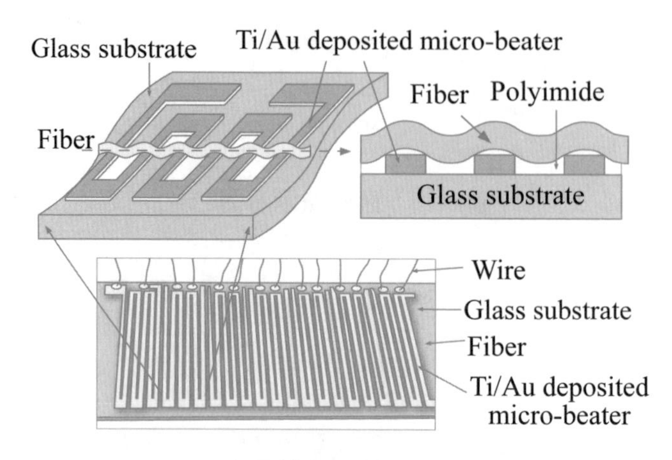

圖 6.20　金屬線圈加熱法示意圖[19]。

2005 年，E. Wu[20]等人改良了溫度調製法，改良的部份是將原本的矽基板換成金屬基板，Polyimide 換成 UV 膠，如圖 6.21 所示，再透過金屬與 UV 膠之間的高反差熱膨脹係數來達到改變溫度，能以最小之溫度差產生長週期效應。

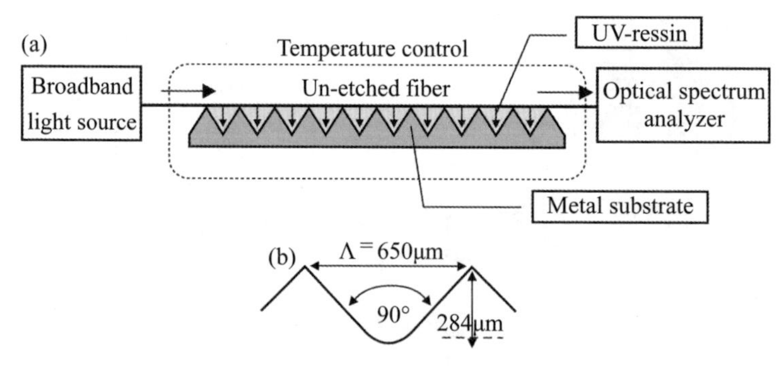

圖 6.21　改良後之溫度調製法示意圖[20]。

6.3.8　光阻型

2009 年，C.C. Chiang 等人[21]、M.Y. Fu 等人[22]、C.L. Lee and L.W. Liu[23]、H.J. Kim 等人[24]利用黃光微影製程將光阻或高分子結構，分別鏈結在 D 型光纖（D-Shape Fiber）或光子晶體光纖（Photonic Crystal Fiber）上，如圖 6.22、6.23、6.24、6.25 所示，利用光阻或高分子所產生的週期性應變或折射率差來達到長週期效應，並將其應用在折射率與溫度的量測。

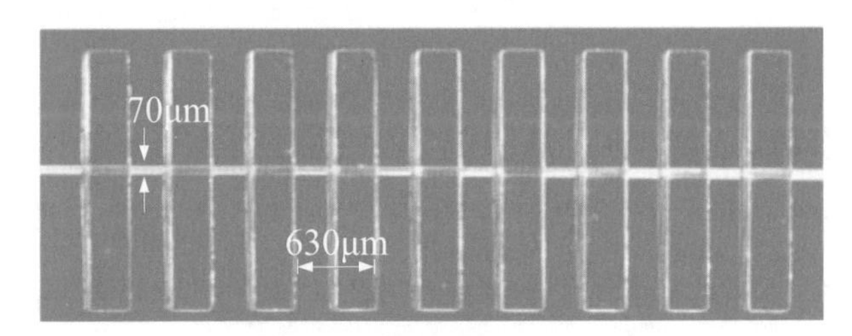

圖 6.22　光阻堆疊型長週期光纖光柵 OM 圖[21]。

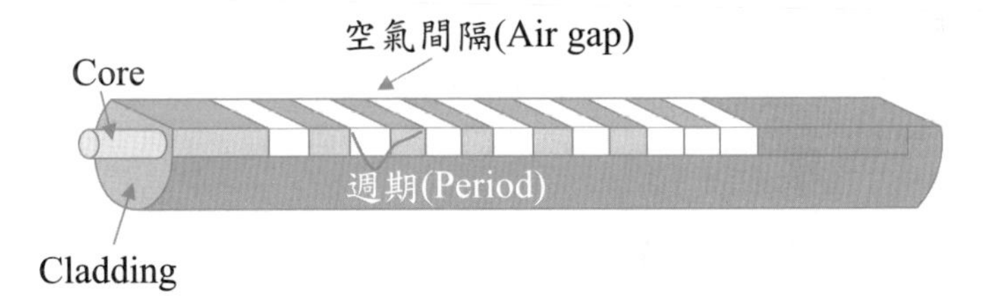

圖 6.23　光阻型長週期光纖光柵示意圖[22]。

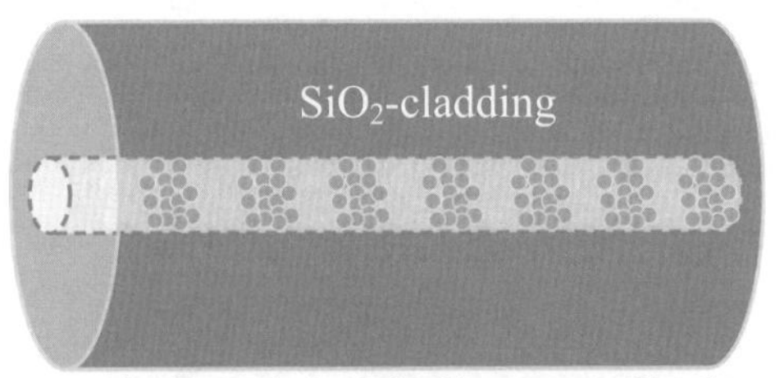

圖 6.24　高分子型長週期光纖光柵示意圖[23]。

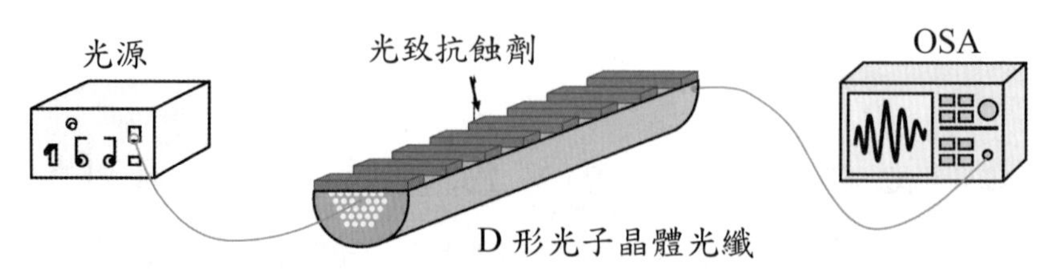

圖 6.25　光阻型長週期光子晶體光纖光柵示意圖[24]。

6.4　其他種類光纖光柵

光纖光柵可以藉由改變不同的折射率或週期達到所需要的特性，因此除了光學外，在其他領域的應用也相當廣泛，世界第一根光纖光柵在 1978 年時由 Hill[25] 等人製造出來，除了前面章節所提到的布拉格光纖光柵與長週期光纖光柵外，還有其他種類的光纖光柵被研發出來，以下將介紹較常見之光纖光柵：

1. 高斯無足（Gaussian apodized）光纖光柵。
2. 啁啾（Chirped）光纖光柵，又稱漸變光纖光柵。
3. 閃光（Blazed）光纖光柵。
4. 超結構（Superstructure）光纖光柵。

以上這四種光纖光柵爲現今常用的短週期光纖光柵，是較熱門的研究主題，其功能原理與短週期相似，若將短週期光纖光柵的一部分參數改變後，如週期或折射率等，便可產生全新種類的光纖光柵，根據其特性運用於各種地方像是光通訊或是感測器，以下將爲上述各類型光纖光柵的功能作詳細介紹。

6.4.1　高斯無足光纖光柵（Apodized fiber gratings）

1. 高斯無足光纖光柵簡介

早在西元 2000 年左右，Stephen J 等人就已對光纖無足技術進行研究，而 Jaikaran Singh[25]等人更是將題目縮小到高斯無足光纖光柵最佳化參數這一個領域，在這十年之中，此一技術亦趨成熟，在其應用的層面也越來越廣。

2. 高斯無足光纖光柵原理

高斯無足光纖光柵（Apodized fiber gratings）基本上是以兩個變因參數去控制光纖光柵的性質，$L_g = n\Lambda$，n 指的是纖芯有效折射率，Λ則是光柵週期，高斯無足的技術主要是用來消除布拉格光纖光柵的費比裴洛（Fabry-Perot）干涉，可以使多餘的雜訊頻譜排除。

高斯無足光纖光柵是利用紫外光對摻鍺光纖進行加工，使纖芯區的折射率改變，爲了消除光纖光柵的費比裴洛（Fabry-Perot）干涉，在製作過程，需加上其他的光學機構產生光柵結構，以達成高斯無足光纖光柵的製作條件。圖 6.26 顯示出布拉格光纖光柵與高斯無足光纖光柵的有效折射率分佈，圖中比較出兩者有效折射率分佈的不同，布拉格光纖光柵是呈現均勻分佈，而高斯無足光纖光柵則是高斯式分佈，其折射率分佈的不同將造成頻譜的差異，從圖 6.27 可以很明顯的看出，經由高斯無足光纖光柵修正下，原本在布拉格光纖光柵訊號兩旁的背景雜訊都被消除。

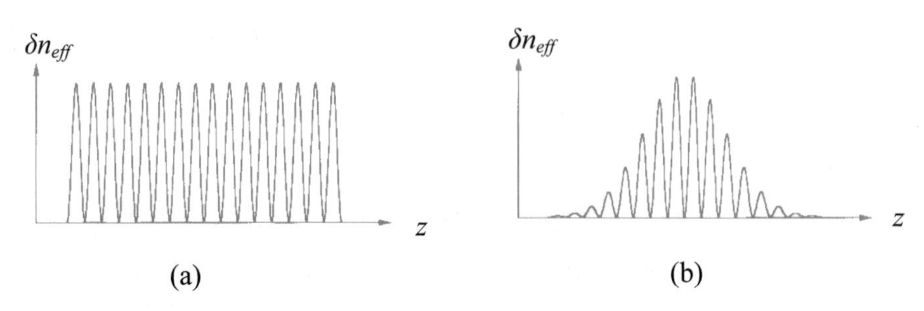

圖 6.26 (a)布拉格光纖光柵有效折射率分佈；(b)高斯無足光纖光柵有效折射率分佈[26]。

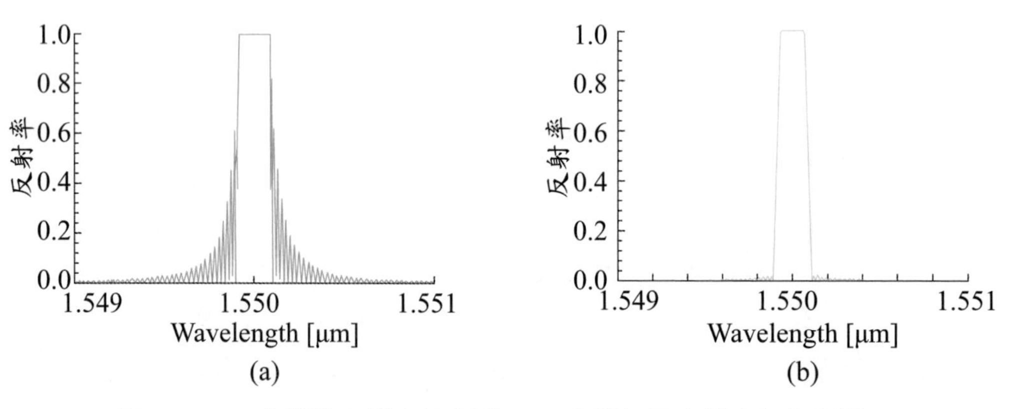

圖 6.27 (a)布拉格光纖光柵頻譜；(b)高斯無足光纖光柵頻譜[28]。

6.4.2 啁啾光纖光柵

1. 啁啾光纖光柵簡介

啁啾光纖光柵（Chirped fiber Bragg gratings）在感測方面的應用，通常使用於需要大頻寬訊號的感測器，在光通訊方面則可以當作色散補償元件，在目前的發展應用上已有相當亮眼的成績。

2. 啁啾光纖光柵原理

啁啾光纖光柵是將光柵的週期採漸進式分佈，以達到控制其特性的效果，因此也稱為漸變式光纖光柵，其原理如圖 6.28 所示。啁啾光纖光柵可以修改光柵的週期密度，控制反射波長與穿透波長的頻譜變化。

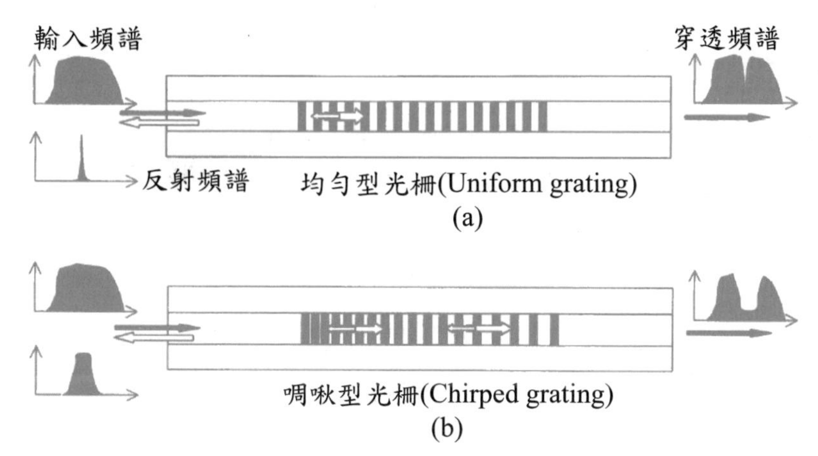

圖 6.28 (a)布拉格光纖光柵結構示意圖；(b)啁啾光纖光柵結構示意圖[27]。

啁啾光纖光柵也是利用紫外光對摻鍺光纖進行加工，使纖芯區的折射率改變，為了製造出漸變式的光纖光柵，其製作過程需使用特殊的相位光罩，將紫外光經聚焦透鏡後照射，以產生漸變式的光柵結構，圖 6.29 顯示出布拉格光纖光柵與啁啾光纖光柵的有效折射率分佈，從圖中比較出兩者有效折射率分佈的不同，布拉格光纖光柵是呈現均勻分布，而啁啾光纖光柵則是漸變式分布，其折射率分佈的不同將造成頻譜的差異，圖 6.30 所示，由於布拉格光纖光柵其週期均勻，故根據布拉格條件公式會得到一固定波長，在該波長位置會產生一對應峰值，而啁啾光纖光柵的週期是遞增（或遞減），因此可以產生多個獨立的或一連續的峰值。

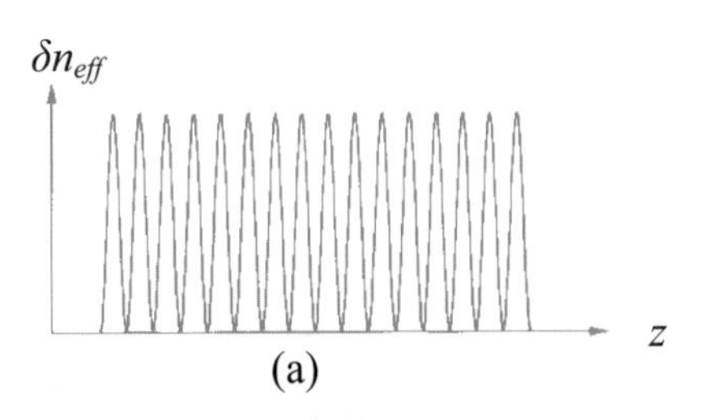

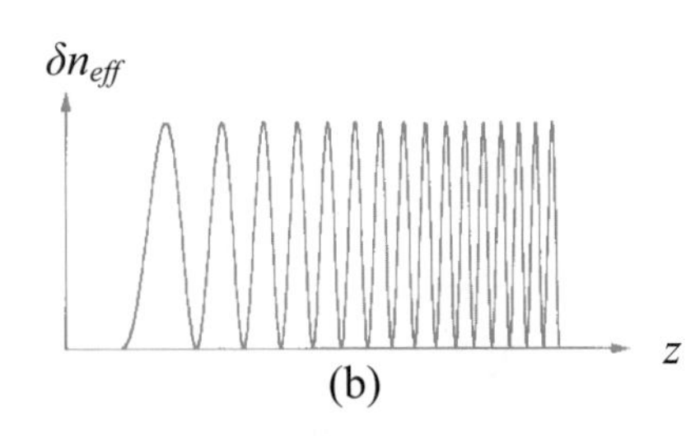

圖 6.29　(a)布拉格光纖光柵有效折射率分佈；(b)啁啾光纖光柵有效折射率分佈[26]。

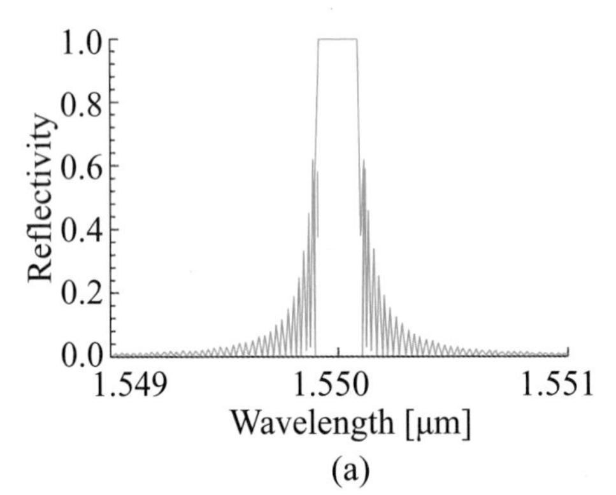

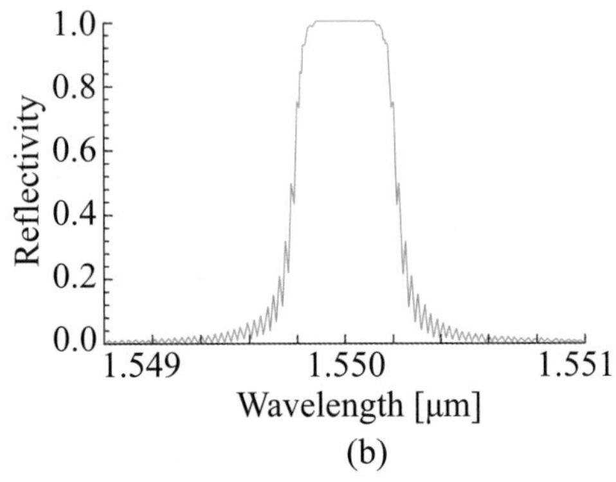

圖 6.30　(a)布拉格光纖光柵頻譜；(b)啁啾光纖光柵頻譜[28]。

6.4.3　閃光光纖光柵

1. 閃光光纖光柵簡介

閃光光纖光柵（Blazed fiber gratings）由於其獨特的特性，使得其在近年來成爲熱門研究主題，因爲其結構的緣故，閃光光纖光柵可以同時達到分光與繞射效果，而且也很容易藉由調整其角度達到需要的訊號品質。

2. 閃光光纖光柵原理

閃光光纖光柵是藉由改變內部光柵結構的角度，以達到控制其特性的效果，因此也稱爲傾斜式（Tilted）光纖光柵。閃光光纖光柵如同前面章節所提到的，也是利用紫外光對摻鍺光纖進行加工，使纖芯區的折射率改變，但與前面結構不同的地方，是閃光光纖光柵的結構方向與光路徑非垂直，而爲了製造出非垂直的光纖光柵，其製作過程需給予角度的偏差，在經由紫外光照射，以產生傾斜式的光柵結構。圖 6.31 是布拉格光纖光柵與閃光光纖光柵頻譜的差異，由於布拉格光纖光柵的週期結構方向與光路徑垂直，根據反射定率得知入射角等於反射角，故會得到一反射頻譜，而閃光光纖光柵的結構則設計成耦合到光纖外，因此沒有反射頻譜。

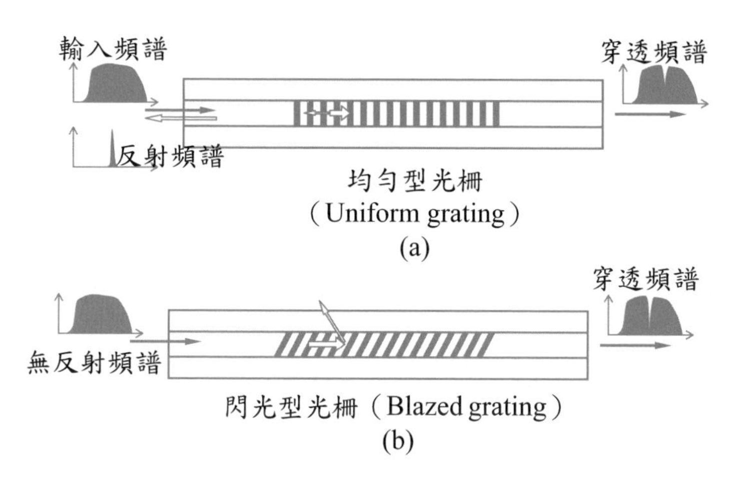

圖 6.31 (a)布拉格光纖光柵的頻譜；(b)閃光光纖光柵的頻譜[27]。

6.4.4 超結構光纖光柵

1. 超結構光纖光柵簡介

超結構光纖光柵（Superstracture fiber grating）是一種繼布拉格光纖光柵與長週期光纖光柵之後新興的光纖光柵，在舊有的技術上融合兩者的優點，創造出全新的技術，可以應用於溫度感測等用途。

2. 超結構光纖光柵原理

超結構光纖光柵是藉由結合布拉格光纖光柵與長週期光纖光柵兩者的特性，

在摻鍺光纖上利用紫外光進行加工，使纖芯區的折射率改變形成週期結構。

布拉格光纖光柵的週期約 1 μm，而長週期光纖光柵之週期約數百μm，超結構光纖光柵則是數百μm 爲一週期，而每一週期之中又可在劃分出約數十μm 以內的小週期，其有效折射率分佈如圖 6.32 所示，其折射率分佈的不同，將造成圖 6.33 布拉格光纖光柵與超結構光纖光柵頻譜的差異，布拉格光纖光柵週期集中於一峰值，而超結構光纖光柵則有多個峰值（圖中橫軸數值不同，布拉格光纖光柵的頻譜相當於超結構光纖光柵頻譜的其中一個峰值）。

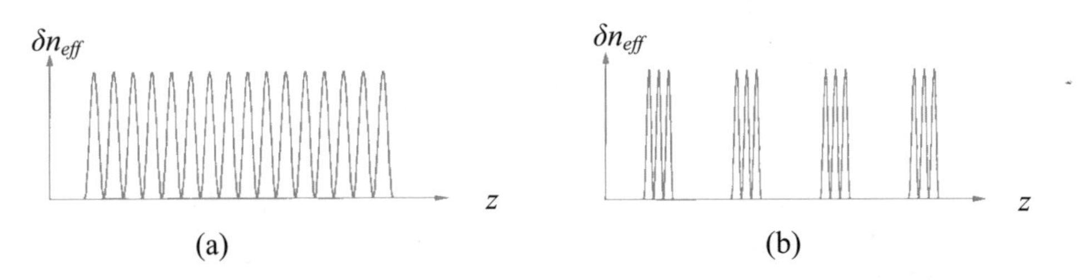

圖 6.32　(a)布拉格光纖光柵有效折射率分佈；(b)超結構光纖光柵有效折射率分佈[26]。

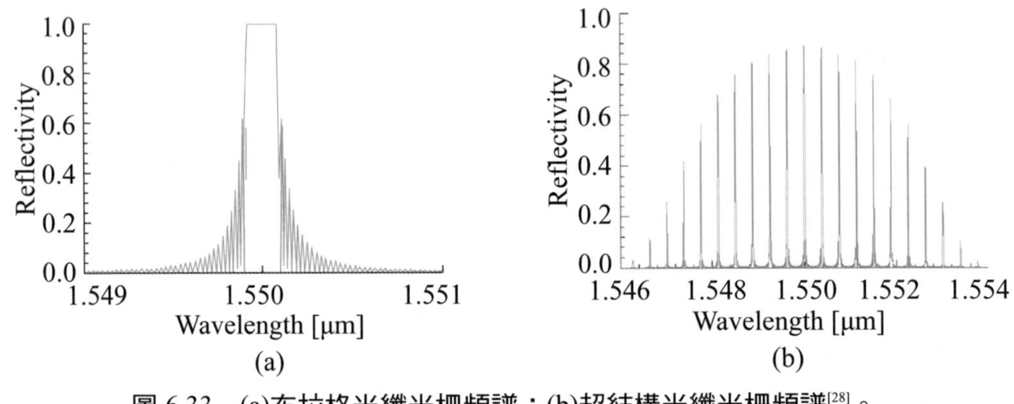

圖 6.33　(a)布拉格光纖光柵頻譜；(b)超結構光纖光柵頻譜[28]。

6.5 結論

綜合上述各種光纖光柵的原理及說明，表 6.1 爲其特性整理之比較：

表 6.1 各種光纖光柵特性比較

	反射頻譜	穿透頻譜	折射率狀況	週期狀況
布拉格光纖光柵	有	有	均勻分佈	均勻分佈
啁啾光纖光柵	有	有	均勻分佈	漸變分佈
閃光光纖光柵	無	有	均勻分佈	均勻分佈
超結構光纖光柵	有	有	均勻分佈	週期分佈

從表 6.1 可以看出多種光纖光柵種類比較，根據不同特性進而發揮其使用方式，在擷取需要的訊號後，探討比較差異，提供光纖光學在學術或業界之使用。

習 題

1. 為何短週期光纖光柵又被稱為反射式光纖光柵？
2. 請依短週期光纖光柵原理舉例可應用於那些量測？
3. 試舉出三種可以改變光纖光柵特性的變數？
4. 試舉出三種不同光纖光柵，並提出各種特性的比較

參考文獻

[1] K. O. Hill, Y. Fujii, D. C. Johnson, and B. S. Kawasaki, "Photosensitivity in optical fiber waveguides: Application to reflection filter fabrication," *Appl. Phys. Lett.*, vol. 32, pp. 647-649, 1978.

[2] T. Erdogan, "Fiber grating spectra," *Journal of Lightwave Technology*, vol. 15, pp. 1277-1294, 1997.

[3] K. O. Hill and G. Meltz, "Fiber Bragg grating technology fundamentals and overview," *Journal of Lightwave Technology*, vol. 15, pp. 1263-1276, 1997. Composites Science and Technology, vol. 61, pp. 1379-1387, 2001.

[4] V. Dewynter-Marty, P. Ferdinand, E. Bocherens, R. Carbone, H. Beranger, S. Bourasseau, M. Dupont, and D. Balageas, "Embedded Fiber Bragg Grating sensors for industrial composite cure monitoring," *Journal of Intelligent Material Systems and Structures*, vol. 9, pp. 785-787, 1999.

[5] K. S. C. Kuang, R. Kenny, M. P. Whelan, W. J. Cantwell, and P. R. Chalker, "Embedded fibre Bragg grating sensors in advanced composite materials," *Composites Science and Technology*, vol. 61, pp. 1379-1387, 2001.

[6] K. S. C. Kuang, R. Kenny, M. P. Whelan, W. J. Cantwell, and P. R. Chalker, "Residual strain measurement and impact response of optical fibre Bragg grating sensors in fibre metal laminates," *Smart Materials and Structures*, vol. 10, pp. 338-346, 2001.

[7] L. Sorensen, T. Gmur, and J. Botsis, "Residual strain development in an AS4/PPS thermoplastic composite measured using fibre Bragg grating sensors,"

Composites Part A: Applied Science and Manufacturing, vol. 37, pp. 270-281, 2006.

[8] D. H. Kang, S. O. Park, C. S. Hong, and C. G. Kim, “The signal characteristics of reflected spectra of fiber Bragg grating sensors with strain gradients and grating lengths,” *NDT & E International*, vol. 38, pp. 712-718, 2005.

[9] M. Giordano, A. Laudati, M. Russo, J. Nasser, G. V. Persiano, and A. Cusano, “Advanced cure monitoring by optoelectronic multifunction sensing system,” *Thin Solid Films*,vol. 450, pp. 191-194, 2004.

[10] L. Sorensen, T. Gmur, and J. Botsis, “Long FBG sensor characterization of residual strains in AS4/PPS thermoplastic laminates,” San Diego, CA, United states, pp. 267-278, 2004.

[11] A. M. Vengsarkar, et al., “Long-period fiber gratings as band-rejection filters,” *Journal of Lightwave Technology*, vol. 14, pp. 58-65, 1996.

[12] D. D. Davis, et al., “Long-period fibre grating fabrication with focused CO2 laser pulses,” *Electronics Letters*, vol. 34, pp. 302-303, 1998.

[13] Y. J. Rao, et al., “Gain flattening of EDFAs based on combination of bending and thermal characteristics of a novel long-period fibre grating filter,” *Proceedings of SPIE, Shanghai, China*, vol. 4906, pp. 163-166, 2002.

[14] I.K.Hwang, et al., “Long-period fiber gratings based on periodic microbends,” *Optics Letters*, vol. 24, pp. 1263-1265, 1999.

[15] S. Savin, et al., “Tunable mechanically induced long-period fiber gratings,” *Optics Letters*, vol. 25, pp. 710-712, 2000.

[16] Y. Jeong, et al., “Electrically controllable liquid crystal fiber gratings,” *Confer-*

ence on Optical Fiber Communication, Baltimore, MD, USA, vol. 4, pp. 19-21, 2000.

[17] M. Vaziri and C. L. Chen, "Etched fibers as strain gauges," *Journal of Lightwave Technology*, vol. 10, pp. 836-841, 1992.

[18] Y. Jiang, et al., "A novel strain-induced thermally tuned long-period fiber grating fabricated on a periodic corrugated silicon fixture," *IEEE Photonics Technology Letters*, vol. 14, pp. 941-943, 2002

[19] C. H. Lin, et al., "Strain-induced thermally tuned long-period fiber gratings fabricated on a periodically corrugated substrate," *Journal of Lightwave Technology*, vol. 22, pp. 1818-1827, 2004..

[20] E. Wu, et al., "A highly efficient thermally controlled loss-tunable long-period fiber grating on corrugated metal substrate," *IEEE Photonics Technology Letters*, vol. 17, pp. 612-614, 2005.

[21] C. C. Chiang, et al., "Sandwiched long-period fiber grating filter based on periodic SU8-thick photoresist technique," *Optics Letters*, vol. 34, pp. 3677-3679, 2009.

[22] M. Y. Fu, et al., "Optical fiber sensor based on air-gap long-period fiber gratings," *Japanese Journal of Applied Physics*, vol. 48, 2009.

[23] C. L. Lee and L. W. Liu, "Long-period fiber grating in hollow core fiber filled with polymer," *Pacific Rim Conference on Lasers and Electro-Optics, Shanghai, China*, 2009.

[24] H. J. Kim, et al., "Fabrication of a surface long-period fiber grating based on a D-shaped photonic crystal fiber," *14th OptoElectronics and Communications*

Conference, Hong Kong, China, 2009.

[25] Jaikaran Singh, Dr. Anubhuti Khare, Dr. Sudhir Kumar ,“Design of Gaussian Apodized Fiber Bragg Grating and its applications” Jaikaran Singh et al. / International Journal of Engineering Science and Technology Vol. 2(5), 2010, 1419-1424

[26] Erdogan Turan , “Fiber Grating Spectra” , Journal of Lightwave Technology 15 (8): 1277-1294. doi:10.1109/50.618322.

[27] W. Du, X.M. Tao, H.Y. Tam, C.L. Choy, “ Fundamentals and applications of optical fiber Bragg to textile structural composites” , Composite Structures 42 (1998) 217-229

[28] Sheau-Shong Bor et al., “The Piezometer Based on Fiber Gratings” , Department of Electrical Engineering of the Feng Chia University , Taiwan,1996-06

第七章

光纖主動模組

7.1 前言

7.2 光纖放大器

7.3 光纖雷射

7.4 光塞取多工器

7.1 前言

光網路的建立首先取決於發射信號端的主動元件的發展，所以光源是光纖通訊中最重要的元素之一，也因此半導體雷射的發展直接引發了光纖通訊的革命，另一方面，摻鉺光纖的發展促使摻鉺光纖放大器商品化，是實現光纖通訊的重要里程碑。摻鉺光纖的光訊號放大效果不僅可製作光放大器，也是光纖雷射最重要的核心元件。

光纖放大器是將入射光的強度放大的裝置，由於增益高且放大波段正好符合光纖傳輸的窗口，又因其比起電放大器而言不必將波形時序重整，也不必將位元重新產生，可以取代使用電放大器而無需繁複電光轉換過程，而且摻鉺光纖具有高增益、寬頻譜的特性，所以常被採用作爲長程光纖通訊系統中的中繼站之全光化訊號放大器。光纖放大器主要可分成摻鉺光纖放大器（Erbium-Doped Fiber Amplifier, EDFA）和拉曼光纖放大器（Raman Fiber Amplifier, RFA）兩種。摻鉺光纖放大器是在二氧化矽光纖的纖核中摻入稀土元素鉺，鉺是目前光纖中最常使用且成熟商品化的摻雜稀土元素，摻鉺光纖放大器在 1.55 μm 波長提供寬頻的增益（約 4000 GHz），正好是光纖最低損耗的波段，再利用半導體雷射作爲光激發源，可提供低損耗和偏振無關的增益來製作成光纖放大器和光纖雷射。摻鉺光纖由於架構簡單、性能優越且爲全光纖的結構、在光纖系統中受到相當大的注目。

光纖雷射是使用摻入稀土元素的光纖如鉺或鐿當成活性介質的雷射光源。由於輸出的雷射光是光纖化的傳輸方式，具有輕便可移動性，而且光纖長度長所以累積的增益大造成輸出功率高，不需要冷卻裝置即可到達千瓦級的輸出功率，加上光纖的波導特性讓輸出光束達到接近繞射極限的高品質光束。利用摻鉺光纖雷射的架構，不需要複雜的溫度、功率控制電路，僅需泵激雷射二極體（Pump generator LD）控制電路，即可獲得高功率、窄線寬、低雜訊的雷射光源，在雷射加工和醫療用途有廣泛的應用。在通訊上，光纖雷射比起半導體雷射的輸出光束品質高，而且光纖雷射可輸出在高速通訊所需的超短脈衝光，與半導體雷射相比更有競爭優勢。

在光纖網路中，若要建立、中斷單一光纖中的信號或更換連線目的地時，可利用光開關隨意變換傳輸目的地，達成機動建立傳輸路徑功能。而光塞取多工器（optical add-drop multiplexer, OADM）是在多波長分工系統中傳送處理多個通道的訊號進入單模光纖中的裝置，也能交換、取出（Drop）、塞入（Add）某一特定波長而不影響其他波長光信號的傳輸，是光纖網路中不可缺少的一種主動模組。

本章主要是針對光網路系統中的光源和主動元件作介紹，首先會介紹光放大器的原理，並對摻鉺光纖放大器及拉曼光纖放大器作詳細的原理描述。接著將雷射的運作原理作介紹並闡述光纖雷射架構以及連續和脈衝光纖雷射的內容，最後針對光塞取多工器的運作原理和類型作討論。

7.2　光纖放大器

7.2.1　原子能級

物質與電磁波的交互作用起源於物質中有電子存在，特定頻率的電磁波中隨時間振盪之電場會驅使物質中的電荷或電偶極造成振動或加速而放出輻射光。物質與電磁波的交互作用約略可分為吸收及放射兩類，而吸收或放射出的光波之能量及波長大小會取決於物質本身結構。原子能級與吸收放射光的關係是由依據愛因斯坦將光視爲一顆顆光子的量子化理論，以及物質能階量子化理論的觀點來解釋。物質吸收電磁波是由於物質分子中的電子吸收能量滿足其能階差的光子，而物質放射出電磁波是由於電子被電激發後從基態躍遷到激發態後，接著電子從激發態返回基態時放射出光子。圖 7.1 爲物體的原子能階及吸收放射之示意圖，在波耳的量子理論模型中，一個電子會佔據一個特定的軌道，在熱穩定時稱爲基態 E_1（ground state），電子若是受到外加能量激發會吸收能量躍遷到激發態 E_2 的能階上，再放出能量回到基態。自發放射（spontaneous emission）與激發放射（stimulated emission）均爲電子與電洞結合而放出光的過程，自發放射是指受激電子在高能階自發性地躍遷至低能態與電洞復合而輻射出電磁波的過程，所輻射光子的波長視二能階的差值而定，能差越大時對應光子的波長越短，頻率越高。因電子隨機自發放射產生光子，因而放射出之光波的相位彼此之間沒有關聯性而爲非同調（incoherent）。激發放射是電子處於高能階而未自發放射前，受具有相同波長之入射光子激發而躍遷至低能階，並同時輻射出與入射光子相同頻率與相同相位（coherent）的光子的過程。激發輻射能增加同一波長、方向、相位光子的數目，所以有放大光訊號的作用。若是兩能階間的能量差爲 ΔE，則所吸收或放出的特定光波頻率爲 v，則 ΔE 及 v 會滿足以下的關係式

$$\Delta E = E_2 - E_1 = hv \tag{7.1}$$

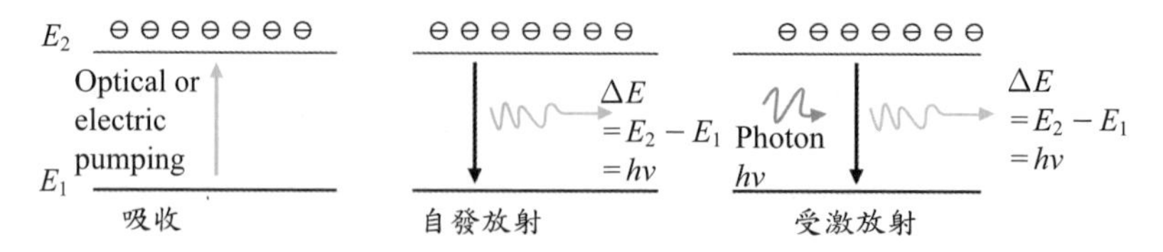

圖 7.1　物體的原子能階及吸收、自發放射及受激放射之示意圖。

一般原子分子的光譜的存在原因是電子因原子核及其他電子的存在，以及原子本身結構的振動和旋轉狀態所具備的位能，而造成電子具備不連續的位能能階，也因此原子分子光譜幾乎都呈現不連續的頻譜線；而其個別頻譜線源於原子本身專有的結構形成的能階特性。但對於固體材料而言，由於其原子分子緊密靠在一起使得能階呈現帶狀分布，如半導體能級就是呈現典型的帶狀分布。

7.2.2　鉺離子能階

鉺是稀土族元素，鉺的原子序爲 68，最外層電子填充軌道屬於 4f 軌域，通常以三價的離子狀態（Er^{3+}）存在。而鉺離子的能階如圖 7.2 所示，是屬於三能階系統。一般的能階躍遷在兩個主線（$^4I_{13/2}$ 到 $^4I_{15/2}$），能階間的能量差值所等效放出的光子之波長落在 1.52 到 1.57μm 的範圍內。

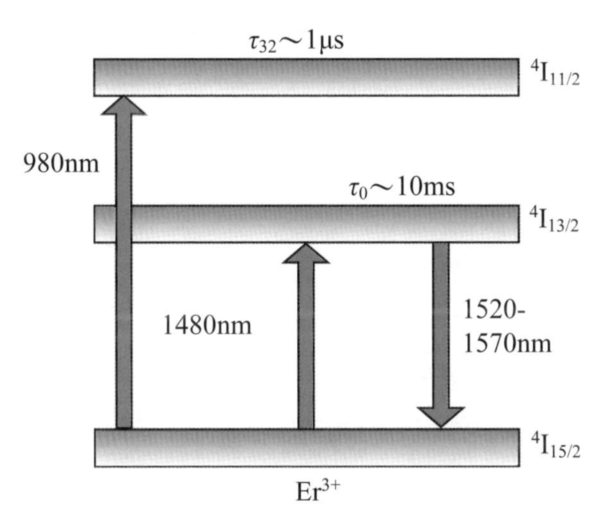

圖 7.2　鉺的能階示意圖。

一般通常用吸收截面和放射截面這兩個參數來量化離子的吸收和放射能力，表示某兩個特定能階之間的躍遷機率。鉺的吸收截面和放射截面大小並不相同，因爲上下兩階主線都會分裂成更細的能階結構，在分裂能階中電子躍遷必須依照熱平衡時的電子機率分佈，所以造成特定頻率時的吸收截面不等於放射截面，圖 7.3 表示摻鉺光纖的吸收及放射頻譜圖。

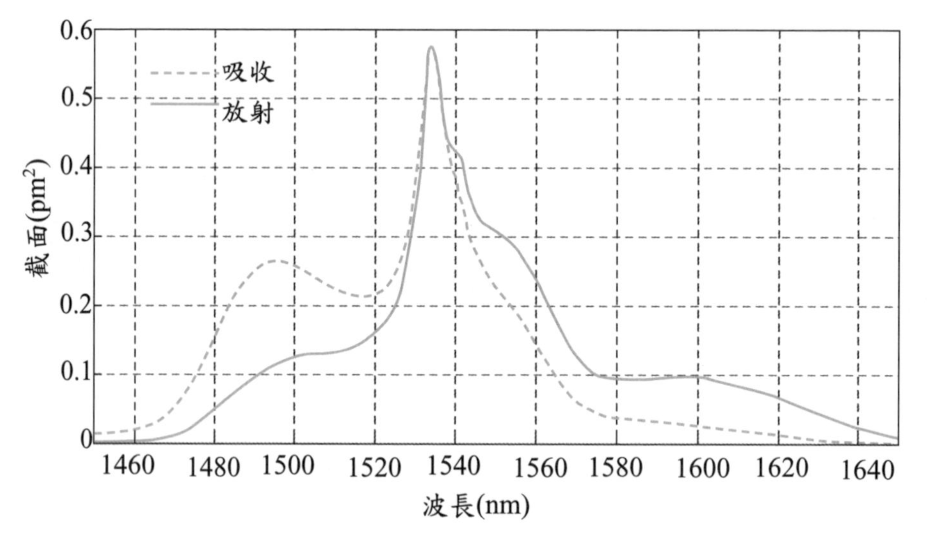

圖 7.3　摻鉺光纖的吸收放射頻譜圖[2]。

在增益介質中電子處於高能階的時間極短，通常很快就會越遷返回低能階，電子存在於高能階的時間稱爲生存時間（lifetime），而鉺離子在 $^4I_{13/2}$ 能階上的生存時間約爲 10ms。能階的躍遷還必須考慮線寬，而吸收和放射截面之頻譜之所以不是單一波長，主要是因爲吸收和放射頻譜線的線寬會受到均勻增寬（homogeneous broadening）和非均勻增寬（inhomogeneous broadening）效應之影響。均勻增寬效應是由於處在高能階有特定生存時間，基於測不準原理造成在躍遷時的波長有特定範圍增寬的現象，當生存時間越短，放射的頻譜的寬度越寬。非均勻增寬是離子在介質中處於不同位置時，由於環境影響造成能階些微變化所以放射的頻譜寬度會增寬。

一般常見的的摻稀土族光纖有鉺（Er^{3+}）、釹（Nd^{3+}）和銩（Tm^{3+}）。當鉺被少量摻雜在二氧化矽玻璃光纖的纖核中時稱爲摻鉺光纖，此時鉺是以離子狀態存在於光纖中，最常使用的激發方式是利用鉺離子能階 $^4I_{15/2} \rightarrow {}^4I_{11/2}$ 的吸收，約爲 0.9-1 μm 的波長，所以摻鉺光纖通常使用波長爲 980nm 的半導體雷射來作爲激發源，另外也可以使用 1.48 μm 的波長作激發（$^4I_{15/2} \rightarrow {}^4I_{13/2}$）。雷射的激發強度會存在一個臨界值，而且必須足夠摻雜量的鉺才能產生明顯的能階躍遷。鉺離子放射出的波長爲能階 $^4I_{15/2} \rightarrow {}^4I_{13/2}$ 能階，主要放出 1535 nm 波長附近的光。

摻鉺光纖用在光纖放大器上，增益頻譜涵蓋 1520～1570 nm（一般稱爲 C-band），最高峰值約在 1535 nm 附近，取決於光纖長度和鉺的摻雜而定。在光纖中由於對於 0.9～1 μm 的波長吸收截面小，而且也因爲煙滅效應無法高量摻雜鉺元素於光纖中，所以摻鉺光纖的量子效率比其他摻雜稀土族元素如鐿（ytterbium）的活性光纖還小，也因此鉺-鐿共摻的光纖和摻鐿光纖的使用能輕易造成光纖放大器和雷射的功率提高而越來越熱門。

7.2.3　摻鉺光纖放大器

在長距離傳輸系統中，光纖損耗所造成的光信號衰減，導致到達接收端的光信功率太弱，因而無法達到光接收器的靈敏度要求，因此需要在中繼端使用摻鉺光纖放大器將光信號放大。在光通信系統中以光纖放大器取代一般的電子式訊號放大器，因爲摻鉺光纖放大器省去了光電之間互相轉換的過程，減少額外訊號強度損耗。摻鉺光纖放大器的優點爲高放大增益、高輸出光功率、低雜訊指數、增益不受極化方向影響、適用於各種傳輸速率、適用於各種調變型態信號。摻鉺光纖放大器主要是利用摻鉺光纖中的鉺離子受激而形成居量反轉，由於在居量反轉時所造成的受激放射速率大於吸放速度率因而產生增益。摻鉺光纖提供 40 ~ 50 nm 的增益頻寬，在 1550 nm 附近可以有效的放大訊號。

光纖放大器的增益可量化成用輸出訊號強度（P_{out}）與輸入訊號強度（P_{in}）的比值取對數來定義，單位為 dB，

$$\text{Gain(dB)} = 10\log_{10}\left(\frac{P_{out}}{P_{in}}\right) \tag{7.2}$$

而雷射強度常以單位 dBm 來表示，與功率瓦特的換算為

$$\text{Power(dBm)} = 10\log_{10}\left(\frac{P}{1\text{mW}}\right) \tag{7.3}$$

圖 7.4 是摻鉺光纖放大器的架構示意圖，主要包含半導體雷射作為激發光源，以及 WDM 耦合器將激發光耦合到摻鉺光纖中。摻鉺光纖放大器所使用的元件皆會影響到放大器的飽和輸出功率、放大增益以及雜訊指數等特性，進而劣化傳輸品質與傳輸距離，因此在多級串接的長途通訊傳輸中，第一級通常要求會特別嚴格，必須設法壓低雜訊以避免雜訊在多級之後被逐漸放大。摻鉺光纖放大器的光路架構可分為前向泵激、後向泵激與雙向泵激等三種，泵激前進方向與信號光一致時稱為前向泵激，具有較低的雜訊指數，一般使用 980 nm 的雷射當作泵激光源，可當作前置放大器以降低雜訊，提高光接收機的靈敏度，反之，泵激光前進方向與信號光反向時為後向泵激，具有高放大增益的優點，一般使用 1480 nm 的雷射當作泵激光源，可當作功率放大器以提高光功率增加傳輸距離，而具有前向

泵激的低雜訊指數與後向泵激的高放大增益之優點，則是雙向泵激，可當作中繼放大器。

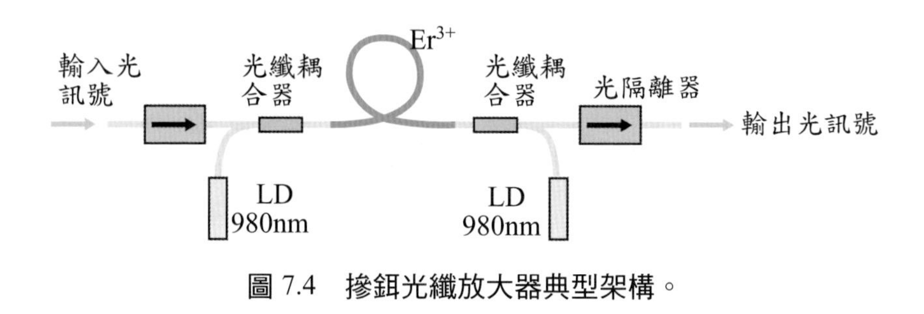

圖 7.4　摻鉺光纖放大器典型架構。

7.2.4　拉曼光纖放大器

拉曼光纖放大器是近幾年開始商用化的一種新型放大器，以光纖做爲媒介，利用非線性的散射現象將波長轉換，而拉曼光纖放大器是利用光纖中的受激拉曼散射（Stimulated Raman Scattering, SRS）使能量從高功率泵激光源轉移到低功率的訊號光，實現訊號光的放大，如圖 7.5 所示。拉曼光纖放大器的優點在於可放大任何波長的光信號，且具有較小的雜訊指數，理論上拉曼光纖放大器只要有合適的泵激光源就可對光纖內任一波長的光信號進行放大，可見拉曼光纖放大器具有很寬的增益譜。拉曼光纖放大器大致上可分爲集總式（Discrete）和分佈式（Distributed），主要應用於需要分佈式放大的場合。分佈式拉曼光纖放器一般採用反向泵激方式，分佈式拉曼光纖放大器傳輸線本身只有低濃度的摻雜，以整段光纖做爲放大的媒介，對整段光纖提供分配的增益，來補償光纖中的損失，使光纖看起來像是無損失的光纖，主要用於 WDM 通訊系統性能之提高、提高訊號雜訊比、抑制非線性效應。

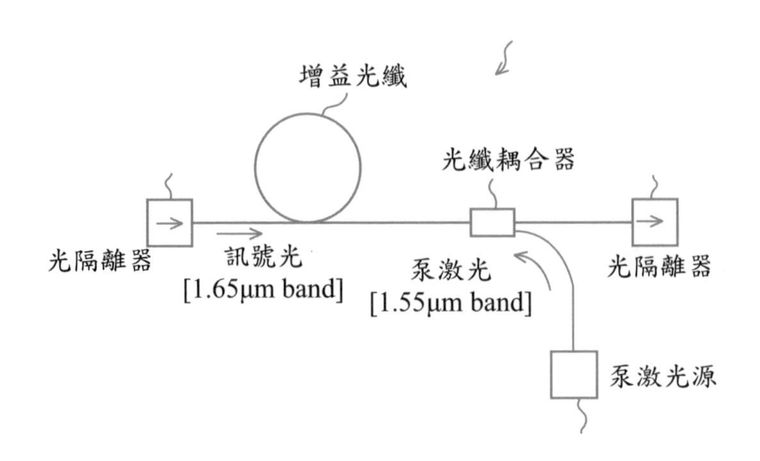

圖 7.5　拉曼光纖放大器典型架構。

拉曼光纖放大器因其利用傳輸光纖本身爲增益介質之特點，使其能對光信號作分佈式放大，可以實現長距離傳輸中不需設立中繼站的優點。將拉曼光纖放大器與摻鉺光纖放大器相比較有幾項優點，例如增益頻寬大、雜訊指數低；但也有幾項缺點不如摻鉺光纖放大器，例如拉曼光纖放大器增益比摻鉺光纖放大器小，用單顆泵激光源激發時，增益的平坦度遠不如摻鉺光纖放大器。

7.3　光纖雷射

光纖雷射由輸出方式可分爲連續型（CW）和脈衝型（pulse），而一般雷射腔的架構可分爲線形和環形，脈衝型又可分爲 Q 開關（Q-swich）雷射和鎖模雷射。以下我們先簡單介紹雷射形成的原理和要素，再將摻鉺光纖的吸收放射能階作簡介，然後分別介紹線形和環形架構光纖雷射，最後是針對脈衝型光纖雷射做描述。

7.3.1 雷射簡介

雷射的運作原理主要是利用原子分子的能階特性來達成。雷射的英文名稱 Laser 由來爲全名 Light Amplification by Stimulated Emission of Radiation 的縮寫，其意義爲光子的數量經由受激輻射的過程中被放大，而受激輻射放出的光，也有人稱之爲激光。1900 年時普朗克（Planck）爲了解決腔體輻射理論與實驗不符合的難題，首先將原子及能量作量子化。在 1905 年愛因斯坦（Einstein）把普朗克的能量不連續概念擴展成光子的量子化之理論，接著愛因斯坦又提出作爲雷射發明理論基礎的受激輻射的概念。1951 年左右 Basor、Prokhorov 及 Townes 分別提出利用受激輻射的概念來實現微波放大的假設，並由 Townes 首次在 NH_3 中實現了微波放大器的裝置，而被冠以「梅射」（Maser）的名稱。將微波波段的梅射之概念引用在可見光波段，T. H. Maiman 首先製造出紅寶石雷射並取名爲雷射，其輸出波長爲 6943 Å，他因此被尊稱雷射之父。[3]由於在通訊工程方面利用光波作爲通訊信息載波，急需應用高功率，高方向性的光束，而半導體雷射的發明直接將光通訊帶入具體實現階段。

雷射光束與一般光源相比較，具有高指向性、高強度、高同調性和窄頻寬的卓越特性。雷射光在空間上具有高指向性和低發散性的優點，可以讓雷射光照射到很遠的地方，仍保持相當高的強度，而雷射光的高強度使受照的單位面積上每秒內獲得很高的能量。所謂同調光源又分爲時間同調性和空間同調性，時間同調性表示光源在一段時間內所發出的光，其波前的相位是連續、有相關性且可預期的，這段發出相關相位的時間稱爲同調時間，在同調時間內光波行進的距離稱爲同調長度。一般氣體雷射的同調長度可達數十公分而遠比半導體雷射長，一般白光光源的同調長度卻只有幾個毫米。又因爲兩干涉光的光程差必須在同調長度內其光電場才能有固定的相位關聯性，而造成時間上穩定的干涉條紋，考慮到雷射光的同調長度較長因此適合應用在干涉實驗。空間同調性的定義是與發光源接近點光源的程度有關。同一點光源發出的光在空間上任兩點的波前的相位是有相關性且可預期的，因此點光源的空間同調性佳，而線光源及面光源可看成無限多個點光源的組合所以空間上任兩點的波前的相關性變差，因此線光源及面光源的空間同調性較差。雷射的波長及頻寬與雷射介質和共振腔有關。選用適當的雷射介質，且雷射共振腔能有效的將光波做共振，使雷射輸出光會非常接近單一波長輸出，也就是說其光譜線寬度非常窄。以一般高功率的二極體雷射而言，其光譜線寬度大約數個奈米，而連續波長輸出 Nd:YAG 雷射則可以窄達十數個皮米的寬度。

光訊號的放大根據理論，必須在處於高能階粒子數目較在低能階粒子數目多時才能產生。熱平衡下，上能階的電子密度一般都低於下能階的電子密度，但居量反轉發生時，高能階的粒子數多，低能階的粒子數少，這與熱平衡下的分布趨勢相反，所以能產生雷射效應時的粒子數異常分佈方式稱爲居量反轉（population inversion）。達成居量反轉後，處於高能階之電子數高於處於低能態之電子數，光在介質中傳播的距離越大，光訊號就會被放大得越強。居量反轉爲產生雷射最重要之機制之一。兩能階（two-energy level）系統在穩態時無法達成居量反轉，因在穩態時吸收率與激發放射率相同。在三能階（three-energy level）系統中，可藉由光或電激發先將電子激發至高能階後再迅速衰減至暫穩態之中間能階，而使粒子數反轉出現於中間能階與低能態間。

雷射是個光學共振腔，而構成雷射三要素爲(1)激發源，(2)增益介質，(3)共振腔。泵激（Pump）作用又稱爲激發源，其作用形式主要有兩種，光泵激作用和電幫浦作用。固體雷射和液體雷射大部分使用光泵激作用，而氣體雷射和半導體雷射則使用電泵激作用。所謂光泵激作用，就是利用適當光源來激發介質，使電子能從基態受激躍升到較高能階的激發態，比如脈波式輸出雷射用的氙氣閃光燈，以及連續式輸出用的氪弧光燈、發光二極體等，但是光激發源的效益偏低。至於氣體雷射或半導體雷射則多使用電做爲激發源，例如加電壓在介質中的方式。簡言之，產生雷射光的能量來源是利用電能或光能激發增益介質中的電子躍遷到高能階，且雷射腔內的增益大於雷射腔內的功率損耗，讓電子躍遷到低能階放出光子，便能將電或光能量轉換產生雷射光。雷射光是以激發輻射的型態產生，當居量反轉產生時，高能階的電子受激發迅速躍回低能階時，將會放出強度高而且性質相當一致的光子出來。

雷射的產生所需的增益介質又叫做活性介質。無論是何種雷射，其所使用的活性介質都必須具有激發後能將入射光加以放大的特性，也就是活性介質要達成光放大的特性必須具有居量反轉的特性才能形成激發放射的雷射光。若是以活性介質來區分雷射的種類，則有使用氣體爲活性介質的氣體雷射，例如氦氖雷射、二氧化碳雷射；使用液體爲活性介質的液體雷射，如染料雷射；使用固體爲活性介質的固體雷射，如紅寶石雷射；使用化學週期表中三族、五族半導體爲材料的，如砷化鎵、砷磷化銦鎵、砷化鎵鋁等半導體雷射。

除了粒子數反轉，雷射尙須一光學共振腔以藉由共振原理累積激發放射之強度。共振腔的主要功能是將光限制在腔內以產生共振，使光反覆經過活性介質不斷地被放大，達到臨界值時就會產生雷射光，如圖 7.6 所示，一般半導體雷射特性是超過臨界電流之後輸入的電流會與輸出的功率成正比。共振的目的，除了使光放大外，更重要的是產生單色的雷射光。共振腔的結構主要是由兩鏡面組成，此兩鏡面可以是平面，也可以是凸面或凹面的組合，設計的觀點爲穩定性與雷射光是否充分涵蓋活性介質。所謂穩定性，就是光波往返於鏡面之間，不致離開此共振腔。以幾何光學的角度來看，即雷射光傳播方向必須接近光軸而且角度很小。實際操作是在活性介質的兩端放兩面鏡子，使光在這兩面鏡子間來回反射，其中一面鏡子讓一部分的光透過，於是光訊號經來回反射一次放大後，以等比例強度輸出，成爲可用的雷射光。增益介質提供一定波長範圍的激發輻射的增益，當滿足共振條件時，半波長整數倍等於共振腔長度，所以共振腔長度會決定放射之雷射光波長，如圖 7.7 所示。在腔體內經過增益介質放大訊號後能滿足駐波形式之輻射波長即爲此光學共振腔之模態（mode），又稱爲縱模（longitudinal mode）；每個縱模之間頻率間隔Δv會與雷射腔長L有關，兩者滿足以下關係式，其中c是光速

$$\Delta v = \frac{c}{2L} \tag{7.4}$$

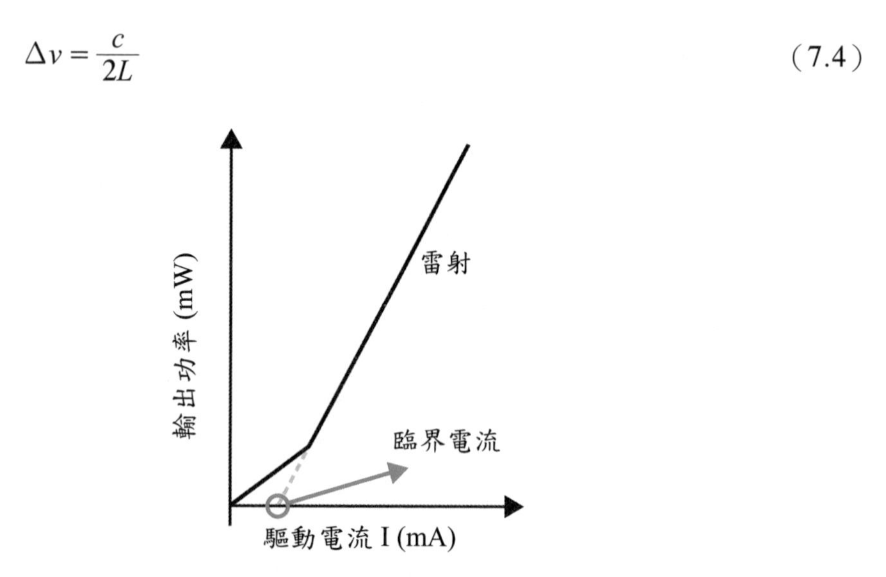

圖 7.6　雷射臨界電流。

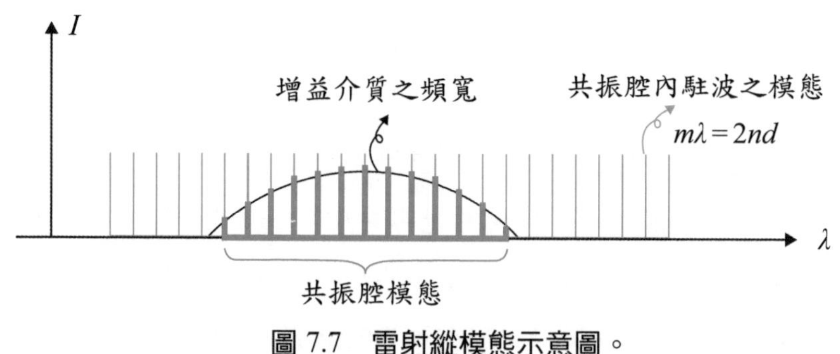

圖 7.7　雷射縱模態示意圖。

若只有一個波長滿足此共振條件稱為單模（single mode），如有兩個或兩個以上的模態則稱為多模（multi-mode）。也因此雷射二極體的波長半高寬（FWHM, Full width at half maximum）會比 LED 小，因為雷射二極體的輸出波長必須經過光學共振腔長度為半波長整數倍駐波條件之嚴格限制。

雷射的光學共振腔除了光學回饋作用（Feed back）外，還有對橫向光電場模態分布形狀的限制作用，稱為橫模（transverse mode）。雷射震盪於共振腔之間需依照駐波方式形成，因雷射光在共振腔中經過多重反射和干涉之結果。而其光場的存在必然要滿足電磁波的 Maxwell 方程式和邊界條件限制的電磁場本徵態。經由計算共振腔內可存在之穩態電場可得共振腔之本徵解，而這些本徵解的意義為雷射光在共振腔中僅有的特定光場分佈，而這些解就稱為雷射之橫模或空間模，表示雷射光橫截面的強度分布，而橫膜會因共振腔的對稱性不同而有所不同。最常見的橫膜為出現在直角坐標對稱之共振腔的赫密－高斯模態（Hermite-Gaussian modes），而這些模態根據對應之本徵解來命名，其使用 TEM_{mn} 來表示，m 和 n 皆以整數表示，其數值代表在兩個座標軸上橫模的強度節點（node）數目。最簡單的橫模態為 TEM_{00} 模，又稱為基礎模（fundamental mode），亦可稱為高斯模，因其光場強度分佈為高斯分佈。圖 7.8 簡單列出了常見的雷射橫模分布形狀。

以固態介質作為激發雷射的活性介質者，稱為固態雷射，其增益介質可分為晶體、玻璃和陶瓷。雷射晶體種類有 Nd：YAG、Nd：YVO_4、紅寶石（Ruby）、鈦藍寶石（Ti：Sapphire）等。晶體有良好的晶格，因此熱傳導佳，故作為雷射散熱較為簡便，然而可作為雷射晶體的單晶生長不易、尺寸與活躍離子濃度則會受限於晶體特性。而固態雷射大都以半導體雷射來作為泵激光源，因半導體雷射來泵激將有著簡單化、高功率、穩定以及體積小的優點。而半導體雷射的波長大約介於 630～1100 nm 的範圍，半導體雷射波段的選擇是取決於增益介質的活性離子來決定。例如：鉻（Chromium）在 670 nm附近，釹（Neodymium）在 800 nm

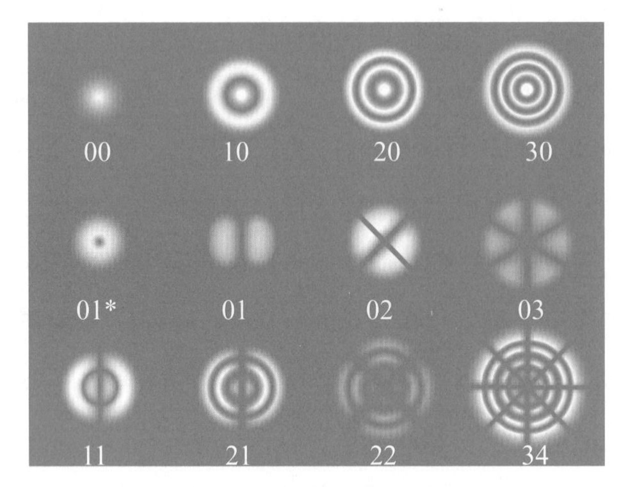

圖 7.8　雷射橫模態示意圖。

附近，鐿（Ytterbium）在 940nm 附近。

在高速光纖通訊系統最常使用的光源爲 DFB 半導體雷射，因爲其製作容易且多爲單模輸出。但因爲可調性和耦合效率的考量，以及波長分工上密通道的需求，光纖雷射取代半導體雷射變成是新一代高速光纖網路的明日之星。光纖雷射的增益介質是稀土族元素，最成熟的光纖雷射是摻鉺光纖做爲活性介質，由於光纖雷射的活性介質（摻鉺光纖）、共振腔（光纖光柵或是光纖耦合器）和激發光源（980nm 半導體雷射）都是光纖化的元件，所以對於光纖通訊有波長和模態匹配性高和低損耗的優點，而隨著科學家努力將光纖雷射的輸出功率增高，光纖雷射在雷射加工和醫學應用層面的潛力更是越來越被看好。

7.3.2　線形及環形光纖雷射架構

光纖雷射以輸出光時間上之形式來分可分爲連續光（CW）和脈衝光；以共

振腔的形式分類可約略區分成線形共振腔和環型共振腔。光纖雷射若是以增益介質來分，約略可分為 1.5 μm 波段的摻鉺光纖和鉺鐿共摻光纖、1.03/1.06 μm 波段的摻鐿光纖以及 2 μm 波段的摻銩光纖。連續波光纖雷射的發展重點是單縱模和波長可調的輸出，也就是窄頻寬的雷射光輸出並且可以改變輸出波長；而脈衝波光纖雷射的發展重點是高功率和高重複率的雷射光輸出。1.5 μm 波段單頻連續光纖雷射光源在 DWDM 系統和光纖感測方面的應用性很廣，而雷射架構一般採用光纖光柵回饋之共振腔和環型雷射共振腔。

雷射的輸出必須有共振腔來造成波長選擇的效果，而線形共振腔和環型共振腔兩種光纖雷射主要是共振腔的架構不同，分別如圖 7.9(a)和圖 7.9(b)所示。線型雷射是以活性光纖當介質而以兩端的有特定反射率的反射鏡作為共振端面，當激發光打入光纖時，腔長滿足共振波長的整數倍時便可以得到雷射光輸出。一般常使用光纖光柵當成光纖雷射的反射鏡，因為反射波長可微調整且輸出頻寬相當窄，而且是光纖化的元件所以被廣泛使用。就單模連續波光纖雷射而言，最穩定的雷射架構是DFB光纖雷射，其輸出波長完全由光纖光柵來決定，而且線寬可較半導體雷射要來的小，雷射輸出雜訊也能與DFB半導體雷射來相比較，在一些應用中具有取代DFB半導體雷射的潛力。而環型光纖雷射則是共振腔為環型，並加入光隔離器讓光傳播方向為單一方向。環形共振腔的好處是鉺離子沒有空間上增益不均勻的問題，並且雷射腔長可以長達數公尺，讓雷射的增益可以提高，也可以串接窄頻濾波器來達成單縱模輸出，但必須配合精密控制腔長才能達到雷射輸出穩定的要求。

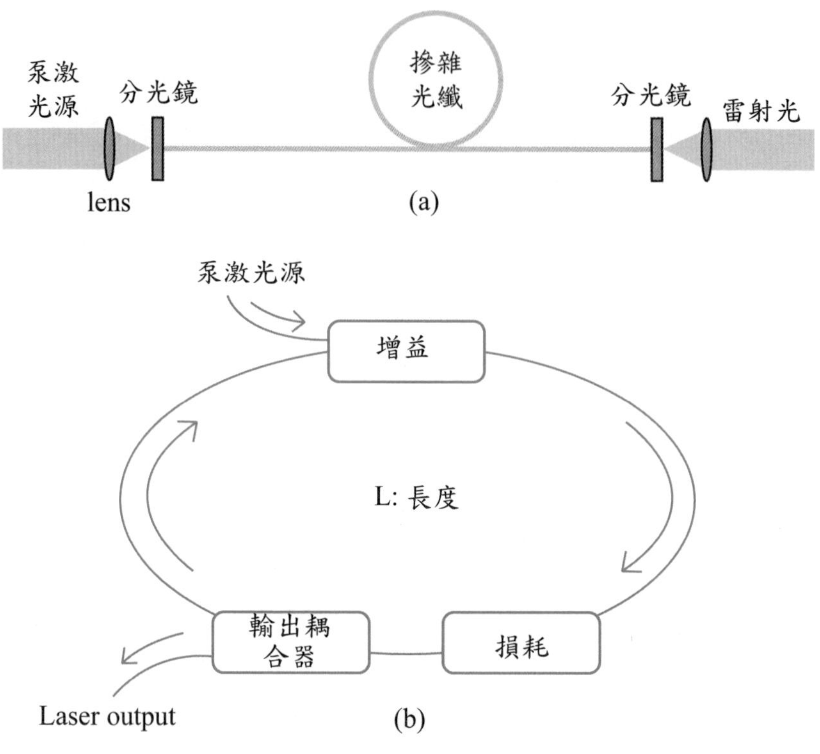

圖 7.9　線型和環型光纖雷射共振腔的示意圖。

7.3.3　短脈衝光纖雷射

短脈衝的光使能量集中在很短的脈衝達到峰值功率很強的特性。一般常用短脈衝的光纖雷射依產生的機制來分類，通常分爲 Q 開關（Q-switch）雷射和鎖模（Mode-locked）雷射，而鎖模雷射可分爲被動式鎖模和主動式鎖模。被動式鎖模雷射的脈衝寬度可以更小，通常使用的方法可分爲非線性偏振旋轉（Nonlinear polarization rotation），非線性光學迴路鏡（Nonlinear optical loop mirror）及半導體飽和吸收體（Semiconductor saturable absorbers）；主動式鎖模雷射的產生方式通常使用電光調制器（EOM），聲光調制器（AOM）和半導體光電放大器（SOA）來作振幅和頻率的調制器。

Q開關光纖雷射的原理是藉著周期性增加共振腔內的損耗量來讓光輸出消失，也就是說經由改變共振腔的品質Q來達成脈衝光的輸出。因爲激發光持續提供雷射腔內能量，共振腔內的吸收體會周期性調整共振腔內的損耗量，當共振腔內的損耗大於增益時，激發能量儲存在原子內累積居量反轉的差異值，而當共振腔內的增益大於損耗時，累積的居量反轉之粒子會快速躍遷到低能階而放出光子，而產生瞬間高能量脈衝光。如此利用吸收體周期性地大量吸收腔內的光來開關雷射輸出，達成 Q 開關光纖雷射的功能。如圖 7.10 所示，Q 開關光纖雷射的吸收體扮演脈衝光輸出過程中很重要的角色，在於週期性調變雷射腔內的損耗使得輸出雷射光呈現時域上的週期性，但Q開關的輸出模態彼此之間相位不一致，所以雷射輸出的強度不規律。

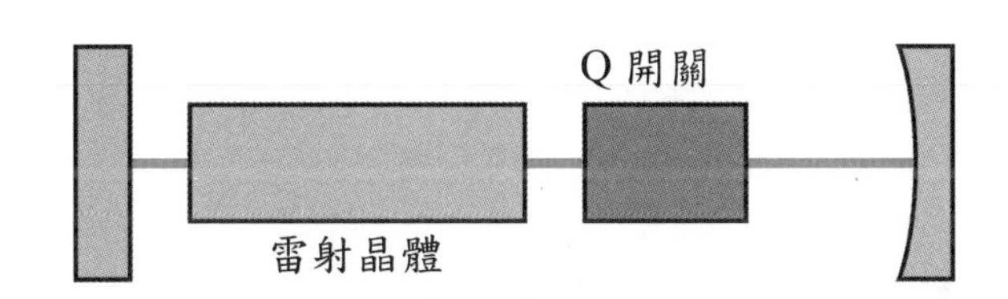

圖 7.10　Q 開關光纖雷射的腔內增益和損耗的示意圖。

鎖模雷射是一種產生高品質的短脈衝光最好的方法。在雷射中滿足共振條件的波長稱爲縱模，一般的雷射每個縱模的相位是隨機且沒有關聯性的，然而鎖模雷射的縱模之間的相位是有相關性的，所以每個縱模相位一致的固定時間和空間點會產生建設性干涉，便產生強度很強的脈衝光，稱爲鎖模雷射，如圖 7.11 所示。由（7.4）式中可得到脈衝行經雷射腔往返一次所需的時間爲脈衝光的重複時間τ，而脈衝重複率爲 $1/\tau$。

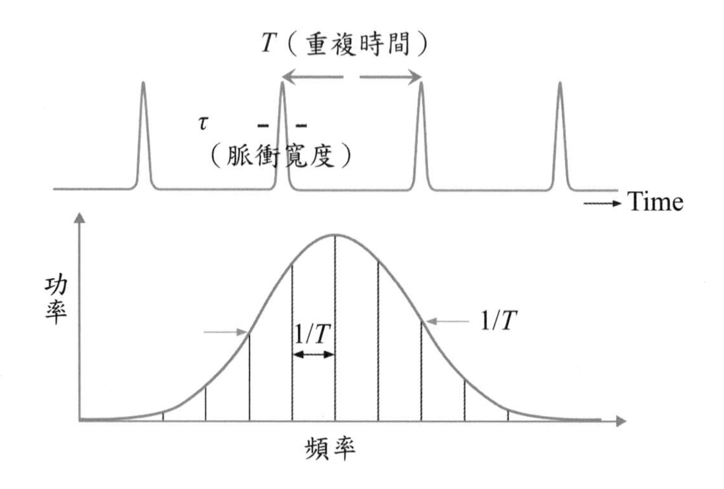

圖 7.11　鎖模雷射的時間和頻率域。

$$\tau = \frac{2L}{c} \tag{7.5}$$

鎖模雷射在時間上的的脈衝寬度可用傅立葉轉換的工程數學觀點來思考，如果有 N 個縱模的相位被鎖住呈一致相位作干涉，而每個縱模的頻率間格爲 $\Delta\nu$，則脈衝在頻率空間的頻寬爲 $N\Delta\nu$，而時間上的脈衝寬度爲空間的頻寬之傅立葉轉換，所以當脈衝的頻寬越大，脈衝的時間寬度越窄。

主動鎖模通常是藉由固定重複率的調制器來控制雷射腔內的損耗，並讓輸出雷射脈衝的重複率與調制器的頻率相同或成整數倍達到穩定的雷射脈衝輸出，而調制器通常使用電光調制器、聲光調制器或是馬克詹達調制器等來造成雷射腔內的相位或振幅週期性正弦波樣式變化，所以光脈衝會在損耗最低的時間點輸出最強的訊號。主動鎖模方式可以讓雷射光與外在高頻的微波電訊號同步所以在光通訊系統的應用層面很廣，而且重複率可以很高，很適合使用在高速通訊系統中，但是主動鎖模由於調制器的型態限制所以無法輸出超短脈衝光（< 1 ps）。

被動鎖模是利用腔內的非線性效應來產生短脈衝光序列，因爲光脈衝在光纖中產生非線性效應使得脈衝強度高的地方增益較大，脈衝在時間域上逐漸被壓縮，可產生飛秒等級的短脈衝。但由於應用非線性效應的腔長必須受限制，腔長短則脈衝重複率低。

就鎖模雷射而言，不管是可輸出超短脈衝的被動鎖模光纖雷射或是可有很高脈衝重複率主動鎖模光纖雷射都已有商品在賣，這顯示鎖模光纖雷射的技術可算是相當成熟，實際的應用也與日俱增。高功率光纖雷射在工業界中的應用應該是目前正在發生的一個技術革命，透過MOPA（Master Oscillator Power Amplifier）架構的使用，也可以達到很窄的雷射線寬。目前文獻上已經有超過 kw 的光纖雷射之報導，這樣的光纖雷射已足以同原有的工業用雷射來作競爭。這也顯示了隨著半導體激發雷射及光纖雷射技術的進步，光纖雷射也開始進入工業界，而不再只是侷限於光通訊上的應用。

7.4　光塞取多工器

接取端的頻寬需求讓都會 DWDM 系統由原先點對點架構演進成環狀或網狀架構，而OADM成爲DWDM系統中不可或缺的角色。傳統的光塞取多工器包含光學的解多工器、多工器、以及在其間交換、取出和塞入訊號的通道組合。以下簡單介紹 OADM 的幾種架構。

7.4.1 單向及雙向光纖光柵型光塞取多工器

單向光塞取多工器可以看成是光纖光柵型 OADM，基本上是於兩光循環器（optical circulator, OC）之間放置一個 FBG[4]，如圖 7.12 所示。當有 n 個傳輸信號從 OC 1 的 port 1 進入，再從 OC 1 的 port 2 輸出遇到 FBG，其符合 FBG 反射波長的傳輸信號會被反射，反射之信號會再從 OC 1 的 port 2 進入，最後從 OC 1 的 port 3 取出，至於其他信號會從 OC 2 的 port 2 進入，再從 OC 2 的 port 3 輸出；而塞入信號則是從 OC 2 的 port 1 進入，再從 OC 2 的 port 2 輸出遇到 FBG 時會被反射，最後從 OC 2 的 port 2 進入，再從 OC 2 的 port 3 輸出。此架構優點是有好的波長選擇性、濾波效果佳、構造簡單，並可以彈性擴展光纖網路之性能。

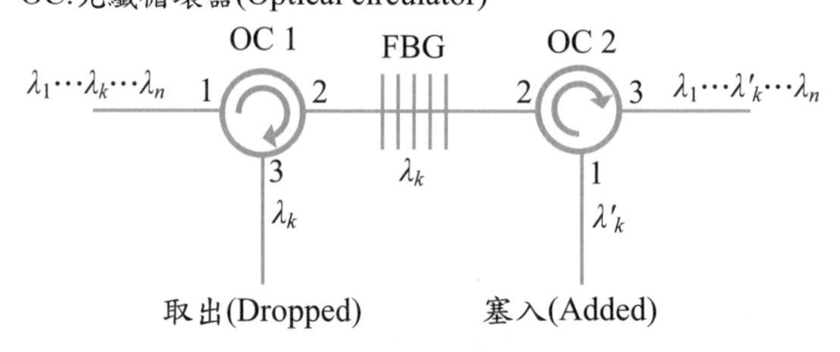

圖 7.12 光纖光柵型 OADM。

圖 7.13 是雙向 OADM 光路架構圖，在此架構中所用到的元件有：兩條光纖光柵、兩顆 3 埠及一顆 4 埠的光循環器。此架構之操作也是分別在兩個方向各輸入兩個信號波長，一個作爲取出的信號，另一個則作爲穿透的信號，將 λ_1、λ_3 從 OC 2 的 port 1 輸入從 port 2 輸出，碰到 FBG 1，其符合 FBG 1 反射波長的信號（λ_3）會被反射，反射之信號會由 OC 2 的 port 2 進入從 port 3 被輸出，此爲穿透

信號；而沒有符合 FBG 1 反射波長的信號（λ_1）將會直接穿過 FBG 1 進入 OC 1 的 port 2 再從 port 3 被取出，此為取出信號；塞入信號（λ'_1）則是由 OC 1 的 port 1 進入從 port 2 輸出，穿過 FBG 1 進入 OC 2 的 port 2 再從 port 3 被輸出。同理，將λ_2、λ_4從 OC 2 的 port 3 輸入，穿透信號（λ_4）會由 OC 2 的 port 1 輸出，取出信號（λ_2）會由 OC 3 的 port 3 被取出，塞入信號（λ'_2）則由 OC 3 的 port 1 輸入，最後會由 OC 2 的 port 1 輸出。

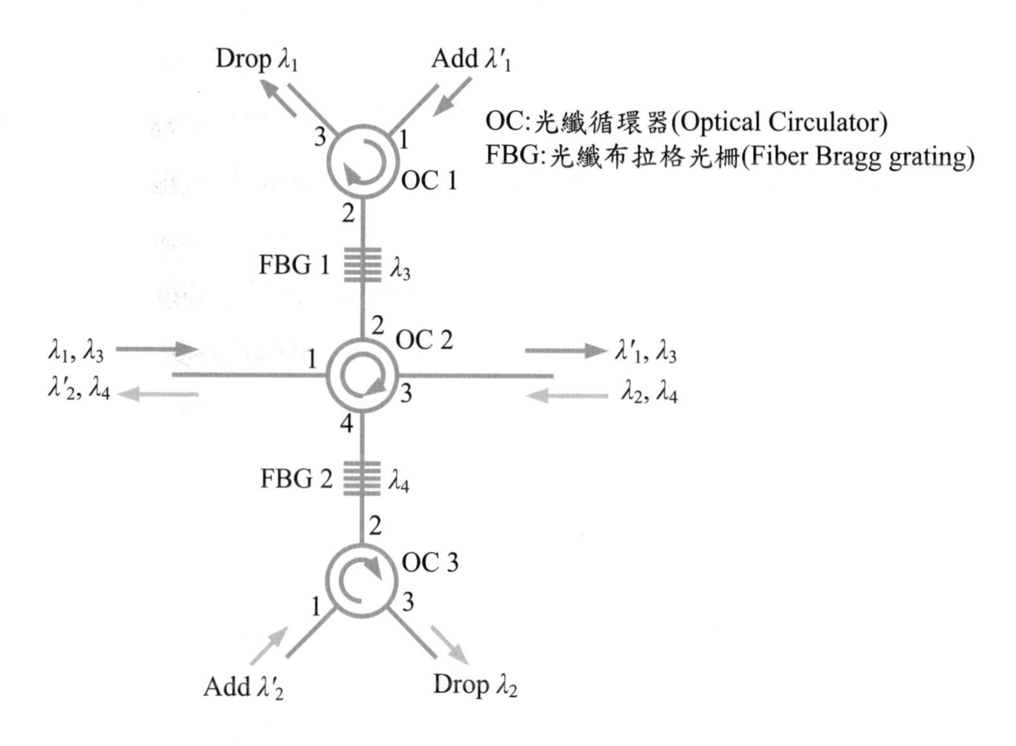

圖 7.13　雙向光塞取多工器架構[5]。

7.4.2 可重構（reconfigurable）雙向光信號塞取多工機

固定式 OADM 通常只能塞取出預先設定的固定波長及數量的信號，由於光信號傳輸時會有不可避免的變化，導致需要花時間來進行管理、配置與干預，嚴重時還需換購新設備來因應網路的需求，甚至還有可能對網路服務產生影響。而可重構 OADM 則是提供了波長選擇的靈活性，因此縮短了網路服務的時間、簡化網路規劃和網路管理，並降低了網路作業成本及複雜性。其光路架構如圖 7.14 所示，工作原理和圖 7.13 的光路架構二相同，較不同的是需要波長可調光纖光柵（tunable Fiber Bragg grating, TFBG）來調整反射之波長，決定讓那些波長被取出，那些波長被穿透。

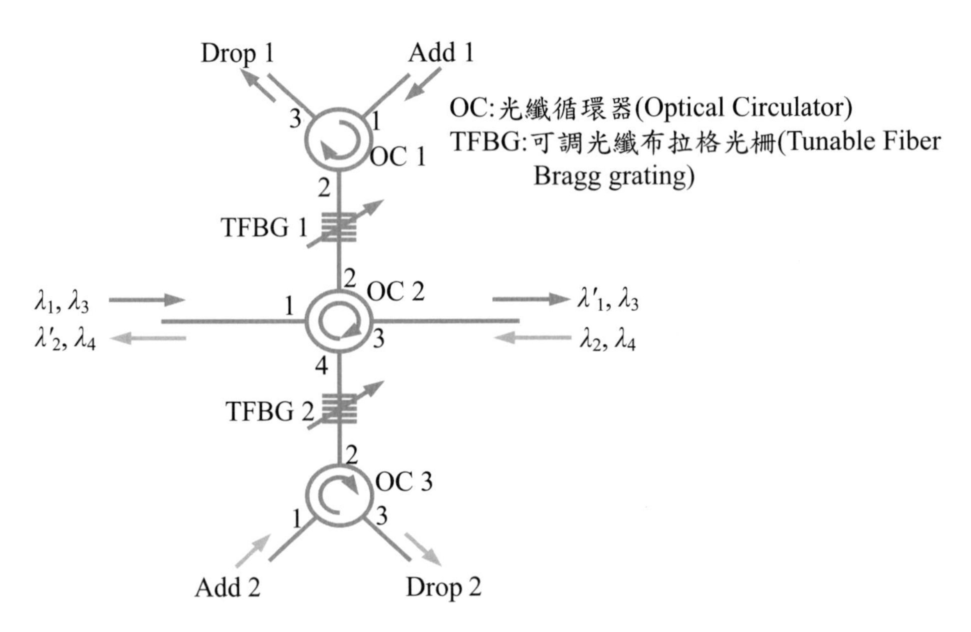

圖 7.14　可重構雙向光信號塞取多工器[6]。

習　題

1. 比較光纖放大器和光纖雷射的主要相同點和差異點。
2. 1mW 的光打入光纖放大器，其增益為 20dB，求放大之後的訊號功率為多少 dBm？
3. 可重構雙向光信號塞取多工器與一般光信號塞取多工器相比較，在功能上有何不同？
4. 高速 100G 的光網路，若是利用脈衝光纖雷射當光源，則脈衝寬度最寬可為多大？雷射重複率最低是多少？

參考文獻

[1] Hecht, "Optics," Wiley, 1990.

[2] P. C. Becker, N. Anders Olsson and J. R. Simpson, "Erbium-Doped Fiber Amplifiers: Fundamentals and Technology," Wiley, 1999.

[3] B. E. A. Sahal and M. C. Teich, "Fundementals of Photonics," Wiley, 1991.

[4] C. Riziotis and M. N. Zervas, "Performance comparison of Bragg grating-based optical add-drop multiplexers in WDM transmission systems," *IEE Proceedings Circuits Devices and Systems,* vol. 149, no. 3, pp. 179-186, Jun. 2002.

[5] 鄭婉玲，"雙向光信號塞取多工器之研製 ,"，台灣科技大學電子工程研究所碩士論文，2006。

[6] S.-K. Liaw, W.-L. Cheng, Y.-S. Hsieh, C.-L. Chang and H.-F. Ting, "Power compensated bi-directional reconfigurable optical add/drop multiplexer using built-in optical amplifier," 2008 Optical Fiber Communication Conference (OFC2008), Paper No. JWA39, San Diego, CA, USA 2008.

第八章

光纖通訊

前　言

光纖是現代通訊網路中傳輸資訊主要的介質之一，因為其具有許多優越的性能，可以滿足資料傳輸業務爆炸式的增長，所以除了幹線（核心）通訊系統均採用光纖進行傳輸，區域網路、社區甚至到住家中，都有愈來愈多光纖被使用作為傳輸訊號的介質。在光纖通訊不斷地提升傳輸的總頻寬的趨勢下，有賴於分波多工（WDM）技術發展和光纖技術的突飛猛進，使得橫跨國際的海底光纜的傳輸系統已提供超過 1Tb/s 速率。本章節將主要介紹光通訊歷史發展，如何設計一個光通訊傳輸系統，設計數位與類比光通訊系統的差異為何，分波多工技術以及 SONET/SDH 標準規範之介紹。

8.1　光通訊的發展過程

光通訊系統的研究始於 1975 年，在這三十多年間來經過了相當巨大的演進變化過程，圖 8.1 顯示整個大致的發展過程，系統傳輸頻寬與光纖長度的乘積（BL）成指數關係增長，光通訊系統的發展歷程可以約分為幾個時期：

1. 1980 年，使用砷化鎵（GaAs）半導體雷射為光源，傳輸波長為 0.8 μm，操作速率只能到 45 Mb/s，傳輸距離約 10 公里，就必須加一中繼站（repeater），由於寬頻譜光源與多模光纖的使用而限制傳輸距離。
2. 1980 至 1987 年，磷砷化鎵銦（InGaAsP）雷射出現，使得傳輸波長移到 1.3 μm 窗口，可以避免光纖的色散效應影響訊號品質。到了 1987 年才發展出商用單模光纖傳輸 1.7 Gb/s 資料速率，可傳輸 50 公里，仍受限於光纖於 1.3 μm 波段的

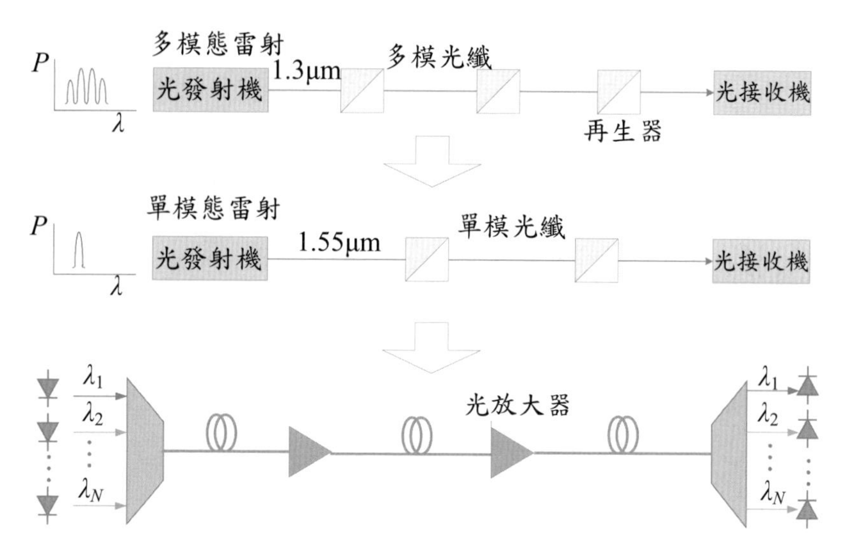

圖 8.1　光通訊系統的發展歷程[1]。

高損耗值，光放大器大約爲 1987 年出現，增加了光纖傳輸距離。

3. 1990 年，傳輸波長使用 1.55 μm，由於色散位移光纖與單縱模半導體雷射的結合，使得傳輸速率可以達到 2.5 Gb/s 甚至到 10 Gb/s，缺點是傳輸距離受限於 60 至 70 公里，必須使用光-電-光轉換的再生器（Regenerator）。

4. 1996 年，發展分波多工（Wavelength-division multiplexing; WDM）技術用來增加位元速率，當傳輸速率爲 5 Gb/s，可成功地傳輸 11,300 公里的距離，每間隔 60 至 80 公里就會插入一光放大器提升光功率。

5. 2002 年之後，傳輸總頻寬可以到達 10 Tb/s 以上，C-band 波長已經不夠使用，並且光接取網路也積極鋪設，因此 L-波段與 S-波段光波長都相繼地實用化，這兩個波段的光放大器也被開發，傳輸的訊號也邁向多元化的發展。

8.2 光纖網路之結構

若是以光纖傳輸網路涵蓋的服務範圍而區分，分為三種類型：

1. **廣域網路**（Wide Area Network, WAN）

傳輸範圍可達幾千公里，如國與國之間網路連結。

2. **都會網路**（Metropolitan Area Network, MAN）

傳輸範圍約為幾百公里，如全台灣的電話交換網路，或是有線電視（CATV）分配系統。

3. **區域網路**（Local Area Network, LAN）

傳輸範圍約為幾十公里內，如乙太網路。

我們可以把光纖通訊系統之結構簡化為三類，分別是點對點傳輸、點對多點分散之傳輸網路及區域網路，這些系統可以用來連接各種節點，這些節點可以是交換機、終端機、電腦、工作站等等網路裝置。

8.2.1 點對點系統

為光纖通訊系統最簡單的一個架構，傳輸距離可以是幾十公尺的室內傳輸，例如在一棟大樓內部或兩棟大樓之間電腦資料使用光纖傳輸，就是短距離點對點傳輸應用，在這種應用中，不需注重光纖的低損耗及寬頻寬能力，而是主要依賴光纖的抗電磁干擾的優點，相反的另一種應用在於數千公里之跨海傳輸，在超長的海底光纜傳輸系統中，光纖的低損耗與寬頻寬的特點是十分重要的。

當傳輸距離超過一定範圍（例如使用 1.55 μm 波長，經過 100 公里光纖），光訊號必須放大以補償光纖的損耗，圖 8.2(a)和圖 8.2(b)分別是採用光－電－光再生中繼站，與使用光放大器作爲中繼站的點對點傳輸架構，直到 1990 年才有光電再生器，其包含一對光接收機與光發射機，將偵測到的光訊號復原轉換成電訊號序列，再驅動另一個光源轉成光訊號形式，此方式的頻寬將會受限。光放大器能有效地放大光訊號並且適合應用於 WDM 系統，但是會額外增加雜訊，尤其是系統中存在多級光放大器時，另外也易受光纖的色散與非線性影響。新一代的光電再生器包含三個功能：訊號的再生放大（re-amplification）、波形整形（reshaping）與時脈恢復（retiming），稱作 3R。

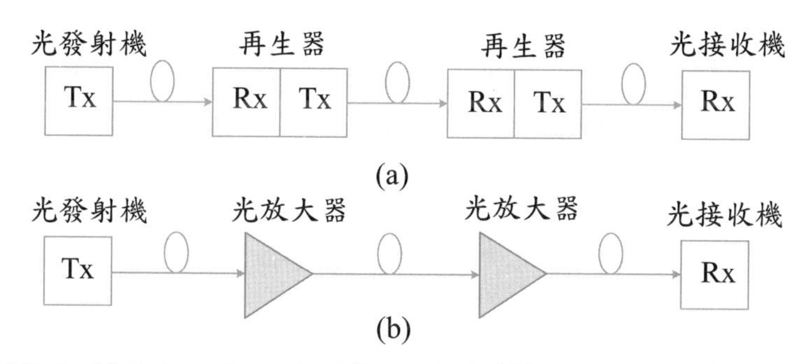

圖 8.2 點對點光傳輸系統(a)加入再生器，與(b)加入光放大器，對光訊號衰減進行補償[2]。

每一段光纖的傳輸長度 L 爲重要的設計參數之一，光纖的色散值隨著光纖長度成正比增加，會限制系統傳輸頻寬，因此，系統總頻寬與光纖長度乘積 BL，是代表傳輸系統性能的重要指標。光纖色散值也與系統傳輸光波長有關，所以對第一代光纖系統採用 850 nm 工作波長而言，BL 典型值約爲 1 Gb/s · km，之後系統採用 1.55 μm 波長的光源，目前可將 BL 提升到超過 100 Tb/s · km。

8.2.2 廣播分配網路

光纖通訊系統的應用之一是將資訊同時傳送給一個群組內的所有用戶，被稱作廣播分配系統，例如提供本地迴路分佈的電話業務，分散廣播有線電視（CATV）或是衛星電視訊號，甚至是整合影像與語音的綜合數位業務（Integrated-Services Digital Network, ISDN）到用戶。這樣的網路具有廣播多重服務內容的能力，傳輸距離相對地短（約 50 公里內），但是一個寬頻ISDN服務的傳輸資料速率可達 10 Gb/s。

圖 8.3 顯示兩種廣播分散式網路的結構--樹枝狀（Tree）與匯流排（Bus）形式，樹枝狀結構中，通道的分配由中央機房（或稱作 Hub）處理，具自動交叉互連（Cross-connect）功能，在電訊號層級上做通道的切換，這樣網路型態叫作都會型網路（MAN），中央機房通常位於主要城市中，光纖的角色如同點對點的傳輸，由於光纖頻寬遠大於一個中央機房所需要頻寬，因此好幾個中央機房可以共用一條光纖。電話網路利用樹枝狀結構可以分配連接一個城市內所有的語音頻道，必須要注意的是光纖會決定系統的可靠度，當光纖發生斷點系統將中斷服務。

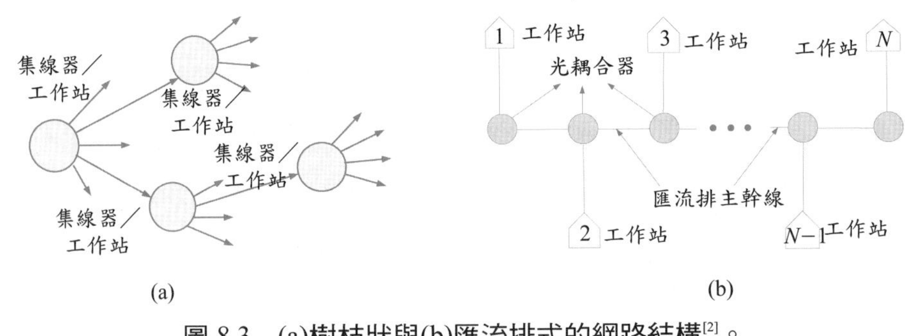

圖 8.3 (a)樹枝狀與(b)匯流排式的網路結構[2]。

匯流排架構是以單一光纖傳送多個通道的光訊號提供一定範圍內的服務，光訊號的分配是藉由光纖分歧器，擷取一小部分光訊號至每個用戶，最簡單的應用爲有線電視傳輸系統，廣播傳送多個影像頻道至每個用戶家中，光纖傳送最多包含上百個頻道，高解析度電視訊號（Highdefinition television, HDTV）的出現更需要透過光纖傳送，因爲其具有 1 GHz 以上的總頻寬。

問題是光訊號的衰減隨著光纖分歧器數目呈現指數函數地增加，而限制了服務的總用戶數量，若是不考慮光纖的損耗，第 N 個光纖分歧器的光功率可表示成：

$$P_N = P_o C[(1-\delta)(1-C)]^{N-1} \tag{8.1}$$

其中 P_o 爲頭端機房發射的光功率，C 爲從光纖分歧器分出去光的比例，δ 爲光纖分歧器的光衰減量。

8.2.3 區域網路

光纖網路另一個服務需求是針對一個小區域內有大量使用者的應用，例如校園網路，任何使用者可以進入網路隨意地傳送資料給其他使用者，這樣的網路稱作區域網路（LAN），傳輸的距離較短（< 10 km），光纖的損耗幾乎不用擔心，區域網路的架構很重要，因爲需要建立預先定義的通訊協定於這樣網路中作溝通，三種一般常見的網路架構有匯流排，環狀與星狀，匯流排架構如同圖 8.3 (b)所示，應用最廣的就是乙太網路（Ethernet），圖 8.4 中的環狀與星狀是區域網路廣泛使用的網路結構，必須提供每個用戶任意的雙向收發功能，每個用戶可以發送資訊至網路中的所有其他用戶，同時也能接收所有其他用戶發送的資訊，電話網路和電腦乙太網路就是屬於這種結構，如果系統只使用一個光載波，需搭配

使用電分時多工技術，和相關的協定，若可以使用分波多工技術，結合交換，路由或分配載波頻率的技術，實現用戶之間無縫連接。

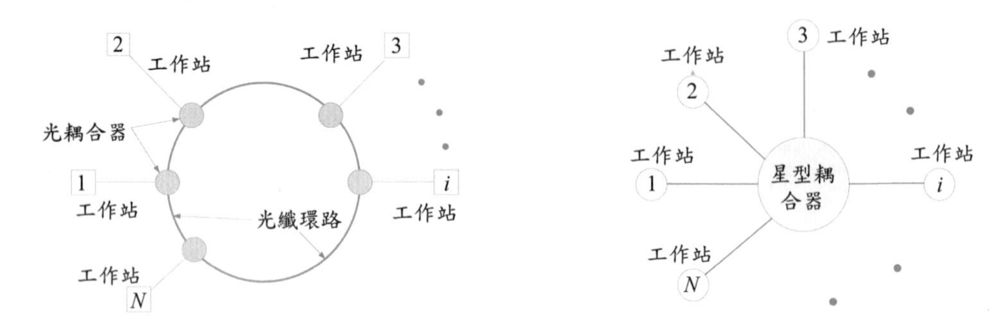

圖 8.4　環狀與星狀的網路結構[2]。

環狀架構中多個節點彼此相連形成一個封閉的環狀，每個節點都具有發射接收機，一旗幟訊號（Token，已定義的位元序列訊號）沿著這環狀結構傳送，每個節點會監測此旗幟訊號，當偵測到為此節點的位址時才作資料的接收，此結構已被商業化並制定介面的標準為光纖分散資料介面（Fiber Distributed Data Interface, FDDI），使用 1310 nm LED 光源與多模光纖，可以操作 100 Mb/s，主要應用於低速 LAN 或是工作站之間的互連。

星型架構中，所有節點以點對點連接方式連接到中央節點（或稱作 Hub），若是使用被動的 N×N 光耦合器，從一個節點輸入可以連接到很多個節點輸出，到每個節點的光功率為 Po/N（忽略傳輸的損失）。

8.3 光通訊傳輸系統設計

8.3.1 系統設計之考量

光纖具有低損失，頻寬大，體積小等優點，當然光纖通訊系統的設計必須善用這些優越的特性，一般依訊號傳輸方式可分爲數位傳輸及類比傳輸兩大應用，就光纖通訊系統的特性而言，較適合數位訊號傳輸，但就頻寬使用率而言，類比傳輸方式較佳。

光纖通訊系統在設計前必須優先考量的因素如下：

1. **傳輸光波長**

光纖通訊系統設計的重要參數爲光纖的損耗與色散值，是系統性能主要的限制因子，兩者與入射光波長有關，因此傳輸工作的光波長爲設計重點。

2. **系統總傳輸頻寬**

將決定光電元件的選擇。

3. **預計傳輸距離**

將考慮系統中是否要加入光放大器來放大光訊號。

4. **訊號傳輸品質**

數位系統的評估使用接收訊號的位元錯誤率（BER），類比系統則是判斷接收訊號的載波雜訊比（CNR）。

5. **光通訊系統的成本。**

6. **系統的可靠度、維修與監控等。**

我們首先考慮單一通道的傳輸距離與傳輸資料速率如何受到光纖的損耗與色散的影響。圖 8.5 中的實線代表三種常用的光波長爲 0.85、1.3、1.55 μm，各自的衰減值為 2.5、0.4、0.25 dB/km，相對應的資料位元速率與傳輸距離關係。使用 0.85 μm 光波長，會有較短的傳輸距離，因為光纖損耗大，當傳輸 10～25 公里距離，就要加上一光再生器，相反地，使用 1.55 μm 波長，光再生器的間隔約為 100 公里。若是傳輸的資料是在 5 Mb/s 以下，用銅線傳送電訊號反而會比使用 0.85 μm 波長傳送光訊號的距離更長（圖中點線），從圖中可以得到光通訊系統設計的重要參考，對大部分區域網路應用，滿足 $B < 200$ Mb/s 以及 $L < 20$ km 的要求，可以使用 0.85 μm 光波長就足夠，若是長途光通訊系統，傳輸速率超過 2 Gb/s，就只能選擇 1.55 μm 光波長，還有其他參數需要考量，如光發射機與光接收設計、不同元件間相容性、價格與系統性能等。

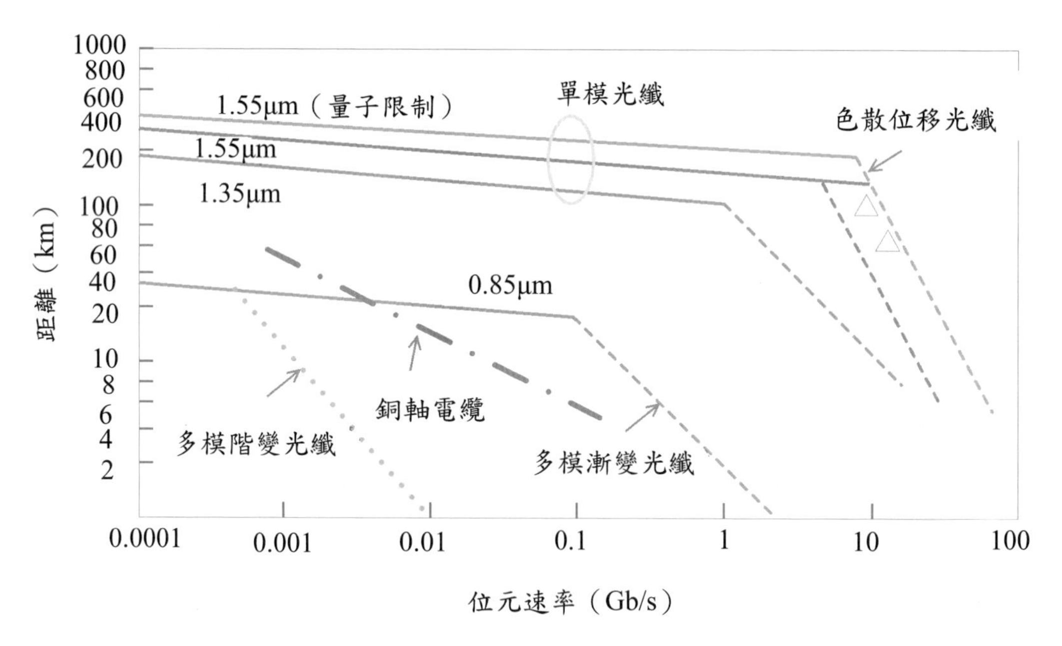

圖 8.5　使用不同傳輸介質下，系統的傳輸資料速率與傳輸距離的關係[3]。

8.3.2 數位光纖通訊系統設計

我們開始進行設計一光纖通訊系統時，有些系統需求必須先了解，例如預期傳輸距離，傳輸資料速率，光纖數位傳輸系統是由光發訊器、光纖、和光受訊器所組成。光發射器一般包含信號源、信號編碼器和電光轉換器（LD 或 LED）；由光發射器輸出的光訊號經光纖傳輸後到達光接收器端；光接收器包含檢光二極體（PD）、前置放大器（Trans-impedance Amp）、限幅放大器（Limiting Amp）以及時序再生電路（CDR），以回復傳送的數位訊號。以下就電/光與光/電元件特性作詳細地說明：

1. **光發射器**

光發射器的作用是將電信號轉變成光信號，再送入光纖線路中傳輸。它主要是由光源和驅動電路兩部分組成，但實際上，爲了工作穩定，使用和維護的方便還必須增加一些輔助電路，如自動功率控制（APC）抱持一定的光輸出功率、自動溫度控制（ATC）使雷射不受外在環境溫度影響特性，其他還有各種保護及監控電路等等。對光發射器之要求如下：

⑴合適的輸出光功率。光功率越大，可通訊傳輸之距離就愈長，但功率過大也可能會使系統工作在非線性狀態，對傳輸將產生不良影響。因此，要求光源要有合適的光功率輸出，一般在 0.01～5 mW。同時，也要求輸出光功率要保持穩定，在環境變化或器件老化之過程中，穩定度要求在 5～10%。

⑵高光明滅比（Extinction ratio）。作爲一個被調變之光源，希望在傳送訊號「0」時沒有光功率輸出，使得傳送訊號「0」與「1」準位比值愈大愈好，否則將使接收端得到雜訊，接收機之靈敏度降低，因此，一般要求光明滅比 > 10 dB。

⑶高調變頻率。要求調變效率和調變頻率要高，使滿足大容量、高速率光纖通訊系統之要求。目前市面上雷射光源最高直接調變的頻率爲 10 GHz 左右。

除上述之要求外，通常還會求電路盡量簡單、成本低、光源壽命長等。

2. 光接收器

光發射器將調變訊號載送於光源輸出，耦合至光纖後，經過光纖傳輸，其中會歷經光訊號的衰減與雜訊源的摻雜，這時光接收器的主要任務就是將微弱的光訊號轉變爲電訊號，以最小的雜訊及失真，恢復及檢測出光載波所攜帶之訊號。對光接收器的要求如下：

⑴響應度（Responsivity）要高。響應度代表的 1 瓦特的光輸入，可以轉換成多少安培的電流輸出之參數，進入光接收機的光訊號是極其微弱的，有時只有 1 μW 左右，爲了能得到較大的訊號電流，光接收器的響應度要儘可能的大。

⑵響應速度要快。一般來說，爲了提高光纖通訊系統的功能・光接收器的響應速度需比系統的傳輸資料速率快，即光接收器應該有足夠大的頻寬，才不會造成訊號暫態響應不足而得到額外的失真，像是訊號脈波的上升與下降時間增加。

⑶雜訊愈小愈好。爲了提高系統的功能，要求系統的各個組成部份的雜訊（電路雜訊）要足夠小，當然對檢光器（Photo diode）也不例外，檢光器會受到量子雜訊、暗電流雜訊、雪崩倍增雜訊的影響，而且檢光器是在接收極其微弱的光訊號條件下工作，所以減小其雜訊是必要的。

⑷穩定性要高。光接收器的主要特性會隨外界溫度而變化，因此變化要盡可能小，以提高系統的穩定性和可靠性。

對於一般數位光纖傳輸系統的訊號品質之量測重點分別爲：眼形圖（Eye Patterns）、誤碼率（Biterror rate, BER）、及光明滅比（Extinction ratio）等方面。

1. 眼形圖

一個高速率數位訊號傳輸的效能，可經由量測接收到訊號的眼形圖來分析。眼形圖是一簡單的時域量測方法，使用高取樣速率的示波器上眼形圖的觀測，提供了相關於數位訊號效能分析之資訊。虛擬隨機序列產生器提供一資料串列，使用者可編輯其圖樣（Pattern）長度及位元週期。假設設定爲 $2^{15}-1$，在傳送 15 個位元資料後，訊號本身則再次重複。所接收到的資料送入示波器的輸入端，而資料的時脈則成爲示波器的觸發訊號來源。產生的眼形圖如圖 8.6 所示，爲資料脈衝的不斷地重疊顯示結果，從眼形圖的觀察可以得到幾項容易觀察的光訊號資訊。

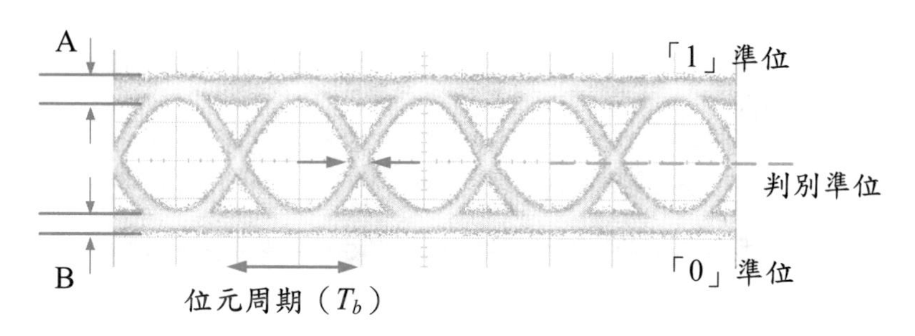

圖 8.6　**具代表性的眼形圖。**

⑴ A 之大小代表傳送邏輯「1」時的雜訊量，B 之大小代表傳送邏輯「0」時的雜訊量。

⑵臨界線的交叉處寬度 C 決定了系統的時間抖動值（Timing jitter）。此 jitter 的定義爲：

$$\text{Timing jitter}(\%)=\frac{\Delta T}{T_b}\times 100\%$$

10%到 90%的上昇時間（下降時間）可由脈波的上昇（下降）處量得。

2. 誤碼率（BER）

數位接收機的性能指標就是誤碼率（BER）所決定，在系統中不可預期的雜訊將引起決策程序中做出偶發的錯誤判斷，誤碼率即將「0」誤爲「1」或將「1」誤爲「0」的機率。誤碼率定義爲位元在傳輸過程中出現錯誤的機率，通常數位接收機要求錯誤率要小於 10^{-9}，進入光接收機的光功率定義為Pr，為接收機最小允許接收光功率值，定義為光接收機的靈敏度（Sensitivity），而影響接收機靈敏度的主要因素是訊號傳輸過程加入了不同的雜訊源所影響，此為衡量一光接收機性能優劣的重要參數，靈敏度的數值愈小代表光在傳輸過程中可以容許愈大的損耗。

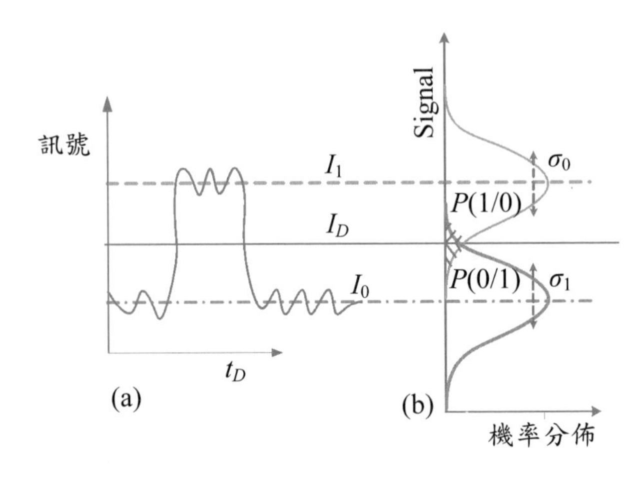

圖 8.7　接收訊號兩個位準的高斯機率分佈。

如圖 8.7 所示，表示光接收機中判決電路後接收到的電流，當 I 大於 I_D 時，就會認定為「1」碼；如果 I 小於 I_D 時，就會認定為「0」碼。如圖 8.7 中表示為「1」碼和「0」碼在平均電流訊號 I_1 和 I_0 附近的高斯機率分佈，而斜線部份為 I_1 小於 I_D 和 I_0 大於 I_D 的錯誤機率。由於接收機的雜訊影響，可能會把 1 判別為 0，0 判別為 1 的情況。假設光接收機所接收到「1」與「0」位元數的機率相等時，$P(1) = P(0) = 1/2$。誤碼率可寫成下式 8.2：

$$BER = \frac{1}{2}[P(0/1) + P(1/0)] \tag{8.2}$$

式子中$P(0/1)$和$P(1/0)$分別爲把 0 判別爲 1 和 1 判別爲 0 錯誤的機率，由於光電轉換的過程中，是非常複雜的隨機過程，因此，不管是 PIN 或是 APD 接收機，都是利用高斯機率分佈，來簡化複雜的隨機過程。在高斯機率分佈下，總均方雜訊電流就等於均方熱雜訊電流和均方散粒雜訊電流的總和。而 1 與 0 的總均方雜訊電流是不同的，因爲在光轉電的時候，「1」所接收的電流爲I_1，「0」所接收的電流爲I_0，所接收的電流也不一樣。因此，我們假設當σ_1^2表示接收「1」的均方雜訊電流，σ_0^2表示接收「0」的均方雜訊電流，我們可以得到

$$BER = \frac{1}{4}\left[erfc\left(\frac{I_1 - I_D}{\sigma_1\sqrt{2}}\right) + \left(\frac{I_D - I_0}{\sigma_0\sqrt{2}}\right)\right] \quad (8.3)$$

證明 BER 與判別臨界的I_D有關，而實際上，可以找出最佳的I_D值使誤碼率達到最小。當誤碼率在最小的時候I_D值應爲：

$$\frac{I_1 - I_D}{\sigma_1} = \frac{I_D - I_0}{\sigma_0} \equiv 0 \quad (8.4)$$

當$\sigma_1 = \sigma_0$，$I_D = (I_1 + I_0)/2$，判決臨界準位會在中間值。將式子 8.3 與式 8.4 結合後可獲得最佳的判決值的誤碼率爲：

$$BER = \frac{1}{2}erfc\left(\frac{Q}{\sqrt{2}}\right) \approx \frac{\exp(-Q^2/2)}{Q\sqrt{2\pi}} \quad (8.5)$$

圖 8.8 中爲Q函數與誤碼率的對應關係圖，由圖可見，隨著Q函數的增加，使得誤碼率下降，當$Q > 6$時，就可以達到誤碼率爲10^{-9}，因此$Q = 6$時的平均接收光功率就是接收機的靈敏度[4]。

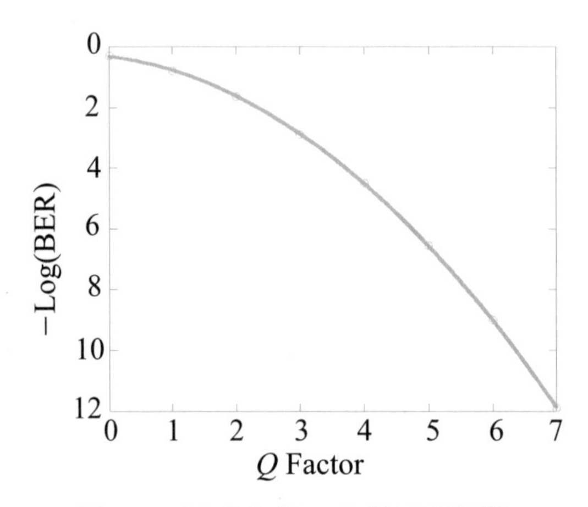

圖 8.8　誤碼率與 Q 函數關係圖[4]。

3. 功率償付因素

系統的設計中，除了光纖的損耗與色散對傳輸之訊號造成影響，還需考量其他的因素，例如光發射機的光明滅比值，雷射的頻率啁啾，模態競爭雜訊等，故首先必須先了解何謂功率償付值（Power penalty）。當一光傳輸系統中只有雷射與檢光器元件，沒有其他造成訊號變差的成分存在時，以位元錯誤率爲 10^{-9} 作參考點，此時進光接收機的光功率視爲理想的光功率準位 P_{ideal}，當系統架構中增加一些元件（如光纖放大器），使得進光接收機的光功率雖保持相同，但光訊號雜訊比（OSNR）下降，因此位元錯誤率增加，必須再提升光功率至 P_e，才能量到相同的位元錯誤率，功率償付的定義爲：

$$PP_x = 10\log\frac{P_e}{P_{ideal}} \tag{8.6}$$

(1)光明滅比

雷射之光明滅比 r_{ex} 定義爲 P_1/P_0，P_1 與 P_0 分別爲訊號關閉（位元「0」）和開啓（位元「1」）時，雷射平均輸出光功率準位，對於使用 PIN 檢光二極體作爲光接收機的系統，明滅比造成的光功率償付值可以表示爲[4]

$$PP_{ex} = 10\log\left(\frac{r_{ex}+1}{r_{ex}-1}\right) \quad \text{dB} \tag{8.7}$$

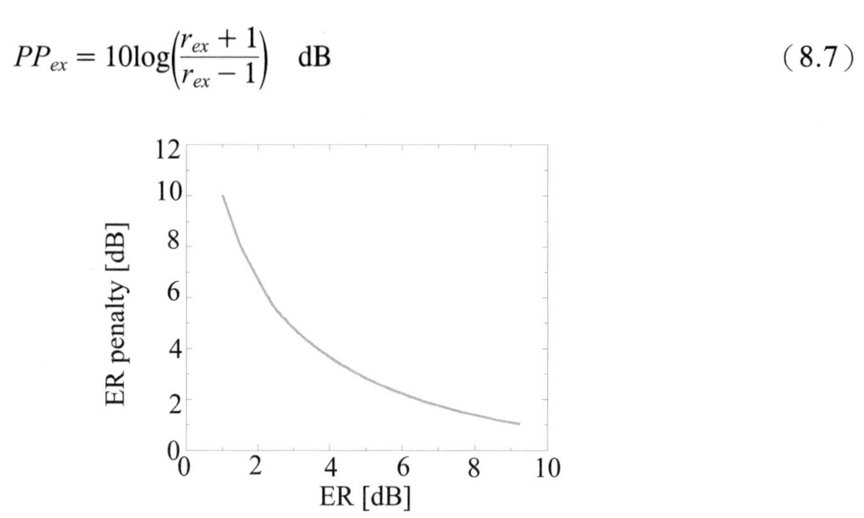

圖 8.9　光明滅比造成的光功率償付值。

⑵頻率啁啾

利用調變訊號直接注入雷射，將造成雷射輸出光功率強度調變，當雷射直接注入調變的電流會改變共振腔內的載子密度和增益，因而改變雷射輸出的功率，另外，載子密度的改變會使共振腔內主動層的折射率發生改變，使共振腔的有效長度發生少量的變化，因而改變雷射的輸出頻率，而此輸出頻率隨著調變電流的變化就叫做頻率啁啾效應。對於採用振幅調變之單模態光纖傳輸系統上卻是一個問題，因爲隨著傳輸距離的增加，會逐漸地使光脈波頻譜變寬，且頻率啁啾值會與光纖中色散互相作用而限制了最大傳輸距離。

由以上可知，不同的雷射輸出功率會對應到不同的雷射輸出頻率，所以調變信號所形成的功率差値也會在頻率領域形成相對應的頻率差值，而這個頻率變化量就是稱爲頻率啁啾值，啁啾值直接與雷射的輸出功率有關，包含兩個分量：一是與輸出功率的時間微分項有關的叫做暫態啁啾（Transient chirp），對雷射輸出光脈波的影響是在上升（Rising edge）與下降邊緣（Falling edge），如同雷射輸出含有相位調變的機制；而第二項直接與雷射輸出功率成正比的叫做絕熱啁啾值（Adiabatic chirp），對雷射輸出光脈波的影響是使訊號「0」與「1」準位是載在不同頻率上，如同雷射輸出含有頻率調變的機制存在。因此，當一個分散式回授型的單頻半導體雷射（DFB LD）直接加入高速的調變訊號時，不單只有光強度被調變，同時伴隨著相位調變和頻率調變的作用。

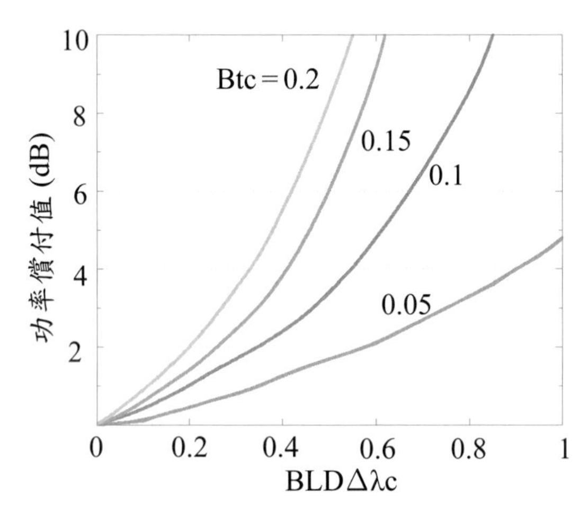

圖 8.10　由頻率啁啾效應造成的光功率償付值[4]。

假設在一個訊號位元內啁啾效應導致線寬增加量為$\Delta\lambda_c$，啁啾導致的光功率償付值為[5, 6]：

$$Y_1 = \{-(4\pi^2/3 - 8)\, B^2 DL\Delta\lambda_C\, t_C[1 + (2B/3)(DL\Delta\lambda_C - t_C)]\}$$
$$PP_{chirp} = -20\log_{10}\,(Y_1)\text{ dB} \qquad (8.8)$$

t_C是發生波長變動的時間，B為訊號速率，L是傳輸光纖的長度，D為光纖的色散參數，$\Delta\lambda_C$是雷射直調時，導致波長變動的最大範圍，式子（8-8）是從估計接收端的訊號眼形圖開口率的觀點，評估頻率啁啾造成的光功率償付值，若是傳輸系統採用的是多模態的光源或是多模光纖之時，其餘還有光纖模態色散，光源模間競爭雜訊等現象會造成額外的功率償付值。

8.3.3 類比光纖通訊系統設計

系統簡介

下圖 8.11 顯示一個基本的類比傳輸系統，類比訊號品質的好壞關鍵在於雷射元件，參數包含諧波失真（Harmonic distortion），交互調變項成分（Intermodulation products），相對強度雜訊（Relative intensity noise）及截波現象。光纖應該有平坦的振幅響應與群速度延遲（Group-delay）響應避免失真，光接收機存在的雜訊源包含散粒雜訊（Shot noise），熱雜訊（Thermal noise），電放大器雜訊。

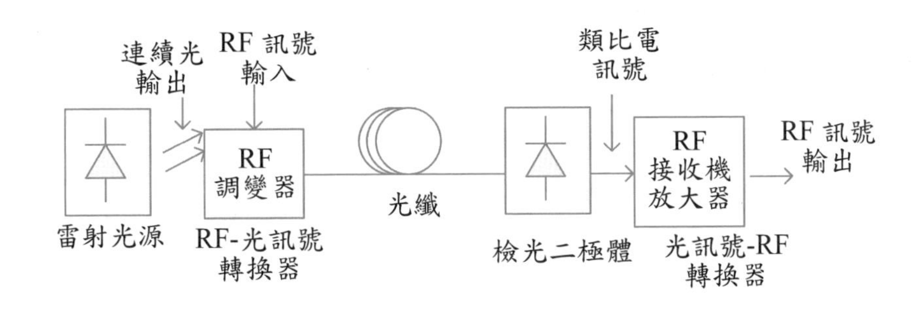

圖 8.11　一基本的類比傳輸系統[2]。

1. **載波雜訊比**（Carrier-to-noise ratio, CNR）

假設載上光源的類比訊號是一正弦波 $S(t)$，所以驅動雷射的電流源是一固定偏壓電流加上此正弦波訊號，相對地雷射輸出光功率可以表示成：

$$P(t) = P_o[1 + mS(t)] \tag{8.9}$$

其中 P_o 是輸出平均光功率，m 爲光調變指數（Optical modulation index），或稱作光調變深度，可以表示爲峰值光功率與平均光功率的比值，爲：

$$m = \frac{P_{peak}}{P_o} \tag{8.10}$$

以類比系統應用而言，m 大多介於 0.25 至 0.5 的範圍。

光接收機接收光訊號後，輸出的載波功率爲：

$$C = \frac{1}{2}(mR\overline{P})^2 \tag{8.11}$$

式子中 $\overline{P}$ 爲平均光功率，R 爲檢光器的響應度。

若只可考慮光接收機的雜訊源，包含散粒雜訊，暗電流與熱雜訊，可以表示成：

$$\langle i^2_N \rangle = \sigma^2_N \approx \langle i^2_{shot} \rangle + \langle i^2_{dark} \rangle + \langle i^2_{thermal} \rangle \tag{8.12}$$

所以載波雜訊比爲：

$$CNR = C/\sigma^2_N \qquad (8.13)$$

當然，光源本身的強度雜訊也必須考慮，此參數稱作相對強度雜訊（RIN），定義爲：

$$RIN = \frac{\langle (\Delta P_L)^2 \rangle}{\overline{P}_L} \qquad (8.14)$$

雷射光源於直流操作下，$\overline{P}_L$ 爲輸出的平均光功率，$\langle (\Delta P_L)^2 \rangle$ 爲強度變動量的均方根值，單位爲 dB/Hz，一般的 DFB 雷射的 RIN 典型值約 −150 到 −155dB/Hz。

2.類比傳輸系統範例

(1)電視類比信號傳輸

電視類比信號傳輸採用次載波多工系統（SCM）技術的設計。在電視影像傳輸中，其所需的載波雜訊比（CNR）對 VSB-AM 而言爲 40～45dB，FM 爲 15～20dB。在 SCM 技術上，於頻域上適當地安排其各頻率通道。當傳輸通道爲一非線性，則會因不同的射頻載波而產生內部調變失真。在光纖傳輸系統中，雷射的截波（Clipping）效應則爲非線性失真的主要來源，如圖 8.12 所示，當輸入電流過小，輸出的訊號零準位的光功率值產生截波現象，使得電視影像訊號無法順利還原。

在有線電視（CATV）系統中，加於雷射的驅動電流一般含有數十個頻道的影像和聲音訊號，每一頻道之頻寬爲 6MHz，其載波頻率之間隔爲 7.25MHz，上述的失真成份將造成不同頻道的影像和聲音訊號互相重疊而使傳輸品質變差。

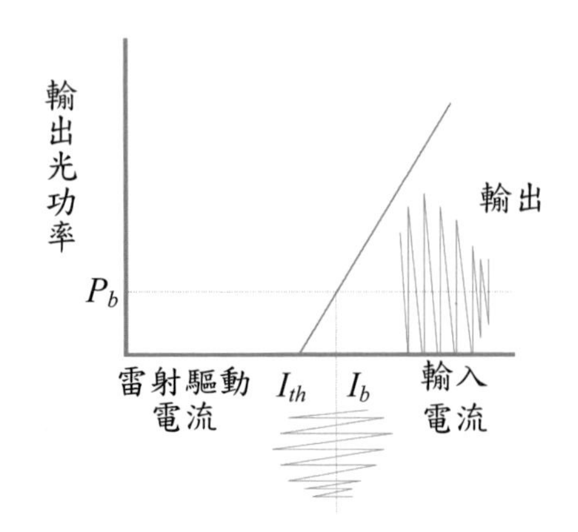

圖 8.12　雷射截波所致的非線性失真。

我們採用一個正弦波訊號以探討雷射二極體造成的二次及三次諧波失真。若正弦波的頻率爲f，則其二次及三次諧波的頻率分別爲 $2f$ 及 $3f$。此外亦可以兩個不同頻率（f_1 和f_2）的正弦波訊號測量其交互調變失真（Inter-modulation Product），顯示於圖 8.13 中，二次失真產生的頻率成份爲$|f_1 \pm f_2|$；而三次失真將產生具$|2f_1 \pm f_2|$和$|f_1 \pm 2f_2|$的頻率成份。若輸入訊號含三個以上的諧波成份，則二次失真項將出現在所有$|f_i \pm f_j|$組合的頻率成份；三次失真項將產生所有$|f_i \pm f_j| \pm f_k$ 組合的頻率成份。

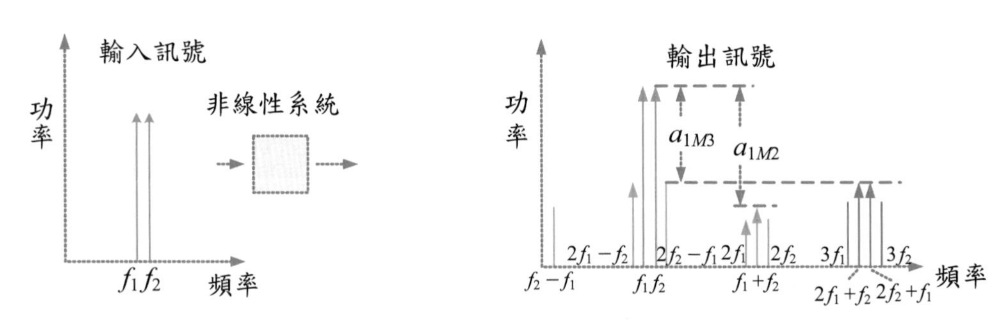

圖 8.13　經非線性轉換函數展開後的輸出頻譜圖（到三階）[7]。

一般是利用複合二階拍差比（Composite second order, CSO）失真比值及複合三階拍差比（Composite triple beat; CTB）失真比值來評估一系統之非線性失真嚴重度。市面上產品對CSO及CTB的參數數值要求約60～70dB。由於二次失真項將落在每一頻帶的通道內，而三次失真所產生的主要頻率成份將與各載波頻率重疊，因此這兩項參數值格外重要，CSO與CTB之定義如下：

$$CSO = \frac{P_c}{P_{CSO}} \tag{8.15}$$

其中P_c為載波功率，P_{CSO}為位於CSO頻率成份中之最大功率值。CSO頻率成份係指落於該頻道內由二次失真項所產生的諧波成份（$|f_n \pm f_{n+1}|$），n代表第n個頻道。

$$CTB = \frac{P_c}{P_{CTB}} \tag{8.16}$$

其中P_{CTB}為位於載波頻率之所有三次失真成份之最大功率值。

⑵射頻上載光纖系統

射頻（Radio frequency）範圍是從微波（microwave）到毫米波（millimeter-wave）頻率範圍，通常用於雷達，衛星通訊及有線電視系統，訊號範圍包含0.3～3GHz的UHF頻帶，3～30GHz SHF頻帶，傳統射頻訊號的傳輸是由無線或是銅纜，但因為光纖有許多優於銅纜的好處，因此近年來積極地發展出射頻訊籍由光纖傳輸的技術，稱作射頻上載光纖傳輸（Radio over fiber, ROF）技術，圖8.14顯示一個射頻上頻載光纖的架構示意圖。

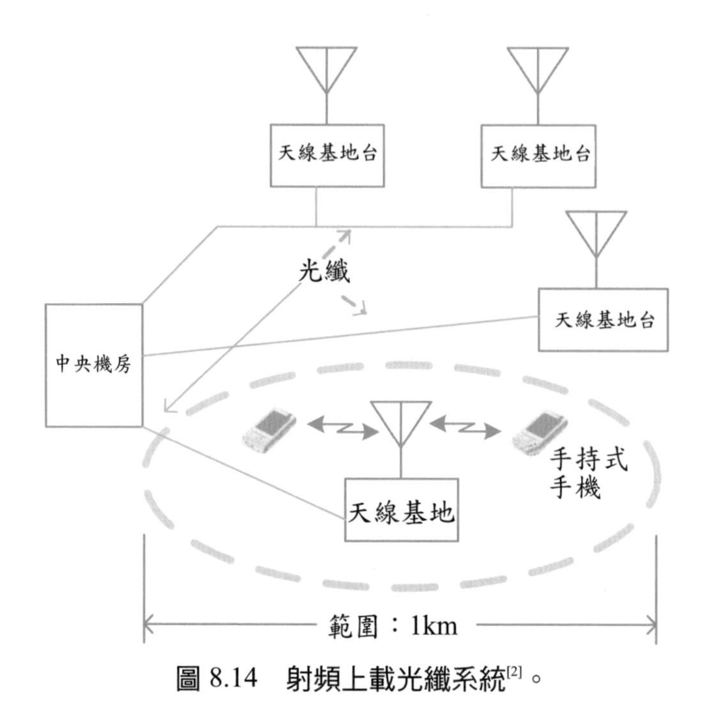

圖 8.14　射頻上載光纖系統[2]。

在ROF傳輸系統中，線路增益（Link Gain），雜訊指數（Noise Figure, NF）與無雜散動態範圍（Spurious-free Dynamic Range, SFDR）是三個重要參數。

線路增益（Link Gain）定義爲 RF 功率載上雷射前，與經過光纖系統還原後的 RF 功率之間的比值，可以寫成：

使用直接調變方式

$$G = \frac{P_{RF\_OUT}}{\overline{P}_{RF\_IN}} = \eta^2{}_L \eta^2{}_D T^2{}_F \frac{R_O}{R_{LD}} \tag{8.17}$$

使用外部調變器（馬赫-任德干涉調變器）方式

$$G = \frac{P_{RF\_OUT}}{\overline{P}_{RF\_IN}} = \left(\frac{T_f P_I \pi}{2V_\pi}\right)^2 \eta^2{}_D R_{MOD} R_O \tag{8.18}$$

η_L：雷射的轉換效應（slope efficiency）；η_D：光接收器響應度（Detector Responsivity）；

T_f：光纖傳輸損耗值；

$R_O\,R_{LD}\,R_{MOD}$：分別爲光接收機輸出端負載阻抗，雷射輸入阻抗，調變器的輸入阻抗值。

P_I：電光調變器的輸入光功率值。

雜訊指數（NF）的定義爲

$$NF = \frac{SNR_{IN}}{SNR_{OUT}} = 10\log\left(\frac{N_{out}}{kT_0G}\right) \tag{8.19}$$

k 爲蒲朗克常數，T_0 爲 290K，G 爲線路增益。N_{out}則主要包含光源本身的RIN與光接收機的雜訊源。

8.4 長距離光通訊系統

我們已經提及過傳輸距離將由光纖色散值所限制，一般標準光纖於 1.55um 波長有較大的色散值，色散參數 D 值約爲 16ps/(km-nm)，由於色散限制的最長傳輸距離可以表示成

$$L < (16|\beta_2|B^2)^{-1} \tag{8.20}$$

β_2是群速度色散值（Group-velocity dispersion, GVD）與色散參數有關，對波長爲 1.55μm 而言，β_2典型值爲 $-20\text{ps}^2/\text{km}$，系統傳輸速率爲 10Gb/s，傳輸距離

低於 30 公里，因此我們將介紹色散管理（dispersion management）技術來解決色散造成光訊號變形狀況，得以擴展傳輸距離到達幾百公里。

8.4.1 色散管理的設計

早期色散管理技術可以於光接收機後端，藉由電訊號處理來做補償，這裡我們只考慮全光式，採用光纖的技術來達成色散管理的目的，在第三章提及的特殊光纖-色散補償光纖（Dispersion-compensating fiber, DCF），就是因應這項需求而開發出來，使用色散補償光纖可以完全補償群速度色散，假使保持進入光纖光功率較低，就可以忽略非線性效應，我們先考慮兩段光纖串接的情形，傳輸光纖加上第二段的色散補償光纖，最理想達到色散補償的作用是可以滿足下式：

$$D_1 L_1 + D_2 L_2 = 0 \qquad (8.21)$$

其中一般光纖 $D_1 > 0$，而色散補償光纖的 $D_2 < 0$，我們可以改寫成

$$L_2 = -(D_1/D_2) L_1 \qquad (8.22)$$

由於色散補償光纖是存在傳輸系統中，所以 L_2 長度應該盡可能地短，此時對色散補償光纖負 D 值要愈大。現在一般 D_2 值約為 -100 ps/(nm-km)，表示需要的長度約為傳輸光纖的 1/5 長度。色散補償光纖放置的位置可以是在傳輸光纖之前，稱作預補償（Precompensation）作用，如圖 8.15(a)所示，從光發射機輸出光脈波先經過色散補償光纖，將系統的色散值變成負值，再沿著傳輸光纖路徑慢慢轉為正值。另外圖 8.15(b)是將色散補償光纖放至於傳輸光纖之後，稱作後補償（Postcompensation）動作，整體系統的色散值轉變剛好是與預補償機制相反。

圖 8.15(c)顯示一個陸地長途傳輸系統中，間隔 60 至 80 公里會插入一光放大器放大光訊號，以及長度為 6 至 8 公里的色散補償光纖組成的色散補償模組，作週期性色散值修正動作。但是這樣的設計會有兩個問題，一是色散補償光纖的損耗值為 5 dB，因此必須提高光放大器的增益，伴隨著也提升 ASE 雜訊；第二是色散補償光纖有相對較小的直徑，有效的模場區域只有 20 μm²，存在較嚴重的非線性效應。

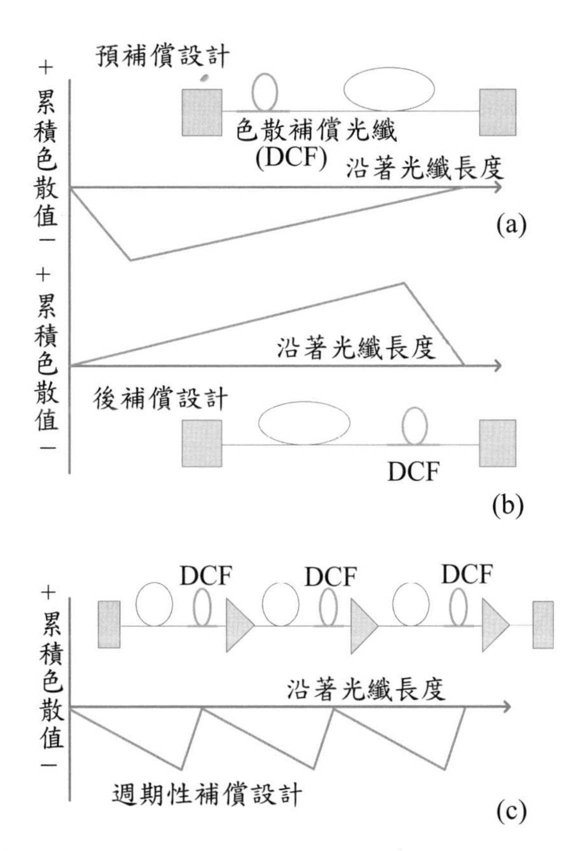

圖 8.15　幾種色散補償的方法，(a)預補償、(b)後補償及(c)長距離傳輸進行週期性色散補償[4]。

提出解決的方法爲改用雙模態光纖（Two mode fiber），具有 V 值接近 2.5，使高階模態接近截止（cut-off）狀態，如此一來此光纖損耗值接近於一般單模光纖，但對高階模態有更大負值的色散值，另外，有被提出橢圓形核心的光纖具色散值爲 −770 ps/(km-nm)，只要使用一公里這類的色散補償光纖，可以補償 40 公里的傳輸光纖，但相對有較低的損耗值。雙模態光纖的使用需要一個模態轉換的元件，可以將色散補償光纖中的基模（Fundamental mode）上的能量轉換到高階模態，此模態轉換的元件最好是以光纖製成，可與傳輸系統相容，要有較小的光損耗特性，此外，應對極化不敏感，可適用於較寬廣的波段，所以最適合的元件是光纖光柵提供兩個模態間的耦合，此光纖光柵的光柵周期要符合模態折射率差值（Mode-index difference，典型值約爲 100 μm，這樣的條件的光纖光柵被稱作長周期光纖光柵（Long-period fiber gratings）。

圖 8.16 顯示雙模態 $D_2 < 0$ 以及長周期光纖光柵接續圖。此雙模態色散補償光纖量測的色散參數爲圖 8.16(b)，於波長爲 1550 nm，色散值爲 −420 ps/(nm-km)，隨著波長增長色散值會更低，這樣的特性使其適用於寬波帶的色散補償，尤其對分波多工傳輸系統，更是顯得重要。

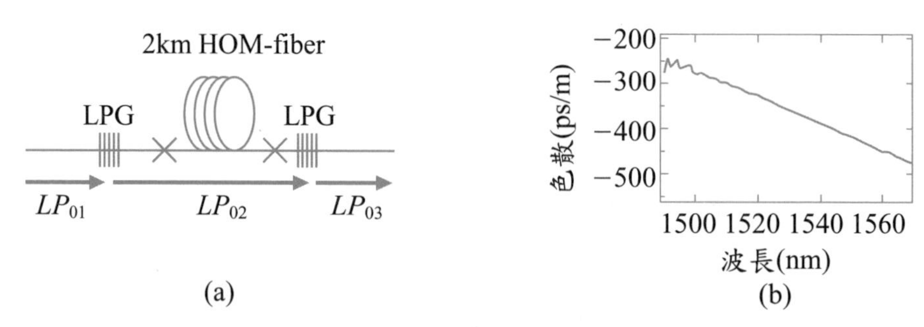

圖 8.16 (a)使用高階模態（higher-order mode, HOM）光纖與兩個長周期光纖光柵的連接圖，(b)高階模態光纖隨著操作光波長不同，會得到不同色散值[8]。

實現色散補償光纖的另一個技術是使用光子晶體光纖，其橫剖面結構為沿著中間核心佈滿二維的空氣洞，顯示圖 8.17 中，於這些空氣洞可以大幅地修正色散特性，在窄小的波長範圍內，色散值可以小於 −2000 ps/(nm-km)，但缺點是與傳輸用單模光纖接續困難。

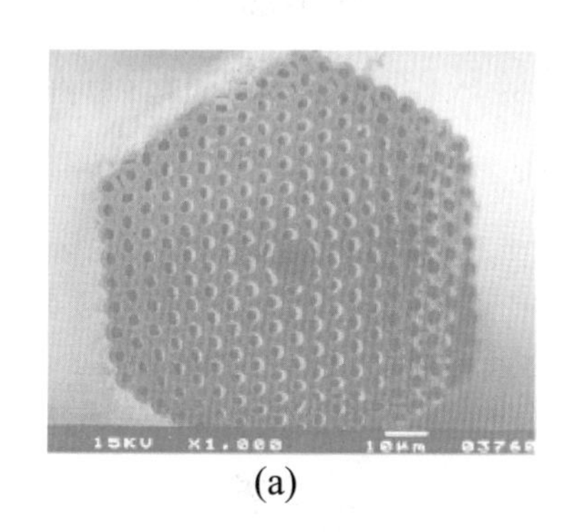

(a)

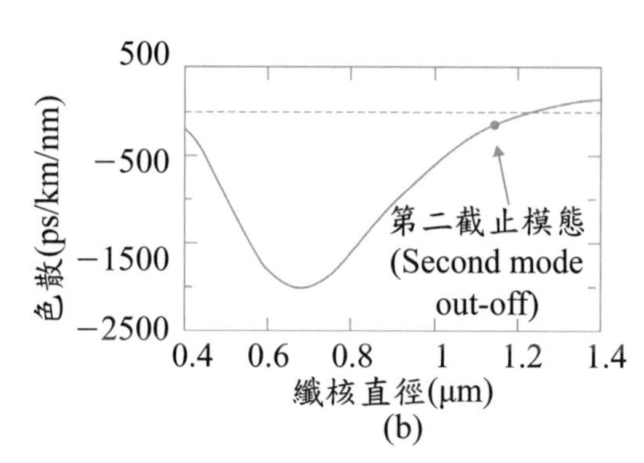

(b)

圖 8.17 使用光子晶體光纖實現色散補償光纖，橫剖面結構，設計不同的核心直徑對應的色散值關係圖[9]。

8.5 分波多工傳輸系統

分波多工是指將多個各自傳送不同電訊號的光載波合成，經由同一條光纖傳輸的多工技術（不像分時多工 TDM 與分頻多工是在電訊號上作處理的技術），光訊號到達光接收機前，必須先使用光元件進行解多工分離出各個光通道，分波多工技術有效地使用光纖的可提供的頻寬，例如，上百個 10 Gb/s 光訊號可以使用同一條光纖傳輸，當通道間距縮短到 100 GHz 以下。

圖 8.18 顯示光纖於 1.3 um 與 1.5 μm 波段的兩個低損耗傳輸窗口，如果使用特殊改良的光纖去消除在 1.4 um 波長附近很高的水離子吸收峰值，使用分波多工

系統將可以得到超過 30 Tb/s 的總傳輸容量。

分波多工技術概念被提出可以追朔到 1980 年代，有商用的光傳輸系統建置之時，開始使用 1.3 um 與 1.55 um 作用兩個光通道，形成通道間距爲 250 nm，由於考慮衰減問題，降低通道間距並集中於 1.5 um 波段，1990 年驗證將多通道傳輸系統的間距降爲 0.1 nm，真正商用化分波多工系統出現在 1995 年，到 2000 年已經發展成總容量超過 1.6 Tb/s，直到至今，分波多工系統相關的研究發展，仍然不斷地擴充系統的總傳輸容量與增加傳輸距離。

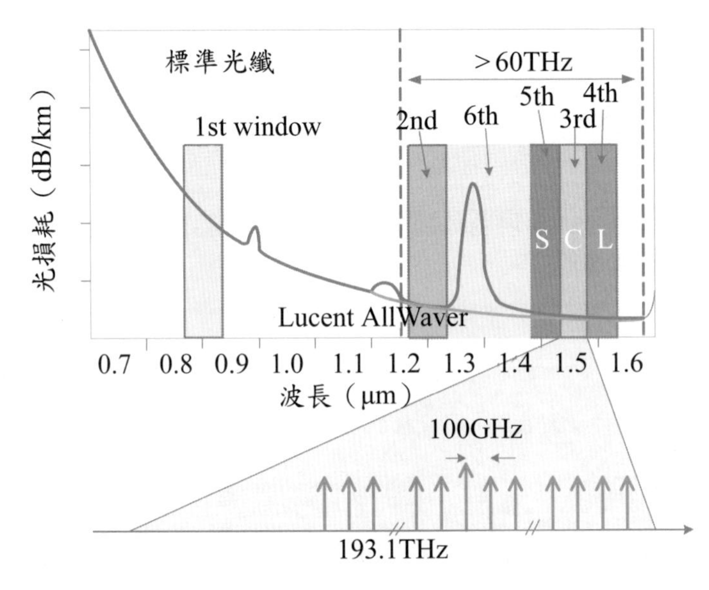

圖 8.18　光纖的理想低損耗傳輸窗口。

8.5.1 分波多工的種類

圖 8.19 歸納應用於都會網路與接取網路之不同分波多工WDM技術，所有的特性比較顯示於圖中，有密集分波多工（Dense WDM, DWDM），鬆散分波多工（Coarse WDM, CWDM）與寬帶通分波多工（Wide-passband WDM）以及寬頻帶分波多工（1.3/1.5 μm WDM）四種設計已經發展成熟[10]。

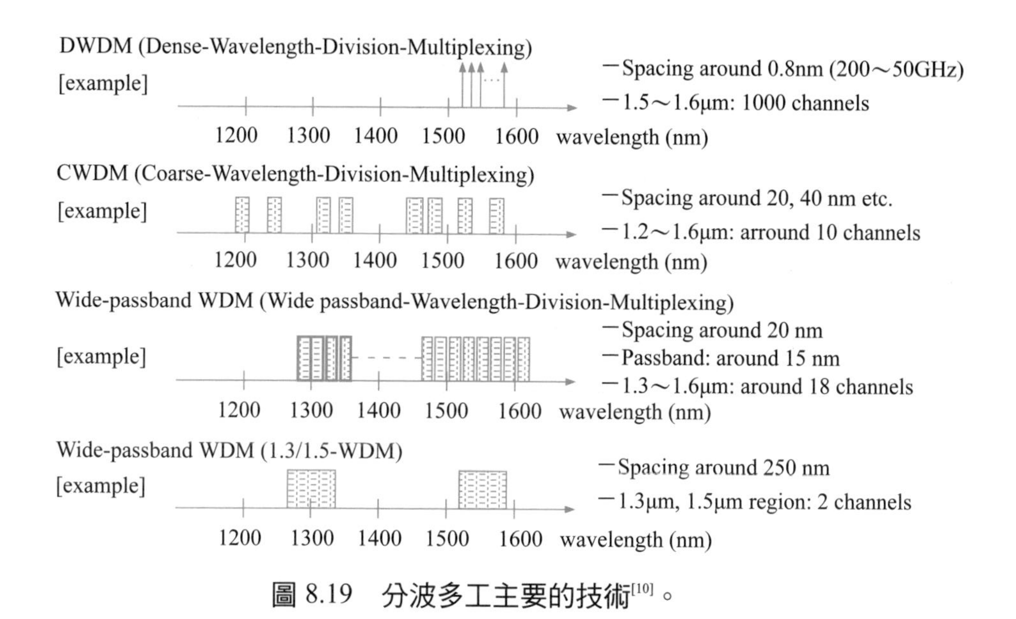

圖 8.19 分波多工主要的技術[10]。

1. 密集分波多工（DWDM）

爲了增加傳輸容量與傳輸距離，雖藉由使用光放大器可以增加傳輸距離，但僅限於一定的波長範圍內（通常是 30 nm 以內），因此DWDM技術被發展出來，盡可能的縮短波長通道之間的間距而增加通道數目，以符合光放大器涵蓋的波長範圍，目前針對 1500～1600 nm（C 波段與 L 波段），可採用的波長間距爲 0.4～1.6 nm（200～50 GHz），操作的光源必需要有精確的波長控制，也就是雷射光源需要穩定的偏壓電流供給與固定的環境溫度下工作，薄膜式光濾波片（Dielectric thin-film filters）、陣列波導光柵（Arrayed waveguide gratings; AWGs）以及光纖光柵可以作用波長多工器與解多工器。

使用 DWDM 技術可以將一百多個光波長合成在一條光纖中傳輸，但是額外設定波長精確度的控制電路將增加系統成本，所以主要使用於骨幹網路的傳輸，陸地長途通訊與海底傳輸系統。

2. 鬆散分波多工（CWDM）

另一種成本較低的做法稱作CWDM，可以有許多種波長配置方法，20～40 nm的波長間距為較常使用，可以採用直調 DFB-LD 與 FP-LDs 作為光源，CWDM 系統中盡量採用價格低廉的光元件，通常應用於區域網路與都會網路，特別地是 CWDM 具有 20 nm 的波長間距幾乎與寬帶通分波多工（WWDM）系統相同。

3. 寬帶通分波多工技術（WWDM）

另一種具經濟效益的技術為寬帶通分波多工技術（WWDM），每個波長通道的寬度增加到 15 nm，波長間距為 20 nm，對波長飄移的容忍度較高，不需要精確的波長控制，可以應用於 10 Gb/s 乙太網路和接取網路，使用的寬帶通濾波器通常是薄膜式，插入損耗小於 1 dB，串音量（Crosstalk）可以小於 5 dB/nm。

4. 寬頻帶分波多工技術（WWDM; 1.3/1.5μm WDM）

波長間距為 250 nm，結合 1.3 波段與 1.5 um 波段光波長，可以使用 FP-LD，使用光纖融合製成的濾波器，為最早出現及價格最低廉的技術。

我們將這四種分波多工技術作一整理比較，表示於圖 8.20 中。[10]

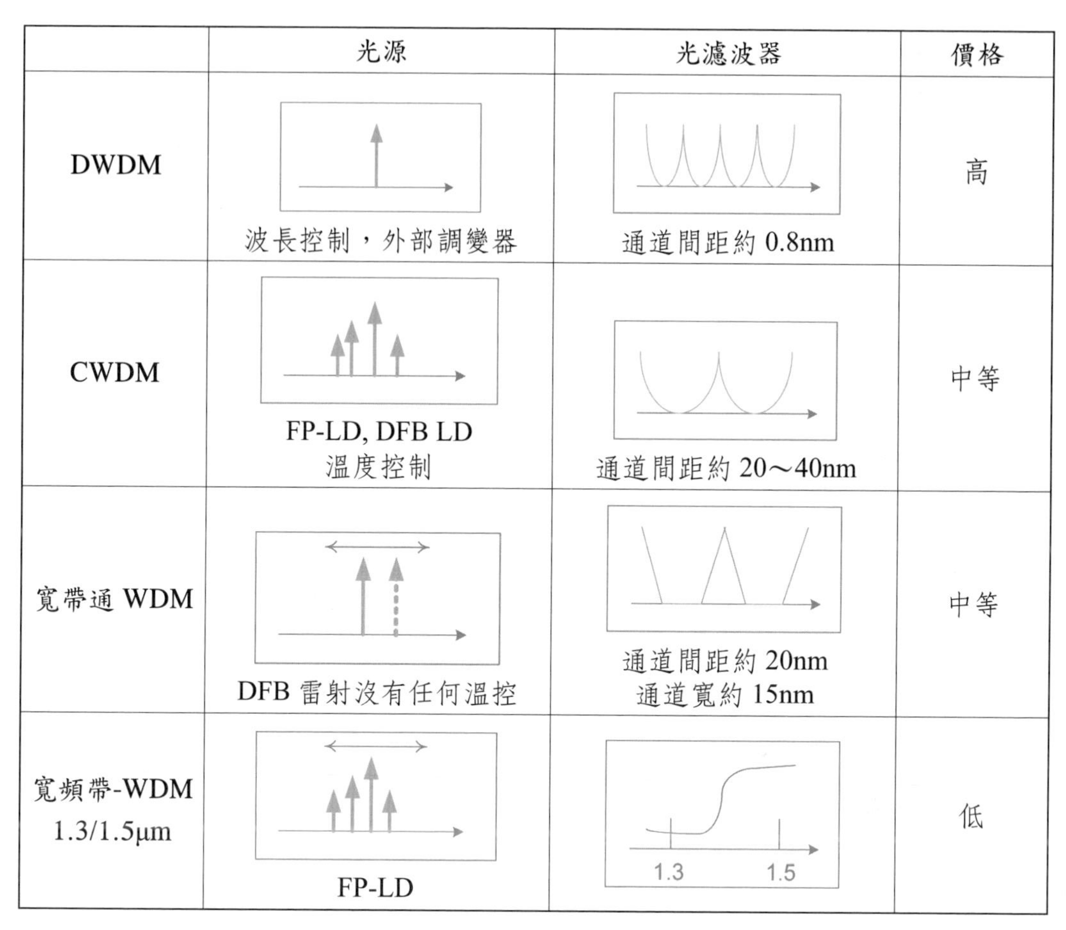

圖 8.20　不同分波多工技術的比較。

8.5.2　分波多工技術的應用範疇

1. 高容量點對點傳輸

長距離的光纖傳輸通常是作爲電信網路的骨幹或是核心網路，分波多工技術最主要是擴充總傳輸資料速率，圖 8.21 顯示一個點對點高容量分波多工系統的示意圖，多組不同輸出波長的光發射機輸出，連接到一個光多工器（Multiplexer），經由光纖傳輸後，再經由光解多工器（Demultiplexer）分出各個波長，進入各自的光接收機，假設有N個光發射機，當每個光波長通道各自傳送的資料速率為B_1, B_3,……至B_n，光纖傳輸的距離為L，則此系統的總位元速率-光纖距離乘積BL為

$$BL = (B_1 + B_2 + \cdots B_N)L \qquad (8.23)$$

假設每個光發射機傳送的速率都相同，因此傳輸系統總容量提升N倍。

圖 8.21　點對點高容量分波多工系統的示意圖。

分波多工傳輸架構的最大傳輸容量決定於波長通道間的間距可以多小，最小的波長通道間距受限於通道間串因（Interchannel crosstalk）效應，依照傳輸距離是約 100 公里或是遠超過 1000 公里的等級，分波多工系統的傳輸實驗結果可以分為兩組，於 1995 年使用 17 個光波長，每個波長載送 20 Gb/s 資料，總容量為 340 Gb/s，傳輸距離達 150 公里，到 2001 年，全球好幾個實驗室證明傳輸總容量可以超過 10 Tb/s，其中之一是採用 273 個光波長通道，波長間距為 0.4 nm，每個光波長傳送 40 Gb/s 資料，傳輸總長度為 117 公里光纖，之間還使用三個光放大器，形成總資料速率為 11 Tb/s，而 BL 乘積為 1300（Tb/s-km），下表為幾個系統容量超過 2 Tb/s 的分波多工傳輸實驗之結果。

另外還有許多高容量傳輸實驗被提出驗證，例如 64×40 Gb/s 傳輸了 230 公里距離[11]；32×40 Gb/s 傳輸 402 公里[12]；26×100 Gb/s 傳輸 401 公里[13]以及 40×100 Gb/s

表 8.1 高容量分波多工傳輸實驗範例

通道數	位元率 B(Gb/s)	容量 NB(Tb/s)	距離 L(km)	NBL 乘積 [(Pb/s)-km]
120	132	160	82	256
273	20	20	20	40
40	40	2.40	2.64	3.20
3.28	10.24	10.92	6200	120
1500	300	100	117	14.88
0.317	4.80	0.984	1.024	1.278

傳輸 365 公里[14]等。

第二類的分波多工傳輸實驗，是將傳輸距離超過 5000 公里，針對海底傳輸的應用，在 1996 年提出的實驗，100 Gb/s 資料速率（有 20 個光波長，每個光波長載送 5 Gb/s）傳輸超過 9100 公里，藉由使用極化擾亂技術（Polarization scrambling）與前向錯誤糾正碼（Forward-error-correction）技術。之後將通道數增加到 32 個，形成傳輸 9300 公里的 160 Gb/s 分波多工系統。在 2001 年實驗發表，證實一個 2.4 Tb/s 分波多工傳輸系統，使用 120 光波長，每個各自傳送 20 Gb/s，傳輸距離到達 6200 公里，得到的 BL 為 15(Pb/s)-km，對於商業上的應用而言，2001 年分波多工傳輸系統總容量約為 1.6 Tb/s，包含 160 個波長，每個傳送 10 Gb/s 訊號。

2. **廣域網路與都會網路之應用**

在第二節中已介紹過廣域網路與都會網路的差別，網路架構可以是樹狀，環狀或是星狀，使用分波多工技術可以得到優勢。環狀結構是在廣域網路與都會網路中最常見的，而星狀結構是一般在區域網路中所採用，尤其是廣播式星狀可以結合多個通道，好幾個區域網路可以透過被動的波長路由器連接到一個都會網路上，再往上層來看，好幾個都會網路可以透過一個網狀（Mesh）結構交互連接到一個廣域網路上，在廣域網路層級上，網路中甚至會使用昂貴的交換機或是波長轉換裝置，以滿足網路的動態配置。

這裡我們介紹一個區域性分波多工網路的應用範例，包含好幾個相互連接的環狀網路，圖 8.22 中顯示此網路之示意圖，支線（Feeder）的環狀透過一出路節點（Egress node, EN）連接到網路的骨幹網路，這個環狀結構使用了 4 條光纖以確保網路的堅固，其中兩條光纖用來路由資料分別走順向與反向的路徑，另外兩條光纖用來作備用，每條光纖上同時傳送好幾個光波長，這個支線環狀網路還可向下層連接好幾個子環狀網路，藉由接取節點（Access node），每個接取節點取出的光波長都不同，因此必須使用塞取多工器（Add-drop multiplexer）取出特定的光波長連接到匯流排，樹狀或是環狀架構等子網路，分散資料至所有用戶端，或是反向接入特定的光波長，載送從所有用戶端匯集而來的資訊至上層網路。

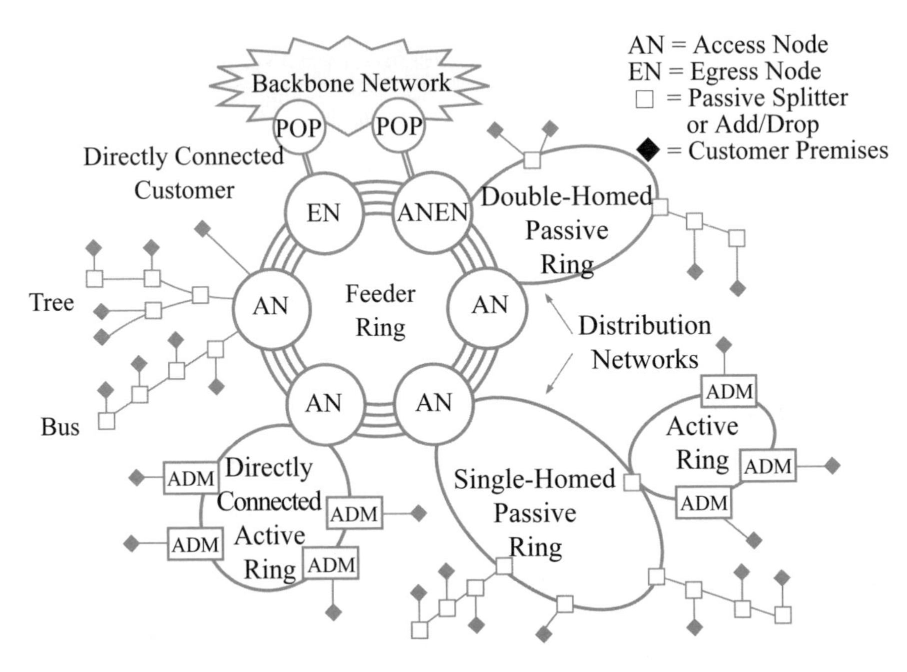

圖 8.22　一個主要環狀分波多工網路的應用範例，連接好幾個區域性分配網路[10]。

多重接取分波多工網路應用

多重接取網路可以提供到每個使用者之間任意雙向接取，每個使用者可以隨時接收與傳送資訊給任何其他網路上的使用者，電話業務就是一個最好的範例，另外還有電腦網路中多台電腦連接的應用也是。

在 2001 年，電腦網路是藉由電子技術提供雙向的接取功能，如線路交換（Circuit switching）以及封包交換（Packet swithcing）技術，主要的限制是網路每個節點必須要有處理整個網路總資料量的能力，但是電訊號處理速度很難超過 10Gb/s，因此使用分波多工技術允許每個光波長作切換，路由，或是分散至終端，形成一個全光網路，由於波長用來提供多重接取服務，所以稱作分波多重接取（Wavelength-division multiple access, WDMA）。

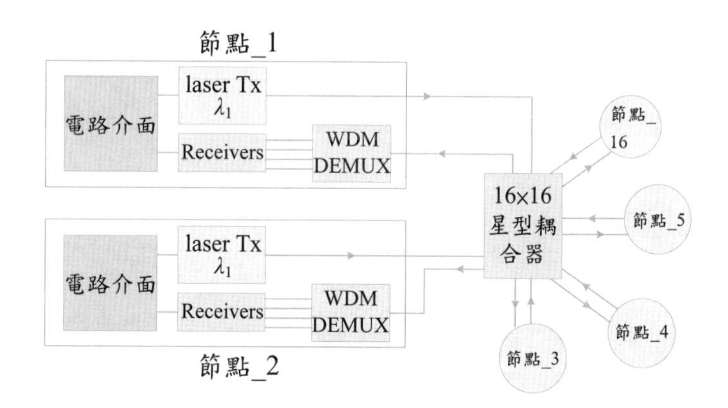

圖 8.23 Lambdanet 網路架構，有 N 個節點的示意圖，每個節點包含一個光發射機與 N 個光接收機。

圖 8.23 顯示一個使用廣播星狀的分波多工網路範例，這個網路稱作 Lambdanet[15]，是一個廣播選取網路的應用例子，每個節點都有一個光發射機，輸出特定的光波長，及對應 N 個波長的 N 個光接收機，N 爲節點總數目，所有光發射機的輸出端

都會連接到被動式星型耦合器，然後平均地分散到所有光接收機，每個節點都會接收到所有這網路上流通的資訊量，一個可調光濾波器可以用來選取特定的通道，不同使用者可以傳送不同的資料位元速率與不同調變格式的訊號，這樣架構適用於許多應用，但是缺點是使用者的數目受限於可用波長數目，而且，每個節點需要多個光接收機，造成可觀的硬體成本，若是使用一個可調的接收機可以降低成本，這個方法稱作彩虹網路（Rainbow network），此網路可以提供 32 個節點，每個節點傳送 1 Gb/s 訊號，傳輸 10 至 20 公里。

分波多工網路使用被動星型耦合器組成的架構，可以被稱作被動光網路（Passive Optical Networks, PONs），因爲系統中避免主動式的光開關，被動光網路被認爲是實現光纖到家的最佳選擇，其中一種方式稱作被動光迴路（Passtive photonic loop）[16]，多個波長被用來路由訊號在一個區域迴路中，圖 8.24 表示此網路的示意圖，中央機房（Central office）包含 N 個光發射機輸出 N 個波長，提供給 N 個用戶端使用，遠端節點（Remote node, RN）可以合成多個來自用戶端的訊號，再送至中央機房，相反地，也可以將中央機房送出的訊號藉由不同波長，各自載送不同訊號至遠端節點解多工器，再送自各個用戶端。遠端節點是被動式的，只需要簡易的保養即可。

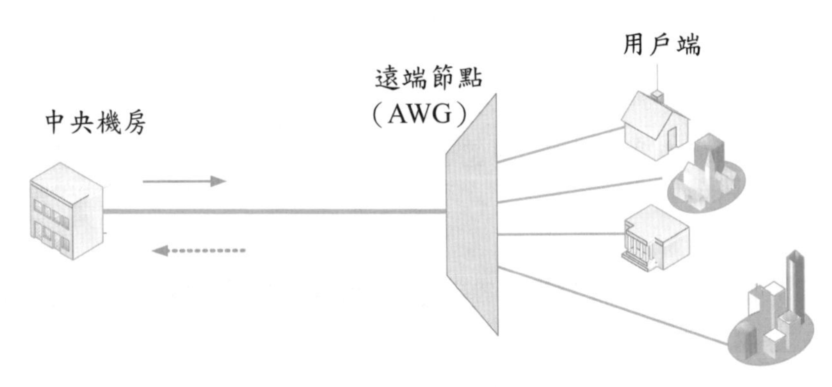

圖 8.24　分波多工被動光網路的示意圖[2]。

分波多工光網路的目標為提供給每個用戶寬頻接取服務，例如聲音，影像與資訊等，又必須價格低廉，因此，一項技術「Spectral slicing」產生，就是利用寬頻譜光源 LED 經過 WDM 元件頻譜切割後，可提供多個 WDM 通道使用，另外一種被提出的元件為波導光柵路由器（Waveguide-grating router, WGR），分波多工被動光網路將會在下一章再作詳細地介紹。

8.6 SONET/SDH 介紹

在 1980 中期，美國幾家網路服務商開始建立一套標準的網路通訊介面，確保不同廠商的設備之間可以互連上的相容，無需安裝信號的轉換裝置，最後制訂兩套標準：一是 ANSI T105 訂定的同步光纖網路（Synchronous Optical Network, SONET）與 ITU-T 訂定的同步數位階層（Synchronous Digital Hierachy, SDH）兩種規範，雖然設計稍有不同，但彼此之間是互通的，SONET 是美規系統、SDH 是歐規系統。

圖 8.25 是一基本的同步光纖網路（SONET）訊框（Frame）架構，包含二維的 9 行乘以 90 列位元組（Bytes）格式，一個位元組含有 8 個位元，一個訊框為 125 us 的時間長度，所以 SONET 訊號基本的傳輸位元速率為：

STS-1 =（90 位元組／列）*（9 位元組／行）×
（8 位元／位元組）/（125us ／訊框）
= 51.84Mb/s

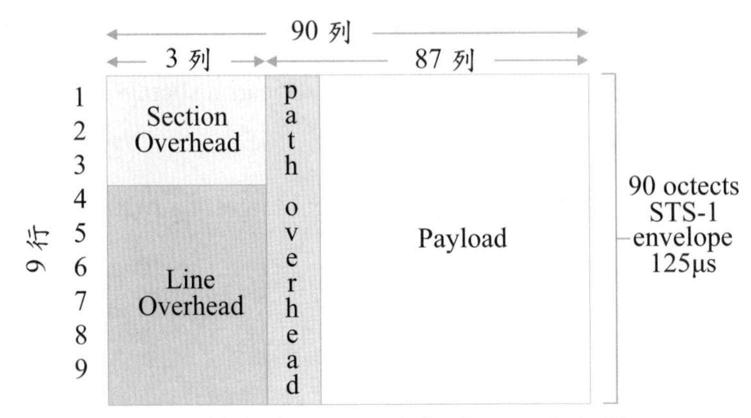

圖 8.25 基本的 SONET 訊框（Frame）架構。

這裡稱作 STS-1 訊號，STS 為同步傳輸訊號（Synchronous Transport Signal），其他 SONET 訊號都是這個基本傳輸速率的 N 倍，STS-N 用來稱呼調變光源的邏輯性電訊號，經過電光轉換過程，將此實體層光訊號稱作 OC-N，OC 指的是光載波（Optical carrier），在同步數位階層（SDH）標準中基本傳輸速率等於 STS-3，也就是 155.52 Mb/s，稱作 STM-1，下表列出 SONET 與 SDH 標準的幾個層級傳輸速率與相互對應關係。

表 8.2 一般使用的 SONET 與 SDH 傳輸速率[2]

SONET 分級	電訊號分級	SDH 分級	傳輸線速（Mb/s）	通稱速率名稱
OC-N	STS-N	--	N×51.84	--
OC-1	STS-1	--	51.84	--
OC-3	STS-3	STM-1	155.52	155Mb/s
OC-12	STS-12	STM-4	622.08	622Mb/s
OC-48	STS-48	STM-16	2488.32	2.5Gb/s
OC-192	STS-192	STM-64	9953.28	10Gb/s
OC-768	STS-768	STM-256	39813.12	40Gb/s

8.6.1 光介面

爲了確保不同廠商之間的相容性，所以 SONET 與 SDH 提供詳細的光介面的規格，包括光源特性，接收機的靈敏度，與不同應用光纖下的傳輸距離。根據傳輸距離訂定六種等級，例如辦公室內，短距離，中長距離，長距離與超長距離等，光纖規範訂定於 ANSI T1.105.06 和 ITU-T G.957 標準，分爲三類：

1. 漸變折射率型多模光纖，工作於 1310 nm 波段（O-band）。

2. 一般單模光纖，工作於 1310 與 1550 nm 波段。

3. 色散位移單模光纖，工作在 1550 nm 波段。

8.6.2 SONET/SDH 環形架構

SONET/SDH 主要的特性是環狀（Ring）或是網狀（Mesh）的網路結構，目的是以迴路式的提供服務，具有保護機制，當線路或設備故障時不會有中斷服務發生，這樣迴路也叫自癒網路（Self-healing ring），因爲正常情況下只有一條路徑工作，但線路發生異常會自動切換到另一條光纖。有兩種線路保護設計常被使用：

1. 兩條光纖，單一方向，路徑保護式的環狀結構（兩條光纖 UPSR）。

2. 兩條光纖或四條光纖的使用，爲雙向，線路切換的環狀結構（兩條光纖或四條光纖 BLSR）。

圖 8.26 爲一個有四個節點連接的 UPSR 架構，從節點 1 到節點 3 之間的通訊是使用線路 1 與 2，相反的，從節點 3 到節點 1 要傳送資料需藉由線路 3 與線路 4，保護用的迴路是相反的方向，從線路 5 至線路 8，要達到保護的功用，發射端輸出是連接一個光交換機，惟有偵測系統異常時，才會動作。

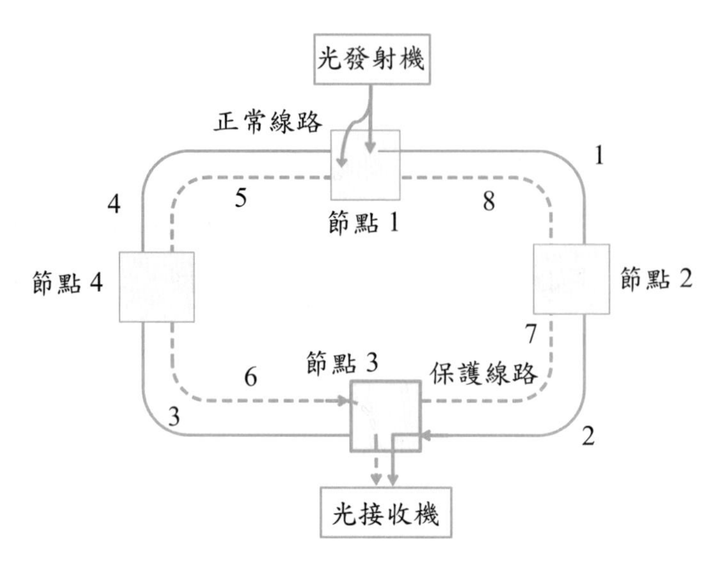

圖 8.26　UPSR 保護環路架構。

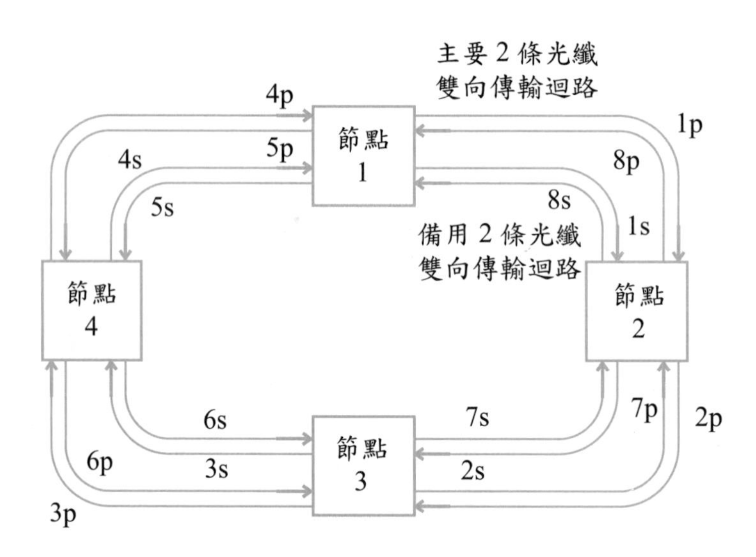

圖 8.27　BLSR 保護環路架構。

BLSR 架構相對的複雜，但保護功能的變化較多。如圖 8.27 的範例，當發生問題的線路是存在節點 3 與節點 4 之間，兩個接收機的訊號偵測（Loss-of-signal）

會告警，然後只切換兩點之間的連接，從主工作線路換成保護線路，其他線路仍保持不變。

8.6.3 SONET/SDH 網路

我們舉一個大型的SONET/SDH網路的架構範例，如圖 8.28 所示。其中包含點對點傳輸、串連式傳輸、環狀（UPSR，BLSR），甚至還有互連網環狀架構。OC-192 四條光纖的 BLSR 可以是大型國際間的骨幹網路，往下可以轉成多路 OC-48 組成的環狀，提供多個城市的網路服務，還可以再轉換成許多低速率的 OC-12 或是 OC-3 的環狀或是串連線路。每個環狀結構都有網管功能，具自動修復能力。

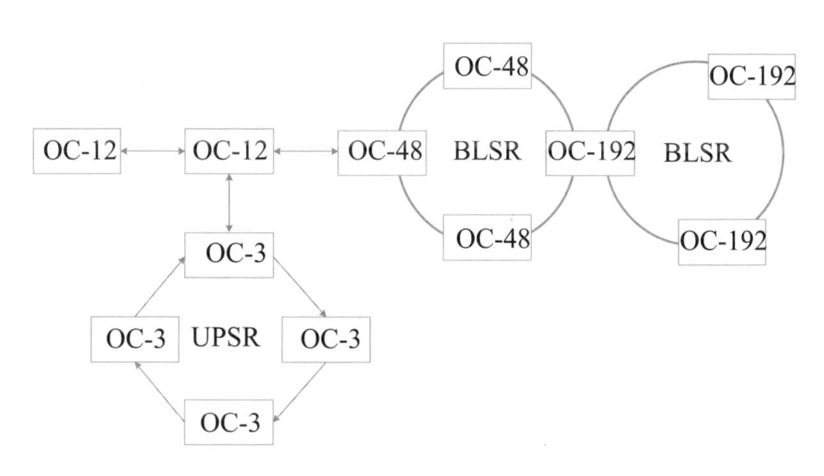

圖 8.28　SONET/SDH 網路的架構範例。

習　題

1. 光纖通訊系統的基本架構可分為哪三部分？請繪圖並描述架構中各個部分的功用為何？
2. 假設光發射機輸出光功率為 1 mW，傳輸用的光纖損耗為 0.5 dB/km，已知光接收機的最小可偵測光功率為 −30 dBm，請問此單一點對點傳輸系統，在不考慮色散的影響下，可以傳輸最大的距離為何？
3. C 波段與 L 波段是指波長範圍涵蓋從 1.53 到 1.61 μm，假設通道間距設計為 25 GHz，有多少個通道可以使用？若每個 WDM 通道載送 10 Gb/s 訊號，傳輸 2000 公里，請問有效的位元率-距離乘積為何？
4. 使用光纖匯流排架構，傳輸訊號至十個用戶端，每個光纖分歧器具有 1 dB 的插入損耗，分配 10%的光功率到相連接的用戶，假設第二節點光發射機輸出 1 mW 光功率到匯流排上，請計算出節點 5、7 和 9 接收到的光功率。
5. 兩個 SONET 環狀網路需要互相連接，藉由兩個共同的節點，設定各個環狀有 3 個節點，為了確保當網路故障時，不會多走了餘外的路徑，請畫出兩個 BLSR SONET 環狀網路之間互連的情況，標示主要的光纖與備用的光纖，並指出並指出網路在正常與故障時訊號的走向，考慮其中一節點的收發機故障情形，和其中之一線路斷路之情形。

參考文獻

[1] R. Ramaswami and K. Sivarajan, “Optical Networks 2nd edition,” Morgan, San Francisco.

[2] G. Keiser, “Optical fiber communications,” 4E, Mc Graw Hill, 2000.

[3] J. C. Palais, “Fiber optic communications,” 5E, Prentice Hall, 2004.

[4] G. P. Agrawal, “Lightwave Technology: Telecommunication Systems,” Wiley Hoboken, 2005.

[5] P. J. Corvini and T. L. Koch, “Computer simulation of high bit rate optical fiber transmission using single frequency lasers,” IEEE J. Lightwave. Technol., vol. 5, no. 11, pp. 1591-1595, Nov. 1987.

[6] P. K. Lau, and T. Makino, “Effects of laser diode parameters on power penalty in 10 Gb/s optical fiber transmission systems,” IEEE J. Lightwave Technol., vol. 15, no. 9, pp.1663-1668, Sep. 1997..

[7] 施銘鎧，“利用訊號產生器與頻譜分析儀來量測 RF 放大器的非線性特性，” 電子工程專輯，2005。

[8] S. Ramachandran, B. Mikkelsen, L. C. Cowsar, M. F. Yan, G. Raybon, L. Boivin, M. Fishteyn, W. A. Reed, P. Wisk, et al., IEEE Photon. Technol. Lett. 13, 632 (2001).

[9] T. A. Birks, D. Mogilevtsev, J. C. Knight, and P. St. J. Russell, “Dispersion compensation using single-material fibers,” IEEE Photonics Technology Letters, Vol. 11, No. 6, pp. 674-676, June 1999.

[10] A. K. Dutta, N. K. Dutta, M. Fujiwara , “WDM Technologies: optical net-

works," Vol. III, Elsevier Academic Press, 2004.

[11] T. Miyakawa, I. Morita, K. Tanaka, H. Sakata, and N. Edagawa, "2.56Tbit/s (40 Gbit/s ×64 WDM) unrepeatered 230 km transmission with 0.8 bit/s/Hz spectral efficiency using low-noise fiber Raman amplifier and 170 m^2-Aeff fiber," in Proc. OFC'01, CA, 2001.

[12] H. Bissessur, F. Boubal, S. Gauchard, A. Hugbart, L. Labrunie, P. Le Roux, J-P. Hebert, and E. Brandon, "1.28 Tb/s (32×43 Gb/s) WDM unrepeatered transmission over 402 km," in Proc. ECOC'03, Rimini, Italy, 2003.

[13] D. Mongardien, P. Bousselet, O. Bertran-Pardo, P. Tran, H. Bissessur, "2.6Tb/s (26×100Gb/s) Unrepeatered Transmission Over 401km Using PDM-QPSK with a Coherent Receiver," in Proc. ECOC', 2009.

[14] J.D Downie, J. Hurley, J. Cartledge, S. Ten, S. Bickham, S. Mishra, X. Zhu, and A. Kobyakov, "40 × 112 Gb/s Transmission over an Unrepeatered 365 km Effective Area-Managed Span Comprised of Ultra-Low Loss Optical Fiber," in *Proc. ECOC 2010*.

[15] M. S. Goodman, H. Kobrinski, M. P. Vecchi, R. M. Bulley, and J. L. Gimlett, "*IEEE J. Sel. Areas Commun.*" 8, 995 (1990).

[16] S. S. Wagner, H. Kobrinski, T. J. Robe, H. L. Lemberg, and L. S. Smoot, "*Electron. Lett.*," 24, 344, 1988.

第九章

光接取網路

隨著網際網路的快速發展，網路傳輸的內容逐漸轉變爲以圖片及影像爲主的資料傳輸，由於這個轉變，傳統的銅線網路已經逐漸出現不敷使用的情形，這樣的變化預期將會改變目前接取網路的型態。預期可提供每個用戶一個頻寬大於100Mb/s，且形成對稱的網路來提供語音、資料、點對點傳輸、有線電視甚至是高畫質電視的有線網路，當網路上大部分的服務都是以影音爲導向時，除了網路的形態改變，提高更高速的網路連線外，還必須引入服務品質（Quality of Service, QoS）保證的服務，避免出現影像訊號斷訊或是延遲等情形。

另外使用者家中也有可能會在同一時間觀賞不同的高解析度（HDTV）頻道，此時網路必須要提供足夠的頻寬給與使用者，這也是在以傳輸資料爲主的網路所沒有辦法滿足的。所以我們需要的網路是一個可以保證頻寬足夠，並且必須足夠傳輸 20 公里，以符合目前的電信機房到用戶端的平均距離範圍。

目前的接取網路傳輸主要是以銅纜線爲主，但是我們知道銅纜線的傳輸速度會隨著距離的增加而快速下降，舉例來說，在 100 公尺的情況下最高的傳輸速率只剩下 100 Mb/s，由表 9.1 中列出常用的傳輸介質比較表可以看出，這樣的成長趨勢會使得目前使用在接取網路中，以數位用戶迴路（x Digital Subscriber Line, xDSL）爲主的傳輸方式將逐漸呈現不敷使用的情形，因此光纖的高頻寬、低損耗、高通訊容量、不受電磁干擾以及保密性高等特點，使得光纖到家的服務已經被視爲下一代的接取網路的解決方案。

表 9.1 不同傳輸介質下的頻寬比較表[1]

		頻寬距離乘積 [MHz · km]	訊號格式	位元率×距離 [Mb/s · km]	100Mb/s 頻寬最大距離[km]
銅線	雙絞線(Twist pair)	2.4	QAM/DMT	10	0.1
	UTP(cat. 5)	10	MLT3	10	0.1
	同軸電纜 Coax	300	QAM(256)	2019	< 20
光纖	多模(玻璃光纖)	500	二位元碼(NRZ)	500	5
	多模(塑膠光纖)	200	二位元碼(NRZ)	200	2
	單模光纖	600,000	二位元碼(NRZ)	600,000	6000

我們更進一步的介紹光纖到家的基本架構，如圖 9.1 所示，主要的組成單位為：

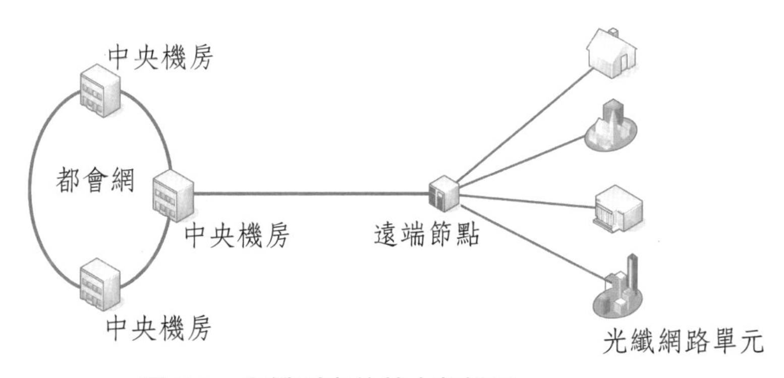

圖 9.1 光纖到家的基本架構圖。

1. **位於局端的中央機房（CO）**：主要提供都會骨幹網路與光分佈網路之間的光信號接取，可分別處理交換與非交換業務，傳遞資料給用戶端，並接收來自用戶端的信號、需求和監控訊息，同時爲用戶端提供維護和供給功能。

2. **遠端節點**（Remote Node, RN）：使用被動光分歧器/耦合器（Coupler）/或分波多工器（Wavelength Division Multiplexing, WDM）、連接器及單模光纖完成光信號功率的分配，通常組成爲樹狀結構，也有在遠端節點使用數位用戶線路接取多工器（Digital-Subscriber Line-Access Multiplexer, DSLAM），將光纖網路轉換成傳統的銅線網路，供給用戶傳統電話迴路以及數位用戶迴路使用。
3. **用戶端的光網路單元**（ONU）：提供用戶數據、有線電視（CATV）、電話和被動光網路的接口，其功用還可包含適配功能（Adaptation function），使光網路單元與用戶端的設備相容。

9.1 光纖到家技術

光纖到家技術目前比較主流的共有三種架構，將分述如下[2]：

點對點架構（Point-to-point Architecture）

點對點架構如圖 9.2 所示，光纖直接從中央機房拉出來，然後接到用戶端，每一個用戶直接對應一條光纖，因此幾個用戶端就需要幾條光纖，從網路拓樸來說是最簡單的，此種架構設計的好處爲，每個用戶端都是於網路的連結使用上是獨立的，因此系統非常具有彈性、容易升級、並且幾乎沒有頻寬上限的問題，但是這個架構的成本相對比較昂貴，特別是在光纖網路的佈建成本上，必須負擔龐大的馬路開挖費用，加上在中央機房會有與用戶數相同的光收發器，因此，在機房端可能需要考慮空間和電力上的配置是否足夠。

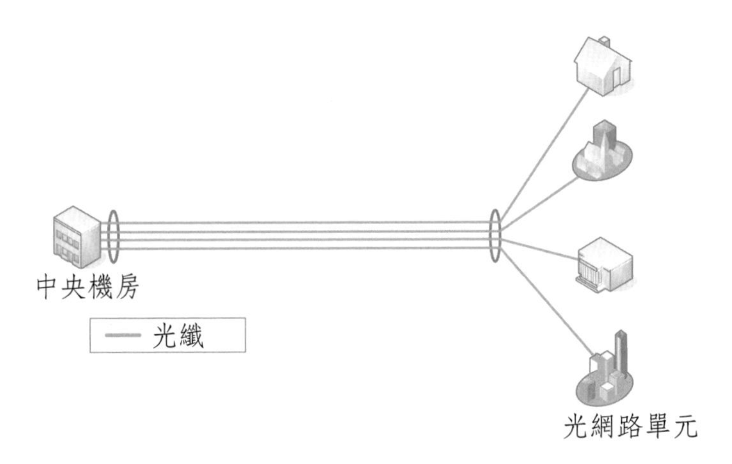

圖 9.2　點對點架構示意圖。

主動式星型架構（Active Star Architecture）

主動式星型架構如圖 9.3 所示，只有中央機房到遠端節點兩端間是利用光纖作連接，到了遠端節點之後，再轉換成電訊號透過銅纜線網路傳輸到各個用戶端，與點對點架構不同的是，從中央機房到遠端節點通常只需要一條光纖，並且在遠端節點之後轉換成電訊號傳輸，如此可以節省大部分的成本，特別是鋪設網路的成本。由於遠端節點必須將光訊號轉換成電訊號，因此，遠端節點必須提供電源給轉換處理系統使用，並且必須定期保養，另外，遠端節點裡面的設備必須要比一般在室內使用的設備，更能抵抗惡劣的天氣環境變化。

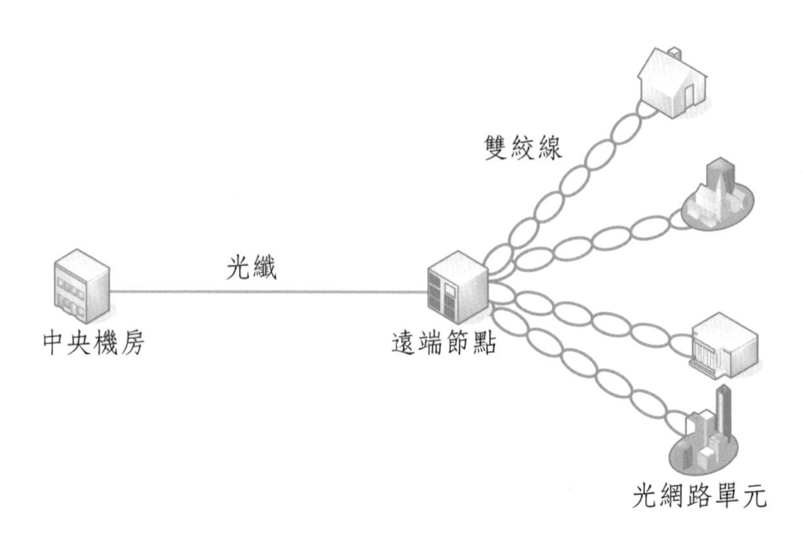

圖 9.3　主動式星型架構示意圖。

由於遠端節點之後就是銅線網路，因此幾乎可以和傳統的電話線網路相容，在建置和擴充上有一定的優勢，像是可以使用 ADSL 技術以 6 Mb/s 的速度傳送 4 公里；或是以 VDSL 技術用 50 Mb/s 的速度傳送 50 公里；也有以區域網路的方式用超過 100 Mb/s 的速度傳送 100 公尺，甚至也可以用混合光纖銅纜（Hybrid Fiber Coaxial, HFC）或是無線的方式傳送數據資料，因此這個架構非常的具有彈性。

主動式星型架構會依其遠端節點位於何處而有不同的別名，可分成光纖到交換箱（Fiber To The Cabinet, FTTCab）、光纖到路邊（Fiber To The Curb, FTTC）、光纖到樓（Fiber To The Building, FTTB）及光纖到家（Fiber To The Home, FTTH）等 4 種服務型態。美國運營商 Verizon 將 FTTB 及 FTTH 又合稱爲光纖到戶（Fiber To The Premise, FTTP）。

被動星型架構（Passive Star Architecture）

被動星型架構如圖 9.4 所示，和主動星型架構很類似，但是在遠端節點是以被動元件，像是光耦合器、光分歧器或是陣列波導光柵路由器（Array Waveguide Grating, AWG）來傳輸，由中央機房到用戶端全部都是採用被動式的光元件連接，此種作法的好處是，遠端節點用的是被動光元件所以不需要供電，可以降低鋪設成本，並且幾乎不需要維護，遠端節點到用戶端這段由於是使用光纖網路，所以比傳統的銅線網路擁有更高的頻寬，加上目前銅線價格日益上揚，使得光纖網路與銅線網路的鋪設成本日趨接近。此種網路架構是目前最受歡迎的光接取網路架構，也稱作被動無源光纖網路。

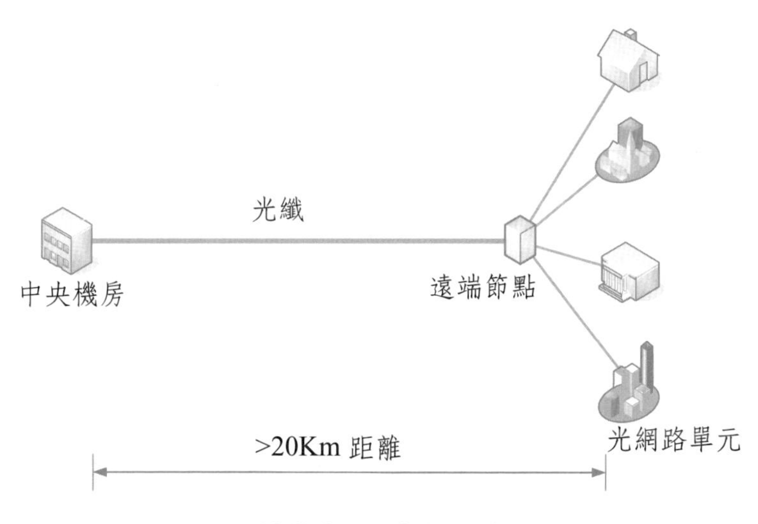

圖 9.4　被動式星型架構示意圖。

除了技術上的考慮外，還有成本上必須考慮的因素，點對點架構在整個網路系統中佈設非常多的光纖，相對於點對點架構，主動星型和被動星型架構的點對多點（Point-to-Multipoint, P2MP）架構，只需要一條饋線光纖（Feeder Fiber），來完成中央機房到遠端節點的連接，這樣是有好處的，例如有一天怪手挖斷了饋線光纖，在點對點架構下，維修人員必須確認每條光纖的編號，並且重新將它們熔接；然而點對多點架構下，維修人員僅需要將斷掉的光纖熔接回去即可。

而且在中央機房的建置成本上，點對點的架構會有和與用戶端相同數目的收發機；但是在點對多點的架構上，中央機房只有一套光收發機，因此中央機房收發機的成本能分攤到每個用戶端，只要用戶端的使用者數目夠多，中央機房的建置成本會比點對點架構還要來的便宜。

在點對點和主動星型網路上，光訊號只在中央機房與遠端節點透過光電轉換器作傳輸，而資料在遠端節點的是以電的形式做多工處理（Multiplexing），因此沒有資料碰撞的問題，因此這個架構下的光收發模組的設計較為簡單，也可以很快速的商業化。在被動光纖網路上，用戶端上傳訊號是以光的方式在遠端節點做多工，如何避免光訊號的資料碰撞是一個很重要的議題，因此我們必須要有一個完善的多工技術設計來避免這個問題，我們將在之後章節作更進一步的討論。

9.1.2 FTTH 核心光電元件

目前有兩種類型光分路器可以滿足分光的需要：一種是傳統的燒熔式光纖分路器（Fused Fiber Splitter），一種是以光學集成技術生產的平面光波導分路器（PLC Splitter），這兩種元件各有優缺點。

1. 燒熔式光纖分路器（Fused Fiber Splitter）

燒熔技術是將兩根或多根光纖捆在一起，然後在熔接機上做燒熔拉伸，並即時監控分光比的變化，分光比達到要求後結束，其中一端保留一根光纖（其餘剪掉）作爲輸入端，另一端則作多路輸出端。目前較常使用於分光路較少的用途。這種元件主要優點有：

⑴耦合器已有二十多年的歷史和經驗，開發經費只有PLC splitter的幾十分之一甚至幾百分之一。

⑵原材料只有很容易獲得的石英基板、光纖、熱縮管、不銹鋼管和少些膠，總共也不超過一美元。

⑶分光比可以根據需要，藉由製作時的即時監控，而製作不同分光比的分路器。

主要缺點有：

⑴損耗對光波長敏感，一般要根據波長選用元件，這在三網合一使用過程是致命缺陷，因爲在三網合一傳輸的光信號涵蓋了從 1310 nm 到 1550 nm 等多種波長信號。

⑵均勻性較差，一分四路的分光器之插入損失最大相差 1.5 dB 左右，分光路徑愈多，各路的光損失相差更大，不能確保均勻地分光，可能影響整體傳輸距離。

⑶插入損耗隨溫度變化而變化。

⑷多路分路器（如 1×16、1×32）體積比較大，可靠性也會降低，安裝空間受到限制。

2. 平面光波導功率分路器（PLC Optical Power Splitter）

平面光波導技術是用半導體製程製作光波導分路元件，分路的功能在晶片上完成，可以在一片晶片上實現多達 1×32 以上分路，然後，在晶片兩端分別耦合封裝輸入端和輸出端多通道光纖陣列。圖 9.5(a)與(b)分別是一個平面光波導功率分路器的透視圖與實體照片。

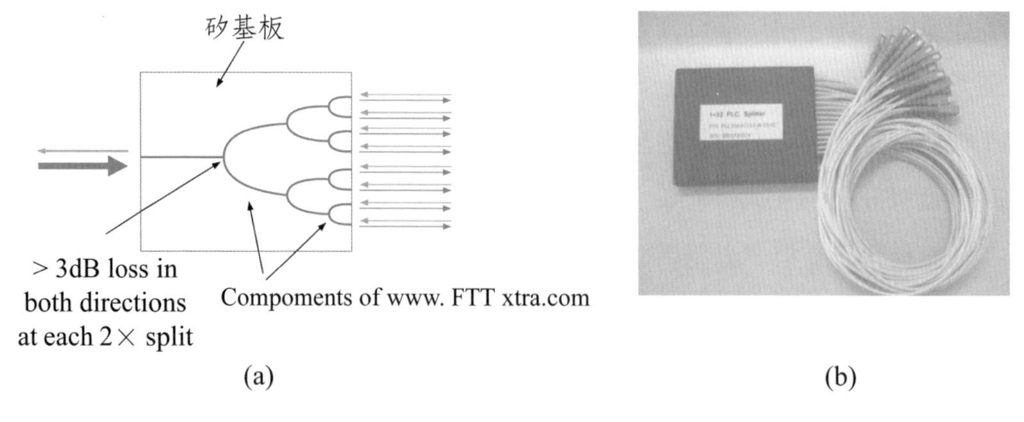

(a) (b)

圖 9.5 一個平面光波導功率分路器的(a)透視圖與(b)實體照片[3]。

這種元件的優點有：

⑴損耗對傳輸光波長不敏感，可以滿足不同波長的傳輸需要。

⑵分光均勻。

⑶體積小，可以直接安裝在現有的各種交接箱內。

⑷單一元件分路通道數目很多，可以達到 32 路以上。

⑸多路成本低，分路數越多，成本優勢越明顯。

主要缺點有：

⑴元件製作過程複雜，技術門檻較高，目前晶片全被國外幾家公司壟斷，國內幾乎沒有公司擁有製作技術。

⑵相對於燒熔式分路器成本較高，尤其是製作少數通道分路器方面。

9.2　被動光纖網路的多工技術

被動光纖網路（Passive Optical Network, PON）是指光配線網（Optical Distribution Network, ODN）中不含有任何電子元件、電路控制器或是主動光元件等，ODN 全部由光分路器（Splitter）等不需供電之元件組成。PON 網路的最大優點是消除了戶外的電源設備，所有的信號處理功能均在交換機和用戶宅內設備完成。它的傳輸距離比含有電路控制的光纖接入系統的短，覆蓋的範圍較小，但它價格低廉，無需另設機房，維護容易，因此這種結構可以經濟地爲居家用戶服務。

被動光纖網路的存取技術目前主流的有兩種，一種是分時多工技術（Time Division Multiplexing, TDM），另外一種是分波多工技術（Wavelength Division Multiplexing, WDM），我們將分別介紹如下[4], [5]：

9.2.1　分時多工被動光纖網路

分時多工技術（TDM）是目前最受歡迎且實際被採用的多工技術，如圖 9.6 所示，關於訊號傳輸方式，上行資料的傳輸方式是採用分時多工（TDM）技術，每個用戶端中有光網路單元（Optical Network Unit, ONU）都分配一個傳輸時槽（Time slot）。這些時槽間是同步的，因此當資料封包耦合到一根光纖中傳輸時，不同 ONU 的資料封包之間不會產生干擾。例如，ONU-1 在第 1 個時段內傳輸資料封包 1，ONU-2 在第 2 個沒有被佔用的時段內傳輸資料封包 2，依此類推，當 ONU 的個數越多，每個 ONU 被分到的時槽也就越短。下行資料是由光線路終端機（Optical Line Termination, OLT）送出後，用廣播的方式傳送到每個用戶端，由 ONU 去選擇特定位址得到資料封包，其他封包就丟棄不要。上傳封包傳遞的過程是用分時多工（TDM）的方法，即在同一時間只傳送一個封包。

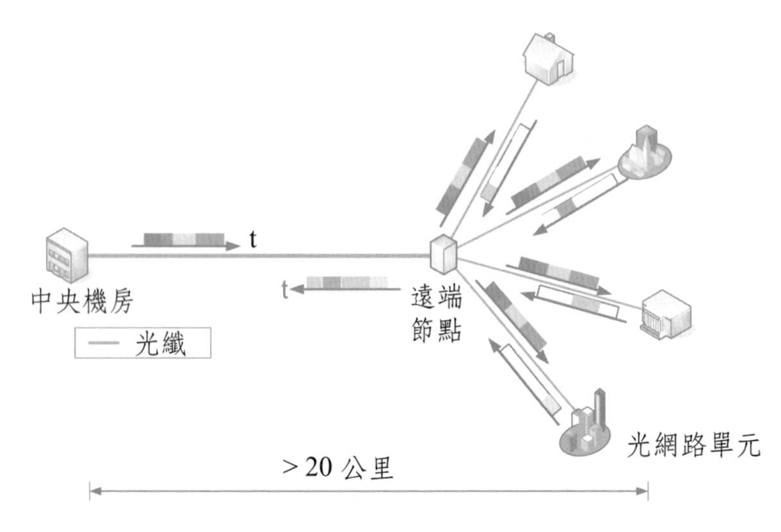

圖 9.6　分時多工被動光纖網路架構圖。

由於每個用戶端到中央機房的距離都不同，因此每個用戶端到中央機房的時間延遲也不同，因此中央機房必須去控制這個資訊，以確定當 ONU 的資料傳送到遠端節點時彼此不會互相覆蓋，形成資料碰撞。目前主要有兩種演算方式來控制時槽的分配，一個是由 IEEE 802.3 組織[6]以目前最主流的乙太標準（Ethernet Standard）所推出的通訊協定，另外一個則是IUT-T協會[7]以傳統的通訊服務為基礎而制定出來的通訊協定。

雖然分時多工技術是最早被提出的被動光網路架構，但實現分時多工被動光纖網路仍需要許多的關鍵技術[8-11]，例如：

1. **大動態範圍（Dynamic Range）的光接收機**

由於各個分支到達用戶端的距離不同，所以，各用戶端接收到的信號功率也都不同，故需要大動態範圍的光接收機確保信號可以完整被接收。此外，中央機房也同樣必須要有大動態範圍的光接收機，才可順利接收由用戶端傳送到中央機房的訊號。

2.距離量測技術

由於每個 ONU 到達 CO 的距離不同，上行傳輸時會有不同的時間差，而測距技術可補償時間差，確保每一路的上傳資料不會發生碰撞。

3.突發同步技術

測距的誤差會使到達CO的各個ONU相位不確定，所以CO必須具備迅速恢復各突發模式（Burst Mode）的正確時序相位的能力，完成各ONU位元同步以便接收正確信息。

4.安全性問題

資料下行時，是以廣播的方式到達各個ONU，所以有心人士只要稍動手腳就可以輕易的取得用戶的傳輸資料，這將對用戶信息傳輸的安全性造成影響。

目前 TDM-PON 已發展出幾種標準：最早出現的是 APON （ATM-PON；建構在ATM網路標準上），EPON（Ethernet-PON；建構在乙太網路標準上），以及GPON（Gigabit Ethernet PON）、BPON（Boardband PON），下面章節將簡略地介紹這幾種網路架構之不同。

9.2.2 分波多工被動光纖網路（Wavelength Division Multiplexing Passive Optical Network; WDM-PON）[12]

隨著用戶對頻寬的需求越來越高，WDM技術因而被引入接取網路與PON結合，產生了WDM-PON光纖系統，它與原本的被動光網路架構最大的區別，就是將光分歧器改成具波長選擇能力的分波多工器，在WDM-PON中傳輸時採用分波多工接取方式，可避免原本 TDMA 方式所遭遇到的技術困難，目前 ITU-T 所制定的 G.983 標準中僅對 1.3/1.55 μm 的低密度分波多工（CWDM）作規範，但是用戶對頻寬需求不斷攀升，基於高密度分波多工（Dense Wavelength Division Multiplexing, DWDM）的 WDM-PON 才是未來的發展方向，圖 9.7 爲 WDM-PON 的架構示意圖，其中RN端使用的元件是陣列波導光柵（AWG），所以上行與下行信號可同時使用不同的波長信號傳輸，其波長間距爲 AWG 元件的一個自由頻譜範圍（Free Spectral Range, FSR），每個用戶端皆擁有一個特定的波長與中央機房傳輸，如同獨立的點對點光路連接，故可達到極高速的傳輸頻寬。另一個值得重視的優點就是 AWG 不像分歧器般的具有相當高的插入損耗（若有 Port 數爲 2^N，則插入損耗爲 3×N dB），所以WDM-PON可以涵蓋更寬廣的傳輸波長範圍。但依目前技術來看，實現WDM-PON上仍會碰到一些問題，主要是如何有效率的使用每一個波長通道、動態分配用戶的頻寬、乙太網路交換機的相容，還有最受重視的成本問題。

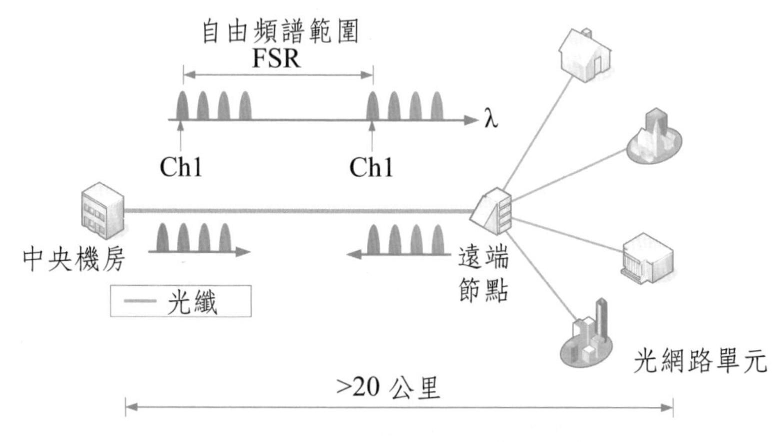

圖 9.7　分波多工被動光纖網路架構圖。

9.3　分時被動光網路之結構

9.3.1　APON 與 EPON

APON 是最早提出的網路架構，但是由於傳輸效率較低、頻寬有限、系統複雜、價格昂貴以及需要進行 ATM 協議和 IP/Ethernet 協議之間的轉換等缺點，因此促使 EPON 誕生。EPON 優點如下：

1. 與 APON 相比，結構更簡單、更加可靠和易於維護，投資成本更低。
2. 接入總頻寬高，提供給用戶的接入速率高。
3. EPON 採用和 IP/Ethernet 一樣的乙太網路協議，不需要進行協議轉換。
4. EPON 的傳輸距離比 APON 更遠，覆蓋範圍廣。
5. 應用範圍甚廣，除了基本的 FTTB、FTTC 和 FTTH 外，還可以用於 DSL、Cable modem 等技術中。

APON 與 EPON 的網路架構是幾乎相同的，主要不同地方是在於通訊協定上。APON 是以 ATM 的傳輸協定來傳送資料。封包長度固定爲 53 個位元。其中 48 個位元是資料區（payload），5 個位元是旗標訊號（overhead）。下行傳輸資料速率爲 622 Mb/s 或 155 Mb/s，上行速率爲 155 Mb/s。光節點到前端的距離可長達 10～20 公里，或者更長。

EPON 是用符合 IEEE802.3 的乙太網路通訊協定，封包長度是可變的，最長可達 1,518 位元。目前的 EPON 技術方案有兩種，一種爲採用 TDMA/TDM-EPON，其傳輸距離最遠可達 20 公里，一條光纖最多可支持 64 個用戶，總頻寬爲 622 Mb/s 到 2.4 Gb/s。另一種則爲 WDM-EPON，其傳輸距離最遠可達 60 公里，一對光纖最多可支持 16 個用戶，總頻寬可達 1.6 Gb/s 到 160 Gb/s，基本的

APON 與 EPON 網路架構示意圖如圖 9.8 所示。

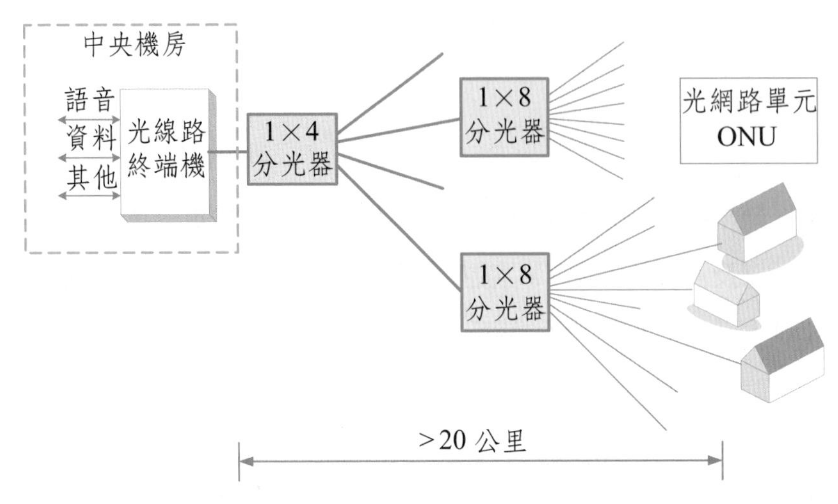

圖 9.8　基本的 APON 與 EPON 網路架構示意圖。

9.3.2　GPON

GPON 是由 EPON 衍生出來的，主要不同點在於 GPON 以十億位元（Gigabit）速率達到封包資料傳輸的目的，目前仍由兩個制定標準的組織（ITU-T/FSAN 和 IEEE-EFM）研究中，新的封包格式和可允許傳送的資料長度，已陸續地制定成條文，研究的重點在於系統傳輸效率，與系統履行的複雜性之間的取捨問題。為了發展一個普遍性的高性能，並附有經濟效應的GPON系統，關鍵技術上的最大挑戰是上行傳輸的資料模式是突發式動作，並且操作在很高的速率，所以電子元件的速率、雷射及檢光器的封裝方式，都是目前研究的重點，最主要組成的部分：

1. 高速率，低價格，可靠的 ONU 突發式光發射機（BM-TX）。

2.高靈敏度，寬動態範圍 OLT 突發式光接收機（BM-RX）。

9.3.3 BPON

主要包含三個波長來載送資料，1310 nm 波長用來載送上行資料，1490 nm 波長用來載送下行資料，1550 nm 波長用來載送視訊資料，視訊資料是從有線電視中心網藉由影像頭端機將視訊轉成光訊號，然後與下行傳輸資料多工透過同一條光纖傳輸，如圖 9.9 所示。

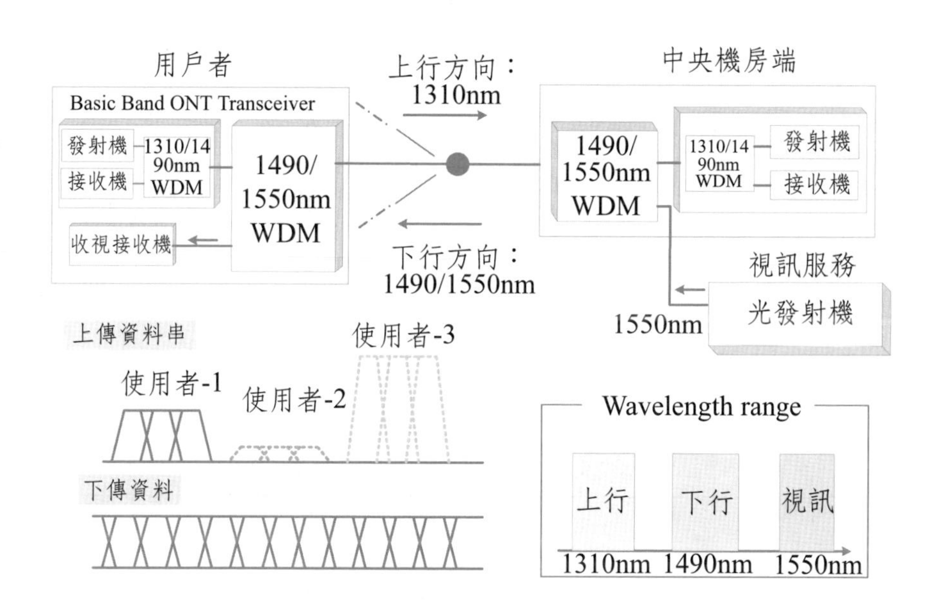

圖 9.9　BPON 網路架構與傳輸資料方式。

就標準化的制定方面，EPON 是由設備商一同推動的技術，而 APON 與 GPON 則是由網路營運商發動制定的，包含了全世界二十多個系統營運商的支持下，形成全面性服務接取網路（Full Service Access Network; FSAN）組織。我們將此三種常見的 TDM-PON 的幾項參數列表比較（表 9.2）。

表 9.2　PON 主要參數比較[5][13]

	FSAN/ITU-T		IEEE
	APON/BPON	GPON	EPON
規範	ITU G.983	ITU G.984	IEEE 802,3ah EFM
上行速率（Mb/s）	155, 622	155, 622, 1244, 2488	1250
下行速率（Mb/s）	<622	1244, 2488	1250
編碼方式	NRZ	NRZ	8b10b
分歧率	32	64(max: 128)	16 or over
光路損失（含光分歧器損失）	Class B: 25dB Class C: 30dB	Class A: 20dB Class B: 25dB Class C: 30dB	PX-10U: 23dB PX-10D: 21dB PX-20U: 26dB PX-20D: 26dB
資料封包格式	ATM	Ethernet over GEM, ATM	Ethernet
上傳突發模式的設定	Total 24 bits (Guard time: 4 bits (min.))	Guard time 25.6 ns; Preamble: 35.2 ns (typical) Delimiter: 16.0 ns (typical)	Laser turn on/off:512 ns (max.) AGC setting & CDR lock: 400 ns (max)

9.4　接取網路趨勢

光纖到家服務目前已經在各個國家間迅速推展中，主要以日本為最主要的光纖到家服務市場，除了日本外，美國、韓國、法國都均有積極的規劃方案，市調機構 Point-Topic 的最新統計則顯示，2006 年第三季全球 FTTH 用戶數約為 2,700 萬戶，且仍以季成長率 12.6%的速度持續攀升，而北美和亞太地區用戶數季成長率甚至超過 20%，更值得注意的是，亞太地區 FTTH 用戶數甚至比 Cable 上網用戶數多 32 萬戶。

英國研究顧問公司 Ovum 於 2006 年底估計，全球光纖到戶接取點在 2007 年底達 3,680 萬，預計在 2010 年底全球光纖到戶接取點更可達到 8,137 萬的規模；該公司於 2008 年四月又推出了一份新的統計報告指出，光纖到家府用戶在 2007 年第四季較前一季成長 11%，而亞洲的光纖到府用戶人數佔總用戶人數的 84%，其次則為美國佔 14%，而歐洲只佔 2%。另外一方面，營運商也開始從 BPON 轉向 GPON，因此 2008 年是 GPON 快速成長的一年。

TDM-PON 技術已經走向成熟化、商業化，BPON 和 EPON 已經在很大的範圍內被採用，GPON 也已在 2007 年開始部署。於是，很自然的出現了一個問題：如何定位下一代 PON 技術的發展方向？傳統上謹慎的做法是構建一種可滿足未來網路擴充的需求，依不同使用者對頻寬需求，傳送可靈活調整頻寬的可擴展性 PON 架構，它將不需對外部器件模組進行更換就可升級，從圖 9.10 顯示的光接取網路發展來看，普遍認為，TDM-PON 技術將會提升傳輸的資料速率至 10Gb/s，產生 10G-PON，在 10G TDM-PON 之後將會由 WDM-PON 來接替，由於 WDM-PON 使用分波多工技術，使得設備製造商需準備多種不同波長的雷射元件，和 TDM-PON 只需要固定一種波長的雷射光源不同，因此 WDM-PON 的建置成本過高是一個問題，為了降低用戶端的成本，有一些相關的技術被提出，例如在用戶端改用與波長無關的元件像是法布里－珀羅（Fabry-Perot）雷射或是反射式半導體光放大器（Reflective Semiconductor Optical Amplifier, RSOA）等元件，再搭配注入鎖模（Injection Locking）或是自我注入（Self Seeding）的方式來達成無色波長（Colorless）的被動光纖網路[14-16]。

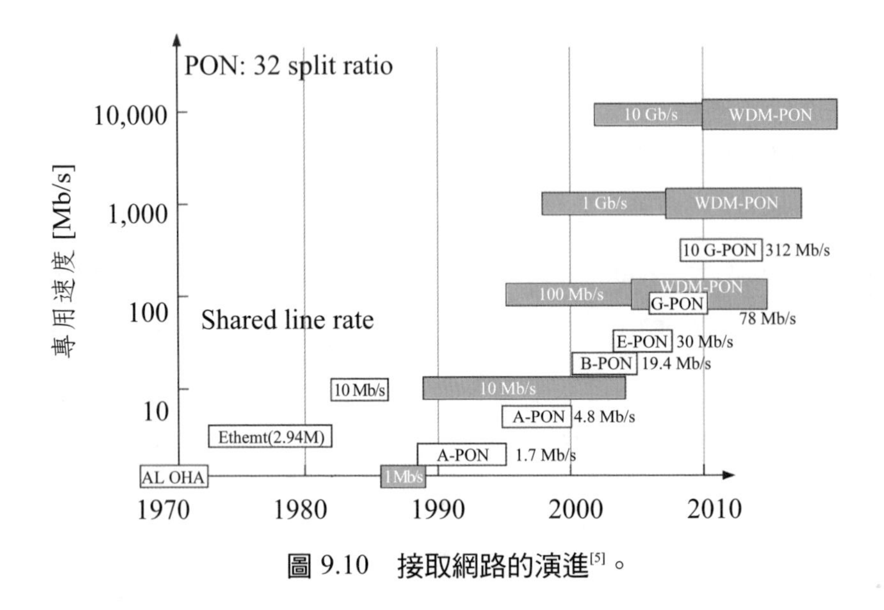

圖 9.10　**接取網路的演進**[5]。

目前從學術研究方面的角度來看，下一代被動光學網路的主要發展趨勢有以下幾個方面：WDM-PON、WDM/TDM 混合 PON、10G EPON、PON/ROF 匯聚、長距離傳輸 PON 等幾種網路設計。

9.4.1　WDM-PON 技術介紹

一種直接升級 TDM-PON 的途徑，是在 OLT 與 ONU 之間採用獨立的波長通道，這種方式於實體層上來看，原本點對多點的 PON 結構在 OLT 和每個 ONU 間形成了點對點的獨立連接，被稱爲分波多工被動光學網路（WDM-PON）。

相比 TDM-PON，WDM-PON 有許多優勢，例如高頻寬，協議透明性，安全性更高，靈活的可擴展性，影響 WDM-PON 大規模應用的最大問題，在於基於每個使用者需使用不同波長傳遞資料，因而導致 ONU 的成本高。因此 WDM-PON

核心技術的發展都與如何為 ONU 構建一個便宜和穩定的光發射機相關。為了降低WDM-PON技術運行成本，和提高與原有資源的相容性，系統設計者和設備供應商已經聯手共同開發無色光源光網路單元的技術。

在最近幾年有許多針對WDM-PONs系統架構相關研究被提出[17-19]，這些研究文獻幾乎只考慮 DWDM-PON 的型態，其中出現許多不同的 WDM-PON 架構，WDM-PON 網路架構的特性，在於使用者端的 ONU 上傳光波長是由中央機房決定，因此我們將已被提出的WDM-PON架構分為兩類：不需外部注入光與需要外部注入光源兩種，進行介紹。

第一個為最早提出的寬頻譜光源頻譜切割技術[20]，架構顯示於圖 9.11(a)，可以安排兩個波段的波長分別提供上行與下行訊號傳輸用，OLT使用固定波長載有訊號的雷射陣列，在下行（Downstream）方向傳送全部波長通過遠端節點的AWG後，會依照不同光波長傳送到各個ONU，於每個ONU使用相同的光接收機接收下行光訊號，每個 ONU 都使用自發放射光源（LED）或是高亮度光源（SLD）做為無色光源用，經過 AWG 後會切割小部分的光訊號是上傳至中央機房端，好處是ONU價格低廉，不需要額外的注入光源，但缺點為傳輸速率受限於 155Mb/s 以下，由於光功率較低也只能傳送較短距離，傳輸速率受限，因此並不適合發展成替代 TDM-PON 的下一代 PON 架構。

另一個簡單的方法顯示於圖9-11(b)，是使用可調光波長的雷射光源作為ONU光發射機，直接設定每個 ONU 具有特定光波長，好處是資料速率可以較快（> 2.5Gb/s），傳輸距離長（至 80 公里），但是這類雷射光源價格十分昂貴，不適合用於接取網路，如何決定光波長的配置，與設定範圍有限也是一大缺點。

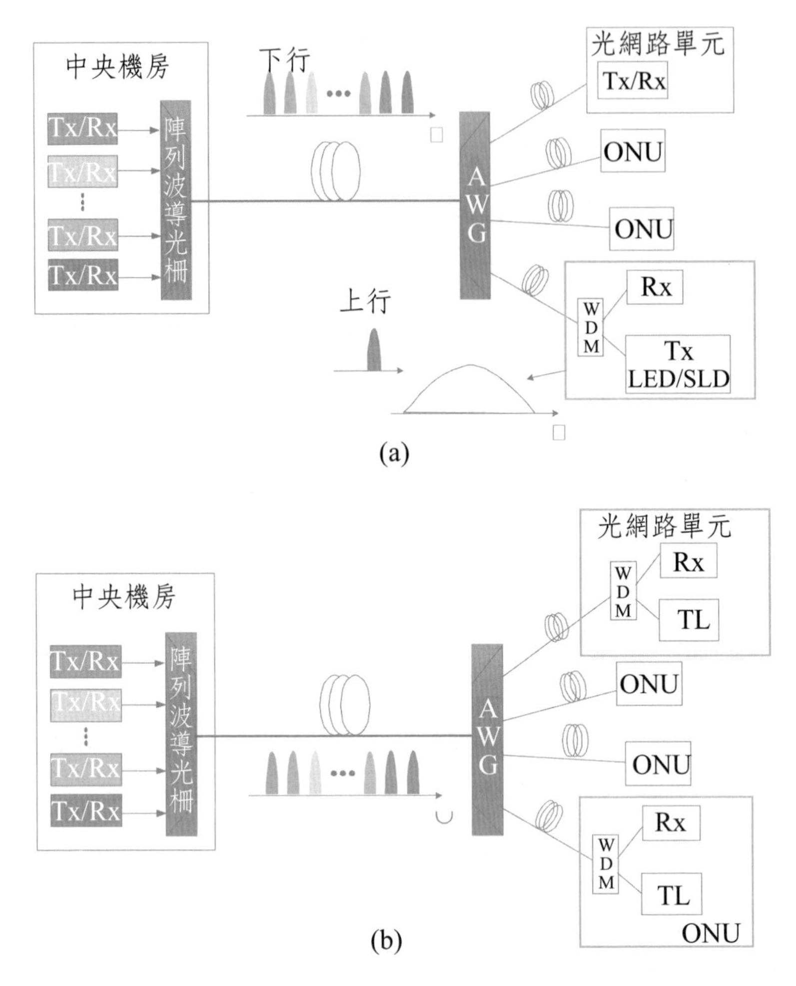

圖 9.11　基本 WDM-PON 架構，ONU 端不需要注入光源的兩種設計：(a)寬頻譜光源頻譜切割技術，(b)使用可調式雷射光源。

如圖 9-12 的架構示意圖，第二類無色光源 ONU 由中央機房送出一個注入光源（Seeding light），進入到 ONU 後決定其操作波長，注入光源可以是寬頻譜光源或是同調（Coherent）光源，同調光源指的是窄頻 DFB 光源，至於 ONU 端，可以使用注入鎖模式法布里－比洛雷射（Injection lock Fabry-Perot laser diode, IL—FP）技術，好處是價格較低廉，但是傳輸速率與傳輸距離有一定的限制，相較於反射式光半導體放大器，注入光功率需要較高準位。

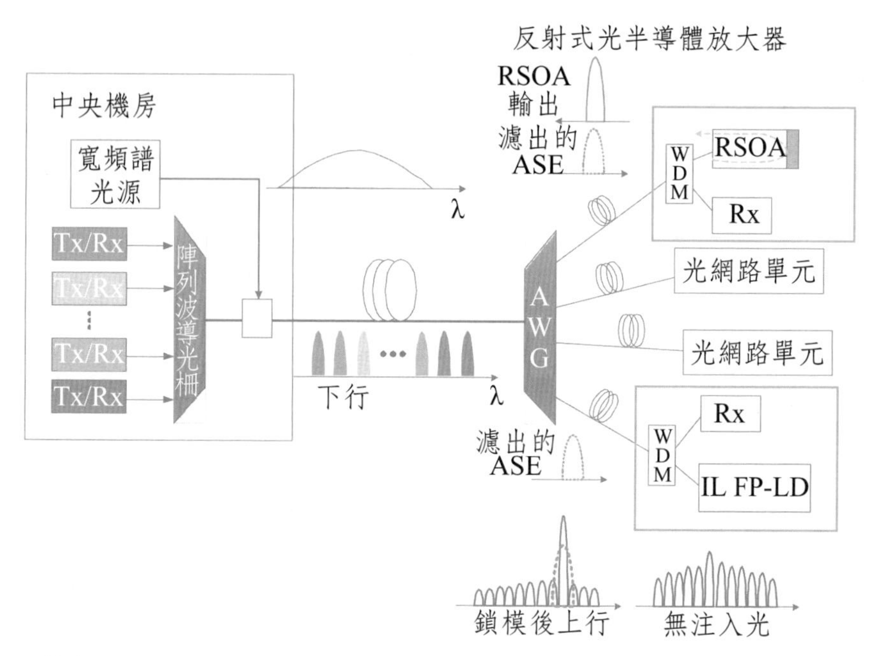

圖 9.12 基本 WDM-PON 架構二，ONU 端需要注入光源的兩種設計，使用注入鎖模式法布里一比洛雷射或是半導體光放大器做為 ONU 端光源。

由於光接取的網路只希望使用單一光纖運作，和無波長選擇性（或無色，Colorless）的 ONU 模組之要求，促使反射式光半導體放大器（Reflective SOA）的出現，將光半導體放大器其中一個鏡面設計成全反射，因此輸入端與經放大調變後的輸出端是相同的，並且提供額外的放大增益，但是傳輸距離還是有限的。另一個選擇是反射式電子吸收式電光調變器（Reflective electro-absorption modulator, REAM），可以操作到 10 Gb/s 以上的資料速率[21,22]。

由中央機房傳送一注入光的方式又稱爲反饋式（Loopback）PON 架構，也可分成兩種：一是注入光源與下行傳輸訊號用光源是不同，另一種作法是下行傳輸用光源也作爲注入光源，圖 9.13(a)顯示使用 RSOA 作爲 ONU 光源的光反饋式

PON 架構，以一個可產生多頻率輸出的雷射作為反射式 ONU 光發射機的注入光源，此光源在 OLT 是不被調變的，所以 ONU 可以用簡單 WDM 濾波器取出，ONU 數目受限於可以注入的波長數目，OLT 對於上行或下行訊號都要經過放大，是為了達到最長的傳輸距離要求、補償在 ONU 的高損耗的光元件（如 REAM）或是必須有足夠的注入光功率（如 IL-FP）等目的。

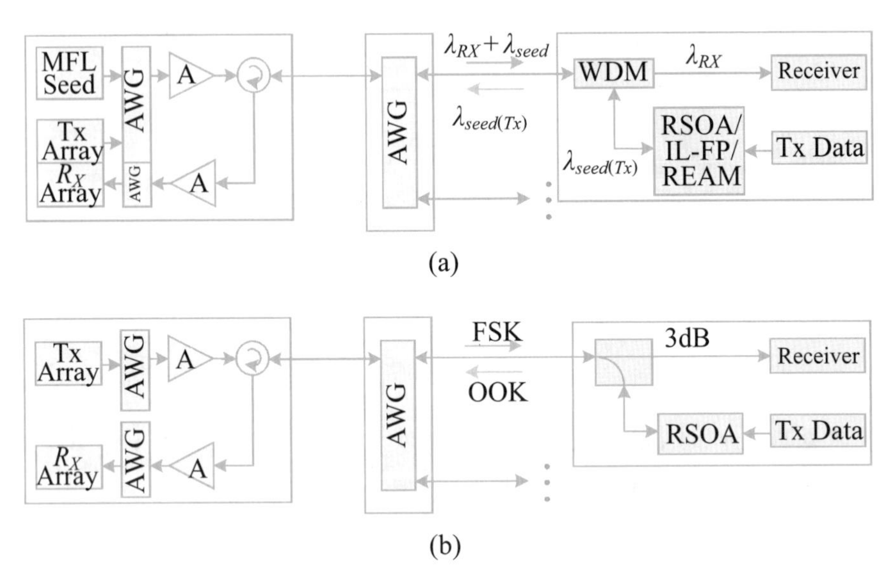

圖 9.13　兩種反饋式 PON 架構的設計，(a)注入波長與載送下行訊號之波長不同，(b)使用下行傳輸用的波長同時做為注入光源，因此上下行調變方式不同[23]。

另一個方法直接利用下行傳輸用光源作為 ONU 的注入光源，上行傳輸訊號使用，如圖 9.13(b)所示。為了達到 ONU 光模組的簡單化，RSOA 使用 OOK 調變格式，因此注入光訊號必須保持一定的光場強度，所以下行訊號無法使用簡單的 OOK 調變，只能選擇採用頻率調變或是相位調變方式[23]，在 ONU 部分，藉由 3 dB 耦合器（分歧器）分開上下行光訊號，而在 OLT 部分，可以使用光循環器分離上下行光訊號。

將上述幾種 WDM PON 架構之優缺點做比較，如表 9.3 的結果，以寬頻譜光源實行頻譜切割設計可以得到最低的所需成本，不管是 OLT 或是 ONU，但缺點是切割後光源功率低，若是使用 RSOA 作爲 ONU 光發射機，目前有研究論文發表，其傳送資料的最快速率可以到達 10 Gb/s，但要實際使用到傳輸系統中，仍有許多問題需解決。

表 9.3　幾種 WDM PON 架構之比較

技術	位元率／通道	通道數	優點	缺點
寬頻譜光源頻譜切割	低，<155Mb/s	低，<16	便宜，不需要注入光源	無擴充性與短距離傳輸
ASE 注入 FP-LD	低，～1.25Gb/s	中等，～32	不貴	RIN 限制速率與距離傳輸
DFB 雷射注入 FP-LD	中等，>2.5Gb/s	中等，～32	不貴	與注入光極化相關
ASE 注入 RSOA	中等，<5Gb/s	中等，～32	相對較高的資料速率	較貴，需要注入光，色散限制
DFB 雷射注入 RSOA	中等，<5Gb/s	高，>32	相對較高的資料速率	需要龐大注入光源，極化相關，背向散射問題
REAM	高，>10Gb/s	低，<32	高資料速率	昂貴的，需較高功率注入光，背向散射問題
可調式雷射	高，>10Gb/s	高，>32	高輸出功率，長距離傳輸，不需注入光，波長具彈性	昂貴的，需要外部調變器

迄今討論的 WDM-PON 都是屬於高密度的分波多工網路。儘管與 GPON/EPON 相比較下，高頻寬是受人注意的，但是這些架構由於使用 DWDM 收發機也導致成本遽增。

因此，CWDM（Coarse Wavelength Division Multiplexing）的使用被認爲是另一降低成本的選擇。基本的 CWDM-PON 架構顯示於圖 9.14，在這個 PON 架構中使用標準化，低成本的 CWDM 小型熱插拔式（Small Form factor Pluggables, SFP）封裝的光收發模組，從系統成本的觀點，這些收發機在目前光電元件市場上可提供最低的費用。從營運成本的觀點，這種方法雖然不能完全符合無波長選擇性的設計，但是營運成本仍然是低的，因爲事實上 SFP 光收發模組是容易插拔更換的，而且可提供更換的光收發機數目是有限的。

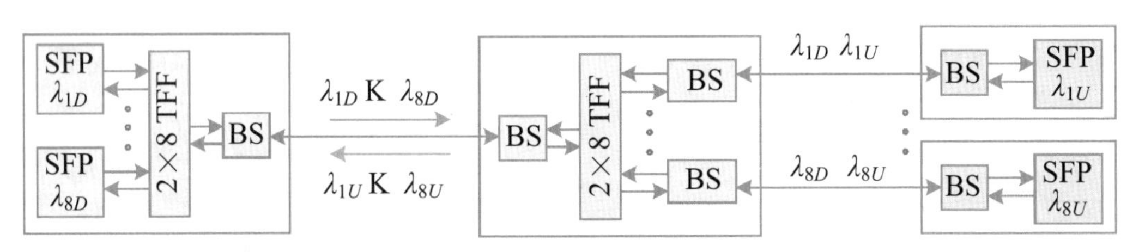

圖 9.14　使用 CWDM 熱插拔式光收發模組的簡易 CWDM-PON 架構（TFF: Thin-Film Filter；薄膜濾波器）[23]。

圖 9.14 中顯示一個使用 16 個 CWDM 波長爲了只在一條光纖中傳輸，提供 8 個 ONU 使用的例子。這幾乎已經覆蓋整個 CWDM 的所有波長範圍（在 ITU-T G.694.2 規範中定義了共 18 個波長，從 1270nm 到 1610nm，波長間距固定爲 20nm）。由於使用薄膜濾波器所以 CWDM-PON 能提供較低的分光比，最大好處就是光功率容許範圍（Power budget）增大。

9.4.2　WDM/TDM 混合 PON

WDM/TDMPON 將是未來 PON 演變過程的一個過渡時期發展出的技術，由於現階段實現 WDM-PON 存在不小的難度，因此較爲合理的網路升級策略是從

TDM-PON向WDM-PON逐步演變，而在過渡的過程中，兩者的共存階段是必須要經歷的，因此出現被稱爲 WDM/TDM 混合型 PON 的多種融合架構。WDM 和 TDM 混合模式的 PON 結構具有容量大、高可靠、節省都會光纖資源等優勢，在將來的接取網路改造和升級中將發揮巨大作用。基於 WDM 技術的 PON 網路架構可以相容現有的 1G/2.5G/10G EPON、GPON 和 P2P 等多種光纖接入技術。通過波長規劃，可以直接傳送 1310nm 波長的有線電視（CATV）服務，實現「三網合一」，在線路中加入光線路監控信號，實現 ODN 網路的光線路檢測功能。另外通過 WDM/TDM PON 可以構建一個具有更大接取容量、更高傳輸速率的全新光接取網。

目前最自然的 TDM-PON 和 WDM-PON 混合技術是採取串聯的方式。在一個 WDM/TDM 混合 PON 中，如果每個波長通道間獨自工作，除了原本 TDM-PON 的 MAC 層協定，網路中無需另一種額外的 MAC 控制協定。然而這種方案可能無法有效的利用頻寬，尤其是當一些波長載送資料量大，而另外的波長負載較輕的情況。如果在所有 ONU 間共用這些波長，那麼系統總輸送量將會得到顯著的提高。基於這個原因，需要一種被稱爲動態波長分配（DWA）演算法的波長調度方案，藉由控制可調式雷射光源（LD）和WDM配置程式使得波長通道動態調整。一種不僅分配時隙，還爲 ONU 分配波長的 DWA/DBA 演算法的技術，是 WDM/TDM 混合 PON 發展的一個重要研究課題。

另一問題是在 WDM-PON 中提供廣播業務是困難的，爲了解決這個問題，WDM/TDM-PON 的混合結構也朝向添加廣播波長的核心技術方向進行發展。

9.4.3 10G PON

從上面的描述得知，目前光接取網路的建設，最常採用的應該是EPON或是GPON 技術，雖然是有不同的組織制訂了規範，但一致的提出下一世代 PON 網路的發展藍圖，如圖 9.15 顯示兩個TDM-PON技術的升級規劃，我們分別敘述如下：

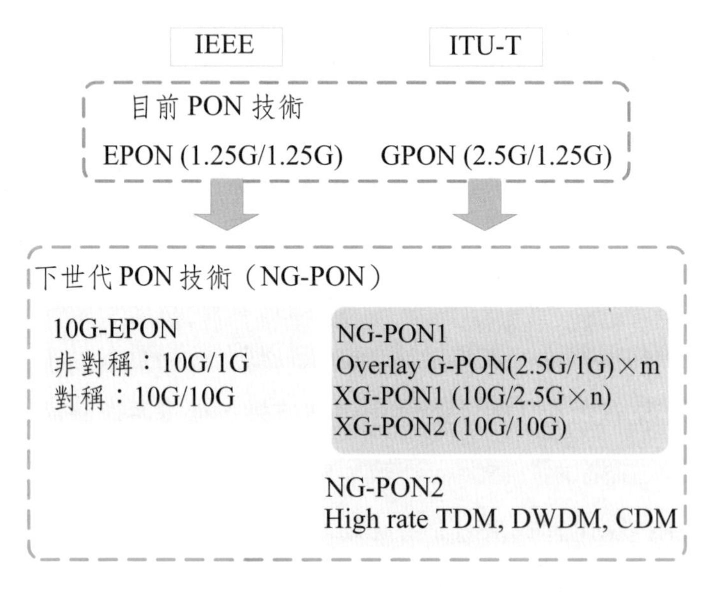

圖 9.15　下世代兩種 TDM-PON 技術的升級。

1. 10G-EPON

將早期EPON的傳送速率升級到10 Gb/s等級，就稱為10G-EPON，促進10G-EPON 發展的主要驅動力當然是來自市場的需求。為了滿足市場需求，IEEE 802.3av 10G-EPON 工作小組在 2006 年 9 月成立，它們的任務是在 2009 年完成 IEEE 802.3av 10G-EPON標準制定的工作。10G-EPON在系統組成上與 1G-EPON

相同，但需採用支援 10 G 速率的 OLT、ONU 和 ODN 等相關光電元件。10G-EPON 在系統結構上仍然延續 1GEPON 的典型樹狀的拓撲結構。

10G-EPON 分為兩個類型：其一是非對稱方式，即採用 10 G 速率下行，但上行速率與 EPON 相同仍然為 1 G；其二是對稱方式，即上下行速率均為 10 G 的 EPON 系統。相比來說，由於 PON 系統的上行傳輸技術難度較大，因此 1 G 上行 10 G 下行方式的 10G EPON 系統較為容易實現，目前晶片廠家已經可以提供雛型系統。但由於該類系統上下行頻寬比達到 1：10，因此能否與實際使用者業務需求的頻寬模型相匹配存在疑問。

目前 10 G 下行將採用 1574 至 1580 nm，其與波長範圍在 1480 至 1500 nm 間的 1 G 下行共存，保留了 1540 至 1560 nm 用於影像傳送服務。10GEPON 下行採用 10 G 的傳輸速率進行廣播已經沒有異議，但上行採用 1 G 的傳輸速率還是 10 G 的傳輸速率，是採用 TDMA 還是 WDMA 則還要考慮。

採用 TDMA 技術的 10G-EPON，在成本上無疑較採用 WDMA 技術的 10G-EPON 要低得多，而且和目前的 802.3ah EPON 相比成本也不是特別高。但是採用 TDMA 技術的 ONU 的資料在上傳前必須等待自己的允許週期，不同 ONU 的上行資料中間還有保護時間，更重要的乙太網路封包會變長，如果正在等待的 ONU 發送之前 PON 上下行線路均在發送較長的封包資料，則該 ONU 可能等待的時間更長，這些因素都導致了採用 TDMA 的 10G-EPON 上行方向造成時間延遲較長現象，這對於時間延遲特別敏感的服務（如 VoIP）十分不利。另外採用 TDMA 技術的 10G-EPON 其上行平均頻寬較小（相當於所有 ONU 共用 1 G 或 10 G 的頻寬）。相比之下採用 WDMA 的 10G EPON 每個 ONU 獨享 1 G 或 10 G 上行頻寬，另外上行方向使用的是真正的點對點（P2P）網路，發送時無需等待，延時極低。然後不幸的是該方案優越的性能需要高昂的成本代價，因此採用 WDMA 技術的 10G EPON 不太可能普及到用戶家裡，即不適合 FTTH 應用，但作為 FTTB

和 FTTC 還是大有前途的，也可以用於串接現有的 GEPON。採用 TDMA 技術的 10G-EPON，如果能夠解決上行延遲時間過大的問題，在 FTTH 應用特別是高清 IPTV 接取領域中將大有作為。

2. NG-PON

另一標準制定的組織單位——FSAN/ITU，將下一代被動光纖網路的演進為兩個階段：NG-PON1 和 NG-PON2。NG-PON1 屬於 PON 的中期演進，NG-PON2 則被視為遠期發展的解決方案。

整體來說，在下一代 PON 系統的演進討論中，「ODN 相容」是所有光網路演進的核心前提。這一部分的投資在整個光纖網路建設中比率高達約 70%，因此保護現有 ODN 投資，是運營商對 NG PON 網路演進的重要要求。

ITU-T 在 2008 年 12 月啓動了 NG-PON 標準，並制定了 G.987 系列的標準規範，其中包含了 XG-PON1、XG-PON2 以及多波長堆疊等多種技術方向，目前技術上尚無實質性進展。XG-PON1 代表了非對稱傳輸系統（上行 2.5 Gbit/s，下行 10 Gbit/s）；而 XG-PON2 代表了對稱傳輸系統（上行 10 Gbit/s，下行 10 Gbit/s）；堆疊模式的主流思想是 ONU 上行採用不同波長，每波長 2.5 G 速率，通過堆疊 4 種波長達到上行 10 G 的能力。

當前 NG-PON1 的標準體系已經成熟，與現網 GPON 共存的驗證和測試工作也已在 Verizon 的推動下成功完成，只是產業鏈的成熟稍待時日；而當前的 GPON 網路佈署可提前做好相容準備，為未來向 NG-PON1 演進鋪平道路。

相對目標清晰、進展明顯的 NG-PON1 而言，NG-PON2 階段還處於百家爭鳴、各執一詞的戰國時代，很多可能採用之技術正在研討和比較之中。其中，最直接的想法，是在時域上提升速率，從 10 G 提升至 40 G；另一種想法是利用多種波長疊加來擴充總體的接取頻寬，即 WDM-PON，其中 CWDM 或 DWDM 的波長都在可選之列；基於 TDMA＋WDMA 的 ODSM PON 對使用者頻譜進行動態管理以達到不變改動ODN和使用者設備的目的；而光分碼多工（OCDMA-PON）的發展方向，則是採用分碼多工技術來對使用者終端進行編碼，進而避免TDMA系統所需要的發送時隙分配；還有正交分頻多工（OFDMA PON）技術，希望利用正交頻分多工技術來區分使用者終端，從而有效提高頻寬利用率。但是，總體上，上述大多數技術都還只停留在實驗室研究或測試階段。目前能達成一致的是，最有希望勝出的NG-PON2技術應符合ODN相容、頻寬、容量與具經濟性等特徵。

比較現行的PON技術升級到10G PON，波長配置的修改如圖9.16所示，下行方向除了1550 nm波長還是用來傳送視訊訊號，原本使用1490 nm波長區域傳送數位資料，將移到長波長區域1580 nm，而上行方向而言，原先對1310波段允許一個較寬廣的波長範圍，但將資料速率提升到10 G後，需要較精準且狹窄的波長區域。

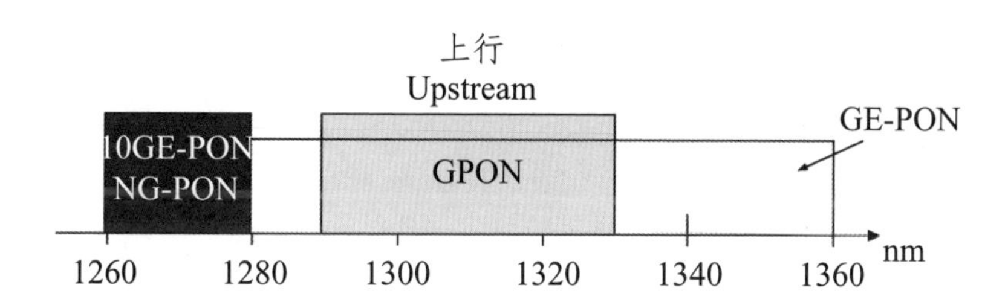

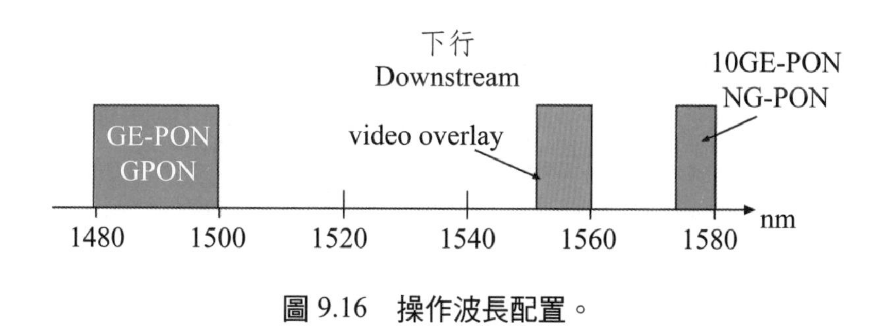

圖9.16 操作波長配置。

9.4.4 PON/ROF 匯聚

隨著光纖鋪設到使用者家中的趨勢日益普及化，EPON、GPON和WDM-PON技術也被無線接取市場所注意到。BWA（寬頻無線接取）技術諸如 WiFi、WiMAX、3G等正變得流行，它們的優勢在於更具擴充性和靈活性。爲了充分利用光纖的大容量和無線通訊的移動性，逐步出現了一個很有希望的應用領域，即無線和光網路的聚合（Converge）。一個簡單的匯集例子是在FTTB環境中EPON和 WiFi 的串聯技術。出於經濟可行性考慮，在集中型住宅社區安置一個接取到IEEE 802.11n WLAN介面的ONU，可以覆蓋眾多用戶提供使用，這是一種替代實現FTTH的方案之一。

一種真正的光網路和無線的匯聚可使用在基於光纖傳輸的廣播系統，另一個關於PON與ROF會聚的新方向，是在PON的光纖實體層傳送RF子載波，如此一來，同時傳送基帶信號資料和調變的RF信號能同時傳送到有線和無線用戶端。

9.4.5 長距離傳輸 PON

最早於1990年被提出，爲了增加遠端節點的分流比以增加使用者數目，延伸饋線長度的長距離傳輸PON（Long reach PON）被認爲是下一代光接取網的發展可能性之一，如圖 9.17 顯示的示意圖，爲了延伸 PON 的可達距離至 100 公里，覆蓋都會型網路的範疇之外，希望降低設備間的介接、能源的消耗、網管與維護的成本。因傳輸距離增加會增加光路徑損耗，一個解決光功率餘裕不足的方法，是開發雙向的中繼光放大器。迄今爲止，已經開展了許多以擴展GPON可達距離爲主要方式的研究，在這些過程中所用的光放大器是EDFAs（摻鉺光纖放大器）或SOAs（半導體光放大器），長距離傳輸PON技術的進步使得都會區網路發展重心轉向接取網變得可能，這也是都會型和接取網整合的一個重要的發展方向。

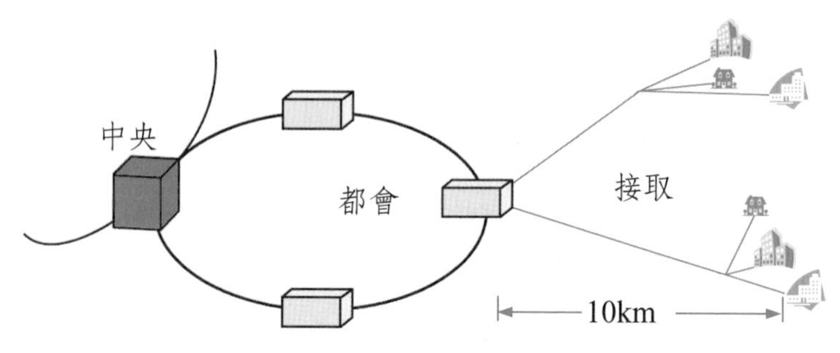

圖 9.17 長距離傳輸 PON 的示意圖。

綜合上所述，在眾多新出現的PON技術中10GEPON是最有希望的，因爲它將提供最高的傳輸容量，最低的單使用者價格以及最簡單的方式從1 Gb/s升級至10Gb/s。最簡單的乙太網協定使得10G EPON比10G GPON更容易實現，比之WDM-PON，10G EPON的單用戶成本將降低很多，因爲即使超高速的電子元件仍遠比光電元件便宜。

習 題

1. 請說明一個分時多工被動光學網路的工作原理，上下行方向如何傳輸資料？
2. 請試著比較分時多工被動光網路與分波多工被動光網路的優缺點。
3. 設計分波多工被動光網路架構時，ONU端的光電元件使用注入鎖模FP-LD或是RSOA，應該考慮哪些因素？各有甚麼優缺點？
4. 在GPON規範中定義最大系統光功率餘裕值（Power budget）為30 dB，若已知光發射機輸出光功率為2 mW，傳送資料速率為1.25 Gb/s，光接收機使用PIN檢光二極體，請試著估算最大可以分幾條分支光路。

參考文獻

[1] C. H. Lee, W. V. Sorin, and B. Y. Kim, "Fiber to the Home Using a PON Infrastructure," J. Lightwave Technol., vol. 24, no. 12, pp. 4568-4582, Dec. 2006.

[2] T. Koonen, "Fiber to the Home/Fiber to the Premises: What, Where, and When?" IEEE Proceedings, vol. 94, no. 5, pp. 911-934, May 2006.

[3] http://massive-source.com/index.php

[4] G. keiser, FTTX concepts and applications, WILEY-INTERSCIENCE, 2006.

[5] C. H. Lee, W. V. Sorin, and B. Y. Kim, "Fiber to the Home Using a PON Infrastructure," J. Lightwave Technol., vol. 24, no. 12, pp. 4568-4582, Dec. 2006.

[6] D. Law. (2006, Oct.). IEEE 802.3 CSMA/CD (ETHERNET). [Online]. Available: http://www.ieee802.org/3/

[7] FSAN in Relation to Other Standard Bodies. FSAN. [Online]. Available: http://www.fsanweb.org/relation.asp

[8] S. Nishihara, M. Nakamura, K. Nishimura, K. Kishine, S. Kimura, and K. Kato, "A Fast-Response and High-Sensitivity PIN-TIA Module with Wide Dynamic Range for 10G Burst-Mode Transmissions," *ECOC 2007*, Berlin, Germany, Sept. 2007.

[9] H. Ichibangase, and J. Nakagawa, "A 10.3 Gbit/s LAN-PHY based Burst-mode Transmitter with a fast 6 ns turn-on/off time for 10 Gbps-based PON Systems," *OFC 2008*, paper OWL4, San Diego, California, USA, Feb. 2008.

[10] J. Nakagawa, "Key technologies of GE-PON burst-mode receivers and future PON systems," *OFC 2006*, paper OWS3, Anaheim, USA, Mar. 2006.

[11] S. Nishihara, S. Kimura, T. Yoshida, M. Nakamura, J. Terada, K. Nishimura, K. Kishine, K. Kato, Y. Ohtomo, N. Yoshimoto, T. Imai, and M. Tsubokawa, "A Burst-Mode 3R Receiver for 10-Gbit/s PON Systems With High Sensitivity, Wide Dynamic Range, and Fast Response," *J. Lightwave Tech.*, vol. 26, no. 1, pp. 99-107, Jan. 2008.

[12] A. Banerjee, Y. Park, F. Clarke, H. Song, S. Yang, G. Kramer, K. Kim, and B. Mukherjee, "Wavelength-division-multiplexed passive optical network (WDM-PON) technologies for broadband access: a review [Invited]," *J. Opt. Netw.*, vol. 4, no. 11, pp. 737-758, Nov. 2005.

[13] 通信世界網，GPON 與 EPON 技術及產品比較，www.cww.net.cn, Nov. 2004。

[14] R. D. Feldman,, E. E. Harstead, S. Jiang, T. H. Wood and M. Zirngibl, "An evaluation of architectures incorporating wavelength division multiplexing for broad-band fiber access (invited paper),". *IEEE J. Lightwave. Technol.*, vol. 16, no. 9, pp.1546-1559, Sept. 1998.

[15] "WDM-PON Technologies; White Paper" from CIP.

[16] A. Banerjee, Y. Park, F. Clarke, H. Song, S. Yang, G. Kramer, K. Kim and B. Mukherjee, "Wavelength division multiplexed passive optical network （WDM-PON） technologies for broadband access: a review [invited],". *J. Optical Networking*, vol. 4, no. 11, pp. 737-758, Nov. 2005.

[17] J. Prat, C. Bock, J. A. Lazaro and V. Polo, "Next generation architectures for optical access," ECOC 2006, Th2.1.3, Cannes, France.

[18] N. Kashima, "Dynamic properties of FP-LD transmitters using side-mode in-

jection locking for LANs and WDM-PONs,". *IEEE J. Lightwave. Technol.*, vol. 24, no. 8, pp. 3045-3058, Aug 2006.

[19] F. Payoux, P. Chanclou and N. Genay, "WDM-PON with colorless ONUs," OFC2007, OTuG5, Anaheim, California, U.S.A.

[20] P. Healey, P. Townsend, C. Ford, L. Johnston, P. Townley, I. Lealman, L. Rivers, S. Perrin, and R. Moore, "Spectral slicing WDM-PON using wavelength-seeded reflective SOAs," *Electron. Lett.*, vol. 37, no. 19, pp. 1181-1182, Sep. 2001.

[21] K. Iwatsuki, J. I. Kani, H. Suzuki and M. Fujiwara, "Access and metro networks based on WDM technologies," *IEEE J. Lightwave. Technol.*, vol. 22, no. 11, pp. 2623-2630, Nov. 2004.

[22] A. Murakami, Y. J. Lee, K. Y. Cho, Y. Takushima, A. Agata, K. Tanaka, Y. Horiuchi and Y. C. Chung, "Enhanced reflection tolerance of upstream signal in a RSOA-based WDM PON by using manchester coding,". *Proc. of SPIE*, vol. 6783, pp. 67832I-1~5, 2007.

[23] J. Prat, V. Polo, C. Bock, C. Arellano, and J. J. Vegas Olmos, "Full-duplex single fiber transmission using FSK downstream and IM remote upstream modulations for fiber-to-the-home, "*IEEE Photon. Technol. Lett.*, vol. 17, no. 3, pp. 702-704, Mar. 2005.

第十章

光纖感測原理及方法

10.1 光纖感測簡介

光纖技術除了可以用在光纖通訊系統之外，應用於光纖感測系統上也是一個重要的課題。在感測應用上，有時光纖只是用來傳遞光的訊號，而更多的應用是利用外界的物理特性來引起光訊號的變化，藉由觀察這些變化，使我們可以得知欲量測的壓力、溫度、應變及加速度等的物理量。

光纖感測器由於其本身的特性具有輕量、體積小、低功率、高靈敏度、高頻寬、被動式操作以及抗電磁干擾的優點，但是光纖感測器的高成本，使得光纖感測器無法普及到終端使用者，如家庭或是個人。然而隨著光纖元件的造價越來越便宜，使得光纖感測器能夠在未來感測器的市場中越來越普及。

根據感測器的性質而言，光纖感測器可以分爲兩個不同的種類。

1. 本質式（Intrinsic）

在本質式光纖感測器中，在光纖中傳輸的光不會離開光纖，而外界的變化會引起光纖中的光產生變化，換言之，傳輸光纖中的某個部分被用來當作是一個轉換外界變化的感測裝置，如圖 10.1(a)所示。

2. 外質式（Extrinsic）

外質式光纖感測器是指光纖在此感測系統中只有擔任傳送以及接收光線的任務，並未實際用來轉換外界的變化。因此，實際上轉換外界變化到光訊號的工作是藉由另外的裝置來完成。如圖 10.1(b)所示。

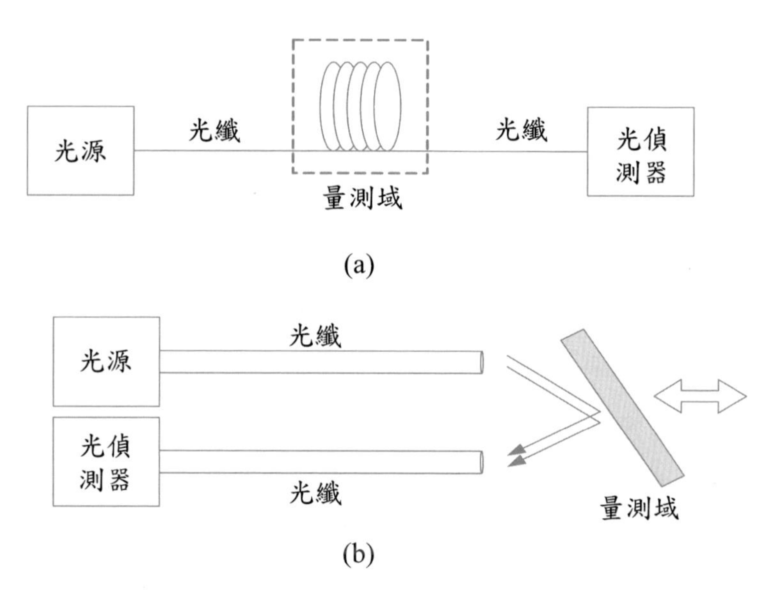

圖 10.1　(a)本質式光纖感測器；(b)外質式光纖感測器。

最後，若以調變的方式來分類的話，光纖感測器可有以下之分類。

1. **振幅或強度調變式光纖感測器**（Amplitude or Intensity modulated sensors）

藉由量測光纖中的光訊號強度變化而獲得外界的物理量變化，此類光纖感測器可以使用同調或低同調的光源，並且使用低成本的光元件，而具有商業化的優勢。

2. **相位或干涉式光纖感測器**（Phase or Interferometric sensors）

此類光纖感測器通常需要同調光源以及單模光纖，外界的物理量會造成光纖中光訊號的相位變化，藉由量測此相位變化，得之外界的待測物理量。因此此類感測器需要複雜的光元件來控制光訊號的偏振態，而使得成本增加。但因具有極高的靈敏度，因此也被廣泛的應用於光纖精密量測應用。

3. **偏振式光纖感測器**（Polarimetric Sensors）

藉由調變光訊號的偏振態來獲得外界的待測訊號，常見的應用爲利用法拉第效應的電流量測光纖感測器。

4.光譜式感測器（Spectroscopic sensors）

藉由光訊號頻譜變化來獲得外界的物理量。

10.2 光強度調變之光纖感測器

光強度調變主要是指光透過吸收、反射、透射等損失，會導致光訊號的強度降低，藉由量測光強度的變化進而求出所需之物理量，利用這方法製成的感測器的結構比較簡單，不需要複雜的感測元件即可進行量測，只需要量測光纖中的光強度變化，相較於其他量測相位或偏振態還要容易，所以應用範圍比較廣泛。

由於光源波動性、光纖傳輸損耗等因素影響測量的準確性，但最重要影響的原因為光源的不穩定，所以要得到高穩定性和高精度的量測，就必須克服上述問題。因此對於光強度調變光纖感測器的補償技術，相對比較重要，近年來補償技術已經成為一個研究的重點。以下簡單敘述透過不同方法造成的光強度調變。

1. **微彎特性**。運用微彎效應，讓光強度產生變化。
2. **光透射特性**。利用遮光或移動光柵方式，來改變接收光強度變化。
3. **光吸收特性**。利用光纖受到輻射作用，會讓光強度變化。
4. **光反射特性**。利用稜鏡、反射器等來反射光強度，造成光強度的變化。
5. **折射率特性**。透過溫度、應變等方法，造成物質折射率改變。

10.2.1 微彎式光強度調變（Microbends）

微彎感測器的材料剛開始是以步階或漸變多模光纖為主，當光纖彎曲半徑超過臨界角時會使光纖纖核漏出光並發散至纖殼中，而臨界角是指將光侷限在纖核中所需要的角度，使在光纖中傳輸的光線受到調變，這種機制就稱爲微彎效應。

當光纖受到彎曲時，會使得光纖曲率受到變化，造成光強度的變化，再利用光功率計就可以知道光強度的損失。如圖 10.2 爲一個典型微彎的光纖感測器。而 SMF28 在彎曲半徑爲 8.5 至 12 mm 中的宏彎損失特性的理論已開始研究，並作爲邊緣濾波器的波長量測，而當光纖彎曲半徑小於 10 mm 時，則是應用於感測方面。目前微彎感測器已被用來感測振動、壓力、溫度等等的各種環境物理量。

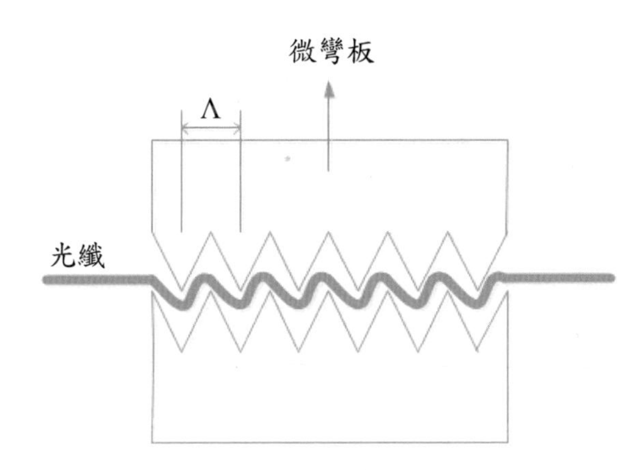

圖 10.2 典型微彎的光纖感測器[1]。

在微彎式強度光纖感測器中，兩個引起耦合效應的光纖傳輸模態，其傳播常數分別爲β和β'，則微彎板的週期Λ必須滿足：

$$\beta - \beta' = \frac{2\pi}{\Lambda} \tag{10.1}$$

當微彎板受到外界應力時，會使得原本光纖中傳輸模態的能量下降，因此產生了強度的變化。

10.2.2 透射式光強度調變

當光源導引入光纖後，另一側利用光纖做接收，而在中間光路中加入可移動的遮光板，或加入可移動的光柵使得光強度接收時，受到遮光影響產生變化。

如圖 10.3 所示，左側為固定式光纖，，而讓右側光纖做垂直移動，造成光強度有強弱變化。

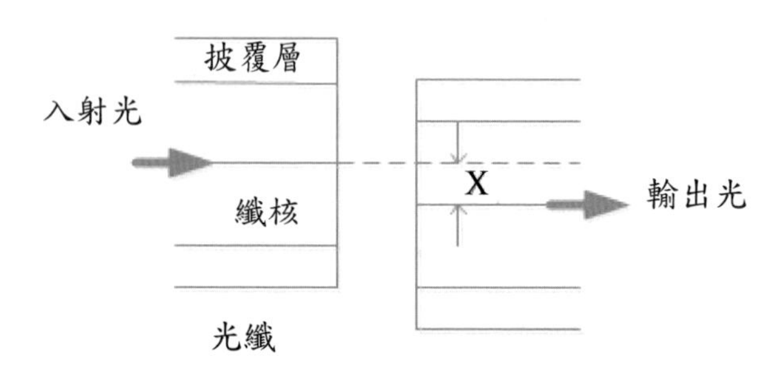

圖 10.3　透射式光強度調變原理[2]。

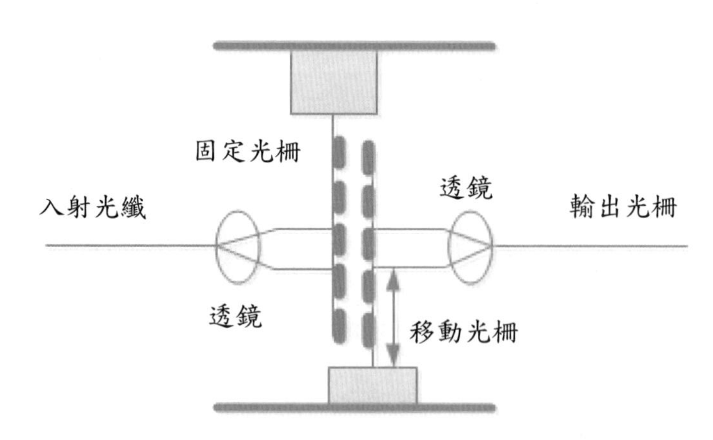

圖 10.4　以光柵為基礎的光纖強度感測器用來量測位移[3]。

圖 10.4 為以光柵為基礎的光纖強度感測器用來量測位移。輸入一個準直的光束經過透鏡與雙光柵系統，而其中一個光柵是固定，另一個為可移動光柵。隨著

移動光柵從完全透明到完全不透明的位置，導致光纖強度受到變化，以求出位移距離。此系統的靈敏度相對較高，也是一個較簡單可靠的光纖感測器。

10.2.3　吸收式光強度調變

使用光纖傳輸時，由於特殊摻雜光纖材料對某射線的輻射會使吸收損耗增加，使得輸出光功率降低，我們利用此原理來做光強度調變的輻射感測器，如圖 10.5 所示。我們使用不同的光纖材料成分就可以對不同的輻射線進行量測，常見的特殊光纖為鉛玻璃製成的光纖，鉛玻璃光纖對 X 射線、γ 射線、中子線比較敏感。這種方法可以運用在放射性物質的輻射量監測、核電廠的輻射監控，可以迅速的了解輻射量的輻射情形。

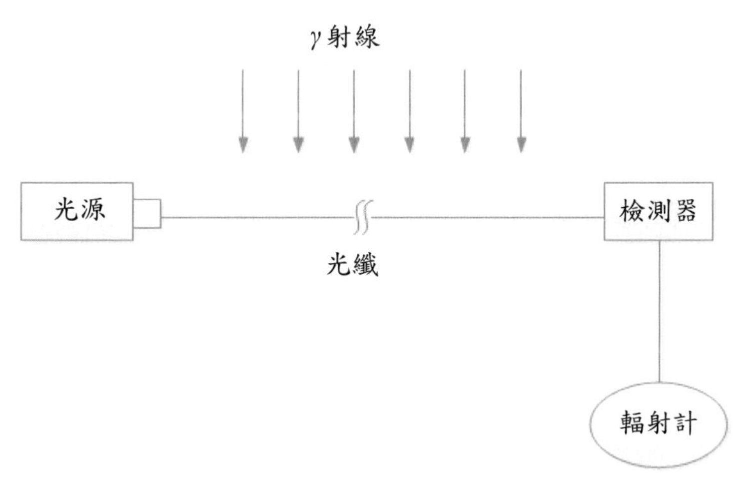

圖 10.5　吸收式光強度調變原理圖[4]。

10.2.4 反射式光強度調變

這是一種將輸入光束藉由光纖傳輸射向待測物的表面，再從待測物反射到另一條接收光纖，其中光強度的大小會隨著待測物表面與光纖間的距離變化而變化。如圖 10.6 顯示出反射式光強度調變的原理。

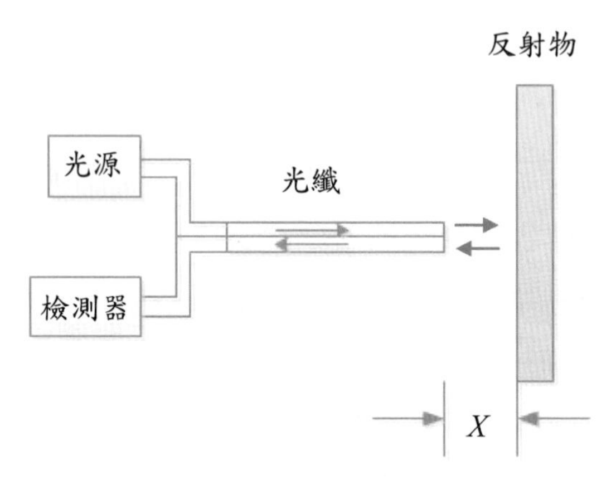

圖 10.6　反射式光強度調變的原理[5]。

圖 10.7 爲一個液位感測器運用全反射透過返回的光訊號來檢測液體是否達到界線。這種類型的感測器，可用於檢測液體的水平，當光束打入稜鏡再反射回光纖接收，假如稜鏡已經到了液體中，由於光進入不同介質的折射率不同，導致光訊號反射回接收端時，造成光功率的衰減。因此我們移動稜鏡位置就可以判斷出液面的高度。

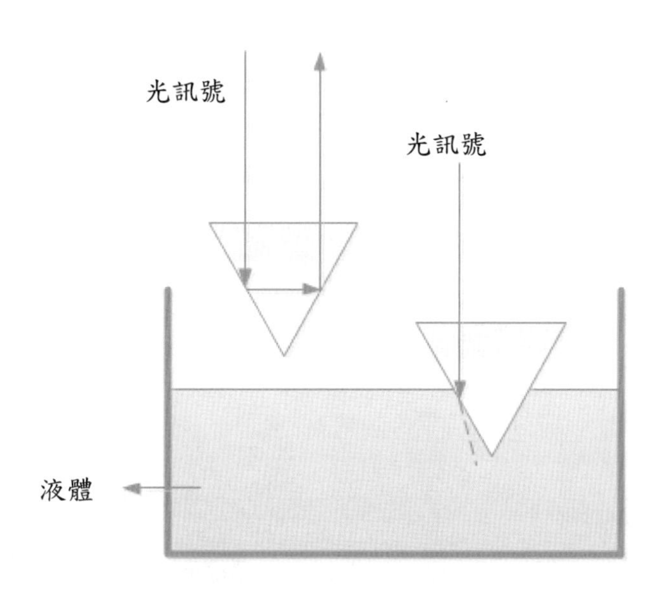

圖 10.7 液位感測器運用全反射來檢測液體是否達到界線[6]。

10.2.5 折射率光強度調變

由於光纖的折射率會隨著溫度改變，如圖 10.8 所示，原本纖核折射率 n_1 與披覆層折射率 n_2 之間的差值爲固定，當溫度改變時，纖核與披覆層的折射率差產生變化，進而造成輸出功率的損耗。藉由輸出功率的損耗就可以推斷出溫度的變化。

圖 10.9 爲運用全反射和折射率調變所製成的光纖感測器。光從左側纖核進入，控制反射介質面 M_1 和反射面 M_2，產生全反射，再反射回檢測器做接收。因爲 M_1 的反射面角度特殊設計，使光束能夠以大於臨界角的角度入射，使得光纖中的光就能部分透射於折射率 n_3 的介質中。由於溫度或壓力的變化會造成反射介質 M_1 折射率的微小改變，所以反射回的光強度會有變化，因此可做出溫度或壓力的光纖感測器。

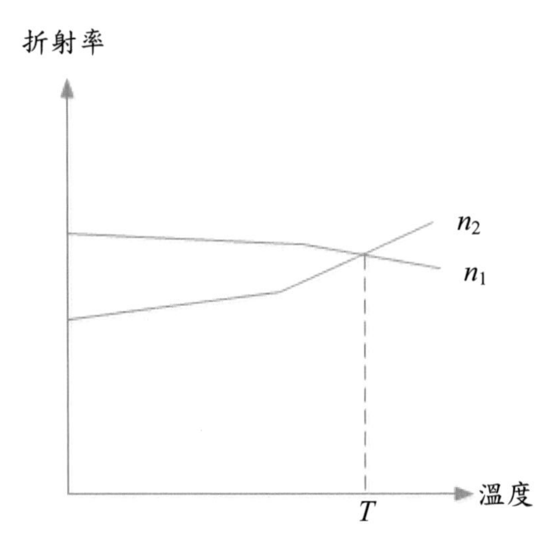

圖 10.8　光纖的折射率與溫度關係[7]。

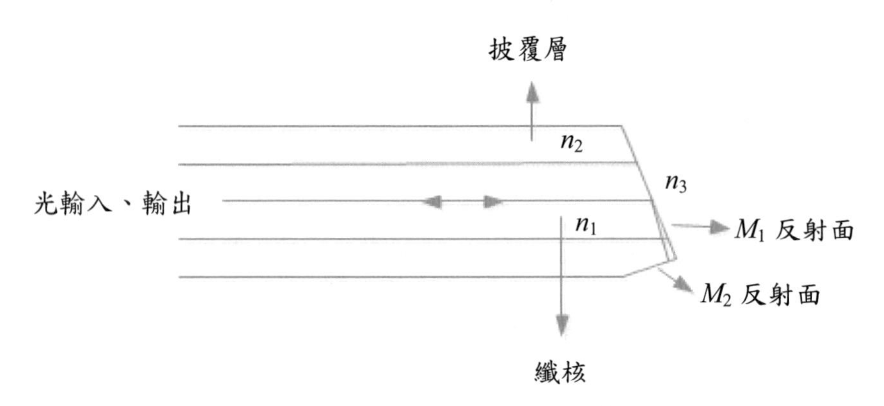

圖 10.9　折射率光強度調變的光纖感測器[8]。

10.3　相位型光纖感測器

在前面所提到的強度型光纖感測器當中，由於對光纖本身針對應變或者是應力影響而產生強度變化，因此會使光纖所接收到的光強度受到損耗，而且靈敏度也不夠高，而改善這項缺點之後所製成的相位型光纖感測器[9]，在相位型光纖感測器當中，不僅大幅的降低了光訊號強度損耗的問題，同時，更提供了更高靈敏度的感測機制。

在相位型的光纖感測器中，我們透過相位調變的方式去做感測，而實際上這樣的感測方式是藉由干涉儀將向位變化轉換成強度的變化，亦即觀測光干涉條紋來達到量測的效果，實際應用的干涉儀架構，又細分爲各種不同的相位型光纖感測器型式：

1. Mach-Zehner 光纖感測器
2. Michelson 光纖感測器
3. Sagnac 光纖感測器
4. Fabry-perot 光纖感測器
5. 偏振式光纖感測器

首先先介紹光纖中的相位調變方法，相位調變的情形可以用下式表示：

$$\phi = k_0 nl \tag{10.2}$$

其中 $k_0 = \frac{2\pi}{\lambda}$，$n$ 是折射率，l 是光纖長度

相位延遲的狀態可以寫成

$$\Delta\phi = \Delta kl + k_0 \Delta nl + k_0 n\Delta l \tag{10.3}$$

因此需要先了解外界的物理變化和光纖中的光訊號相位之間的關係。

應力應變效應和相位的關係

首先當光纖的長度受到應力影響後產生了軸向應變，其定義為$S_l = \frac{\Delta l}{l}$，而若應力施加的方向為橫向時，光纖的直徑會產生橫向應變，其定義為$S_r = \frac{\Delta a}{a}$，最後在光纖遭受到軸向以及橫向的應力影響下，會導致折射率的變化（光彈效應），因此可以將光纖相位與映力應變的關係定義為：

$$\Delta\phi = k_0 nl\left(\frac{\Delta k}{k_0 n} + \frac{\Delta n}{n} + \frac{\Delta l}{l}\right) = k_0 nl\left(\frac{\Delta k}{k_0 n}\frac{aS_r}{\Delta a} + \frac{\Delta n}{n} + S_l\right) \qquad (10.4)$$

而根據光彈效應，我們可以將折射率的變化量Δn寫成：

$$\Delta n = \frac{-n^3}{2}[\,(P_{11} + P_{12})\,S_r + P_{12}\,S_l] \qquad (10.5)$$

P_{11}和P_{12}為光纖的光彈係數（分別對應縱向和橫向變化）

最後統整後，所得到的相位變化$\Delta\phi$可寫作：

$$\Delta\phi = k_0 nl\left\{\left[\frac{\Delta k}{k_0 n\Delta a} - \frac{n^2}{2}(P_{11} + P_{12})\right]S_r + \left[1 - \frac{n^2}{2}P_{11}\right]S_l\right\} \qquad (10.6)$$

溫度效應和相位的關係

當施加溫度到光纖時，光纖中的光訊號相位主要會受到光纖的熱膨脹效應以及熱光效應，其中熱膨脹效應的影響很小，因此主要是藉由熱光效應主導整個溫度效應，溫度與光訊號相位的關係為

$$\Delta\phi = \left(k_0 l \frac{\Delta n}{\Delta T} + k_0 n \frac{\Delta l}{\Delta T}\right)\Delta T \tag{10.7}$$

在了解應力應變以及溫度和光訊號相位的相互關係之後，藉由光纖干涉儀架構可以得知光訊號的相位變化，再經由上述的相互關係就可以得知外的物理量。

10.3.1 Mach-Zehnder 光纖感測器

Mach-Zehnder 光纖感測器的架構，是從雙光束干涉的架構中所延伸出來的，起始的光源經過 3 dB 耦合器後劃分為兩道光強度相同的光束，一端為感測端，一端則為相位參考端，而在參考端，會加上一個壓電相位調變器，用來產生相位調變，此時兩道光束的光路便會有所改變，也就是產生所謂的光程差，而此感測架構便是藉由感測與參考端之間光程差的不同而達到感測的效果，如圖 10.10 所示：

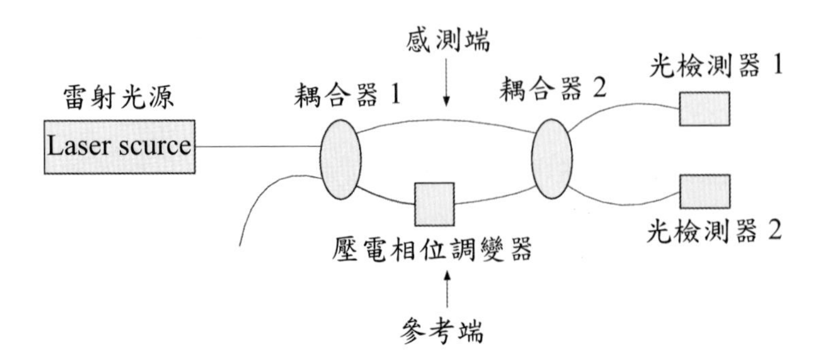

圖 10.10　Mach-Zehnder 光纖感測架構[10]。

光檢測器所量測到的光強度可表示為：

$$I_1 = I_0[1 - V\cos(\phi_a - \phi_b)]$$
$$I_1 = I_0[1 + V\cos(\phi_a - \phi_b)] \quad (10.8)$$

I_1 是光檢測器 1 所量測到的光強度，I_2 是光檢測器 2 所量測到的光強度，I_0 是雷射光源的光強度，ϕ_a 是干涉的可見度（visibility），ϕ_b 是感測端的相位，是參考端的相位。

10.3.2　Michelson 光纖感測器

Michelson 光纖感測器的原理其實和 Mach-Zehnder 光纖感測器一樣，是由雙光束干涉術所延伸出來的，在 Michelson 架構中，由於傳輸路徑為兩倍的光程，因此具有兩倍的靈敏度。但是反射鏡回授的光會造成光源的不穩定，甚至造成雷射光源的損壞，因此通常需要在雷射光源之後再加上一個光阻隔器（Isolator），避免反射光所造成的損壞。Michelson光纖感測器是透過光耦合器的架構，將單光源分配成兩道光，分別進入感測端以及參考端。外界的待測訊號會在感測端造成相位變化，反射回到光偵測器後和參考端所反射回的光訊號形成干涉訊號，藉由光偵測器將此干涉訊號轉換成電訊號，其架構如圖 10.11 所示。

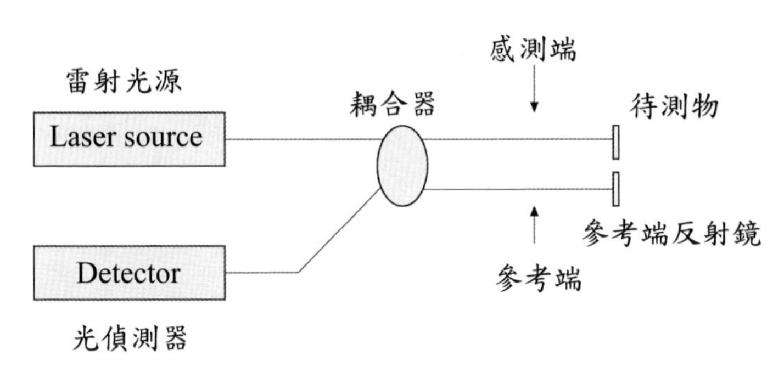

圖 10.11 Michelson 光纖感測架構[11]。

10.3.3 Sagnac 光纖感測器

Sagnac 光纖感測器發展的目的是用以測量角速度以及磁場變化的情況而製作的，其架構，是將耦合器的另兩端直接用光纖連接起來，這樣的做法稱爲光纖迴路（fiber loop）。

乍看之下，參考端和感測端兩端銜接起來，順時針方向和逆時針方向的兩道光所得到的相位差是零，不過實際上，這只是所有交互效應所產生的結果，在非交互效應的地方，如角速度[12]以及磁場變化量[13]的部分，這兩到不同旋轉方向的光會產生不同的相位，因此在進入光偵測器時會產生干涉作用，藉此達到量測的作用，其架構如圖 10.12 所示。

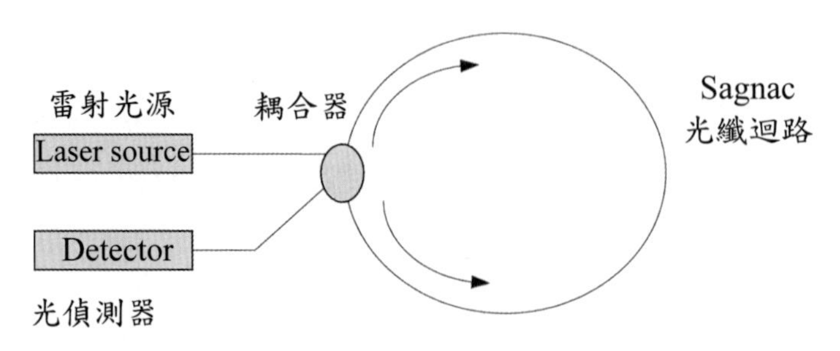

圖 10.12　Sagnac 光纖感測器架構[14]。

10.3.4　Fabry-Perot 光纖感測器

Fabry-Perot 光纖感測器主要在光纖中製作出兩個反射鏡，進而形成一個 Fabry-Perot 共振腔，圖 10.13 為一個典型的 Fabry-Perot 光纖感測器架構，利用鍍膜以及光纖熔接的技巧，在光纖的端面製作出反射鏡。Fabry-Perot 共振腔的強度會隨著共振腔內的參數（共振腔長度，折射率等）而改變，可以下式做為表示：

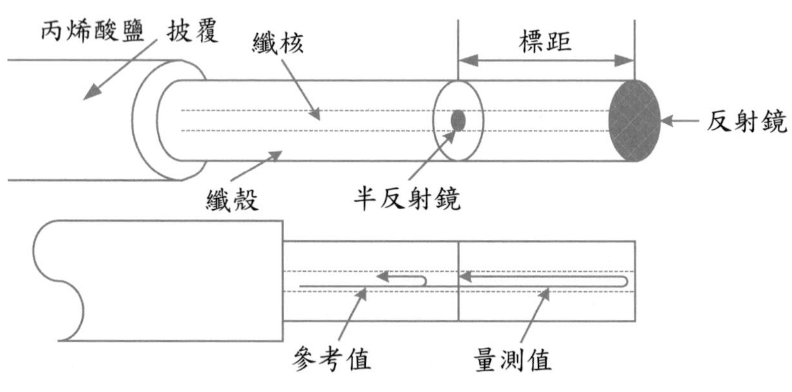

圖 10.13　Fabry-Perot 光纖感測架構[15]。

$$I = \frac{I_0}{1 + F\sin^2\left(\frac{\phi}{2}\right)} \qquad (10.9)$$

ϕ 是在兩個鏡面間往返的相位延遲，F 是反射係數，其計算方式爲：$F = \frac{4R}{(1-R)^2}$，R 是鏡面的反射率（在此處，反射的衰減情況則省略）

10.3.5 偏振型光纖感測器

偏振型的光纖感測器，其實在原理上是比較接近於雙光束干涉的，其關鍵在於偏振型光纖感測器所採用的是高線性雙折射光纖，透過線性極化光源，在高雙折射光纖中，將偏振態分化成水平偏振跟垂直偏振，分別作爲參考端和待側端的光信號，由於偏振態的不同（水平偏振和垂直偏振），會使的正交極化的兩端不會產生干涉，所以在檢測端的位置會再加上一個偏振分析器將兩個偏振態重新疊合，使其輸出端產生干涉訊號進而擷取所想要的輸出光強度。

輸出光強度可以表示爲：

$$I = I_0[1 + V\cos(\phi_2)] \qquad (10.10)$$

ϕ_2 是兩個不同的偏振態疊合時所產生的相位差，V 爲系統的可見度。

其系統架構流程如圖 10.14 所示，雷射光源先產生一個 45 度的線偏振光，輸入到高雙折射光纖（High birefrigence fiber）時，可以當成是水平偏振光和垂直偏振光的線性組合，當高雙折射光纖感受到外界待測訊號時，會造成水平或是垂直偏振光的相位變化而造成干涉的作用。

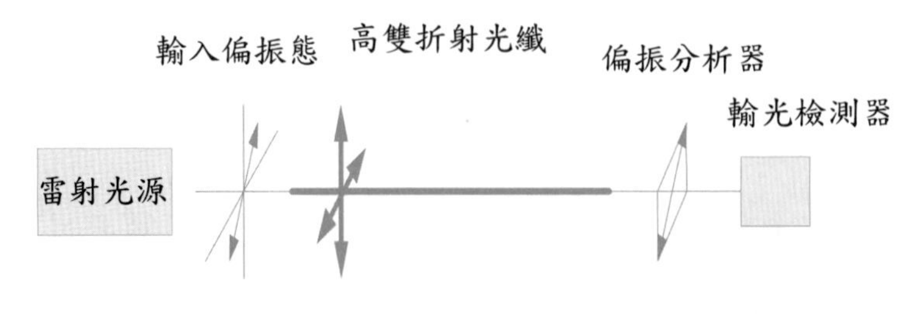

圖 10.14　偏振型光纖感測器系統架構[1]。

10.4　波長位移與頻譜分佈型光纖感測器

10.4.1　光纖布拉格光柵感測器

常見的光纖布拉格光柵（Fiber Bragg Grating, FBG）爲一段具有纖核折射率週期性變化的光纖，具有峰值波長的λ_B反射，由相位匹配條件求得：

$$\lambda_B = 2n_{eff}\Lambda \tag{10.11}$$

其中n_{eff}爲光纖中的有效折射率，和Λ爲折射率調變的週期，其表示形式爲：

$$n_{eff}(z) = n_{co} + \delta_n[1 + \cos(2\pi z/\Lambda)] \tag{10.12}$$

其中n_{co}爲原先的纖核折射率和δ_n爲光纖纖核的折射率偏移振幅。此週期性的折射率調變結構能夠使光從向前傳播的纖核模態耦合到向後傳播的纖核模態，使其產生反射響應。

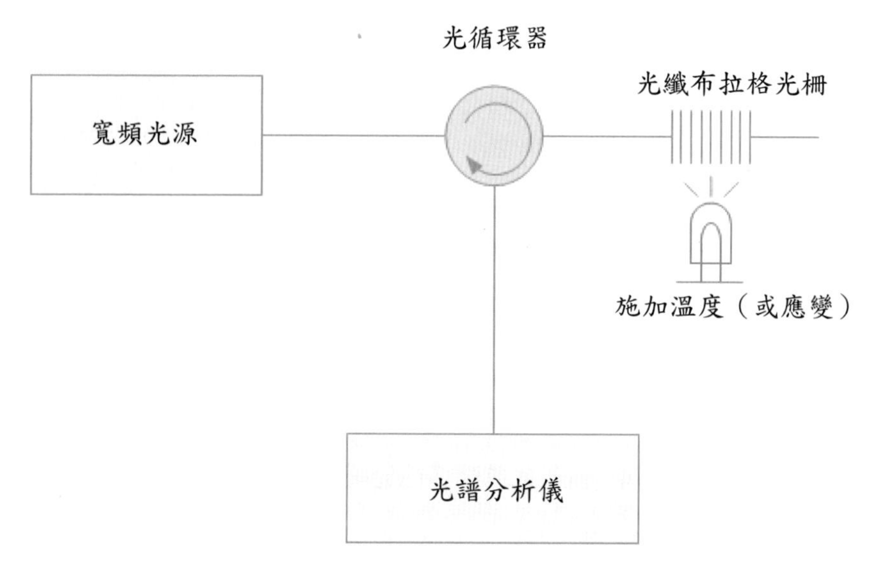

圖 10.15　光纖布拉格光柵感測器架構。

光纖布拉格光柵的反射波長，對於外界的應力以及溫度具有相當高的靈敏度，因此常被用來當作是光纖感測器的感測頭，經由外部施加的應變與溫度後，造成其折射率與光柵週期靈敏度的改變，而使其產生反射波長的位移，如圖 10.15 所示爲其實驗架構圖。若施加應變時，會使光纖布拉格光柵產生擴張或壓縮，光柵本身的物理性長度，導致光柵的週期（Λ）發生改變，也就是說，施加應變會導致反射波長的偏移，如圖 10.16 所示。而當對光纖布拉格光柵施加溫度的話，則會因光纖熱膨脹係數的影響造成週期（Λ）發生改變以及熱光係數的影響造成有效折射率 n_{eff} 改變，因此，光纖布拉格光柵的峰值反射波長與應變和溫度的關係爲：

$$\frac{\Delta\lambda_B}{\lambda_B}=\left\{\left[1-\frac{n^2}{2}[P_{11}-\nu(P_{11}+P_{12})]\right]\Delta\varepsilon+\left[\alpha+\frac{1}{n}\frac{dn}{dT}\right]\Delta T\right\}\quad(10.13)$$

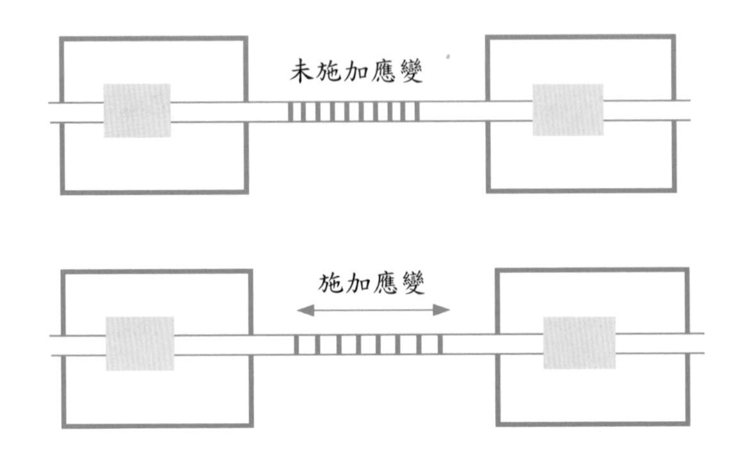

圖 10.16　施加的應變造成光柵周期的改變。

其中$\Delta\varepsilon$爲施加的軸向應變，P_{11}和P_{12}爲光彈係數，v爲 Poisson's ratio，$\frac{n^2}{2}[P_{11}-v(P_{11}+P_{12})]$這一項係數的大小約爲0.22，因此若光纖布拉格光柵的反射波常在 1550nm 時，則 1μ strain 的應變會造成 1.15pm 的波長位移，α和$\frac{1}{n}\frac{dn}{dT}$分別爲光纖的熱膨脹係數（coefficient of thermal expansion, 0.55×10^{-6}/K）與熱光係數（thermo-optic coefficient of the fiber, 6.61×10^{-6}/K），比較這兩個溫度造成的係數，可以發現熱光係數約爲熱膨脹係數 10 倍，因此當溫度施加於光纖布拉格光柵時，波長偏移的變化主要是由熱光係數所主導。由上述公式可知，因此若光纖布拉格光柵的反射波長在 1550 nm，當溫度上升 1℃時，會有 13 pm 的波長位移。根據光纖布拉格光柵的應變以及溫度的特性，光纖布拉格光柵就可以用來設計爲一個感測頭，用來感測外界的溫度以及應變等物理量。

若以矽光纖所做的光纖布拉格光柵而言，圖 10.17(a)和 10.17(b)爲應變和溫度施加於典型的布拉格波長的偏移響應，圖中在實際的動態範圍裡展現了良好的線性特性。

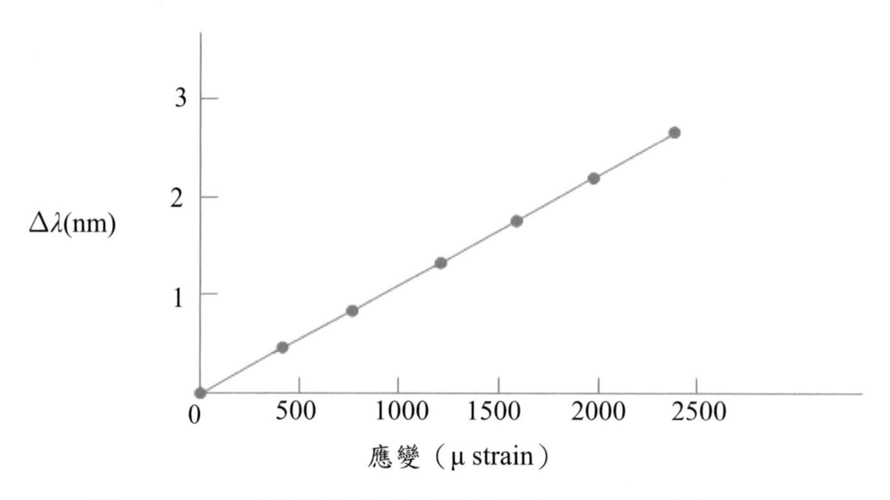

圖 10.17(a) 應變施加於典型的布拉格波長的偏移響應[16]。

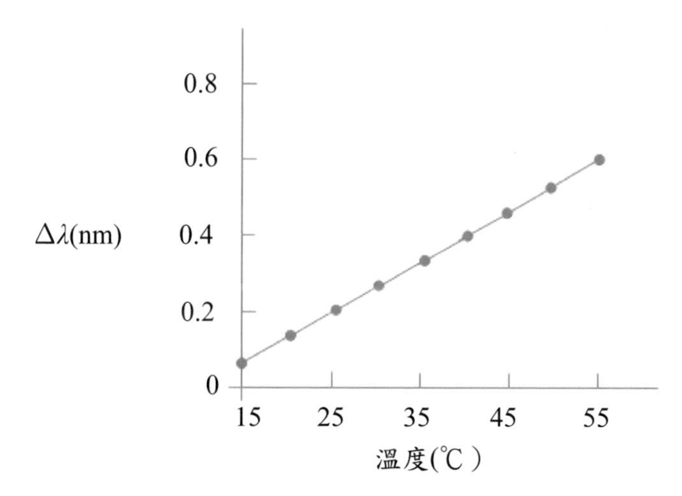

圖 10.17(b) 溫度施加於典型的布拉格波長的偏移響應[16]。

10.4.2 頻譜分佈型光纖感測器

另外也有一些文獻爲探討頻譜分佈式的光纖感測器，但是此類光纖感測器需要昂貴的光譜儀來完成檢測訊號的判讀，因此較不常見。這類感測器的原理是利用不同的特殊材料塗佈在光纖上，當光源傳輸至感測區，外界的溫度變化會造成反射頻譜的變化，藉由觀察反射頻譜的變化而獲得溫度變化的資訊，有許多的材料在溫度響應中會出現顏色改變的特性，這些感溫材料則會隨著溫度的變化在傳輸光譜上出現改變。例如，以摻雜稀土元素，釹光纖所組成的光纖感測器，會產生溫度敏感性的吸收光譜，其吸收光譜會有兩個特別的波長，並按照其吸收的比率可以被使用來量測一小段光纖的溫度（如圖 10.18 所示）。而在下半部的圖形中，可以清晰地看到這個光纖會隨著溫度的變化在傳輸上有著相當大的變化。

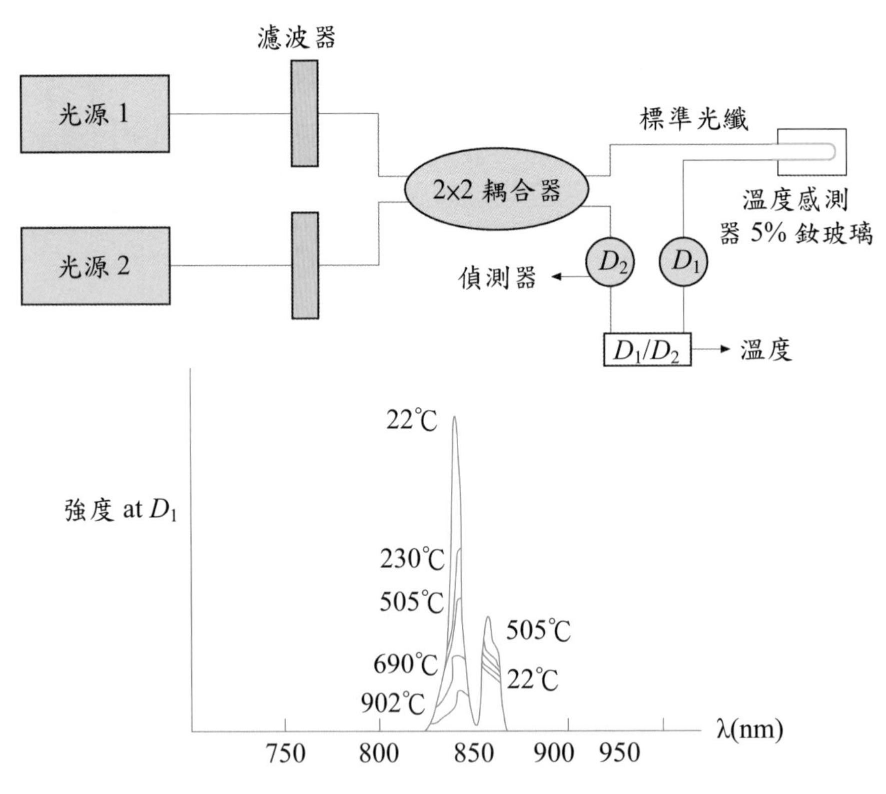

圖 10.18　藉由摻雜稀土元素的光纖的吸收做溫度感測[17]。

10.5 光纖感測器之多工技術

在光纖感測器網路之中，需要兩個以上的感測頭來接收不同位置的物理訊號，因此就需要經由多工的技術，來設計整個光纖感測系統，而達到節省成本以及空間的目的。常見的多工技術爲分空多工、分時多工、分頻多工以及分波多工，以下章節將分別做介紹。

10.5.1 分空多工（Spatial-division multiplexing, SDM）

在分空多工技術中，N 是代表光纖感測器的數量，且每個感測器都有它各自輸入和返回的連結，而這些感測器若與同一個光源和陣列式檢測器，或是多重光源和同一個檢測器，並結合而成一個簡單的拓撲網路，又或者以單一光源或檢測器與光纖切換器或 1 對 N 和 N 對 1 耦合器結合，來替換多重光源和檢測器配置，如圖 10.19 所示。

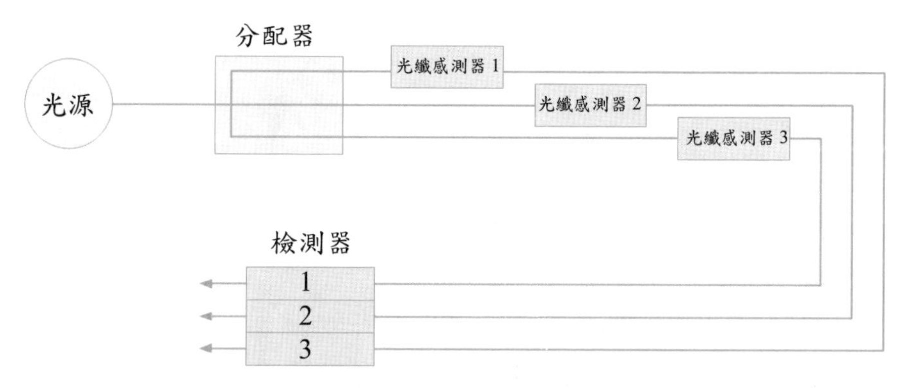

圖 10.19 空間多工的感測網路原理[18]。

顯然地，空間多工網路所需要大量的光纖和連接的元件，因此具有完全無串擾的優點（切換器除外），在網路中使用切換功能於分時技術的架構如圖 10.20 所示，這網路加入了分時多工特性。

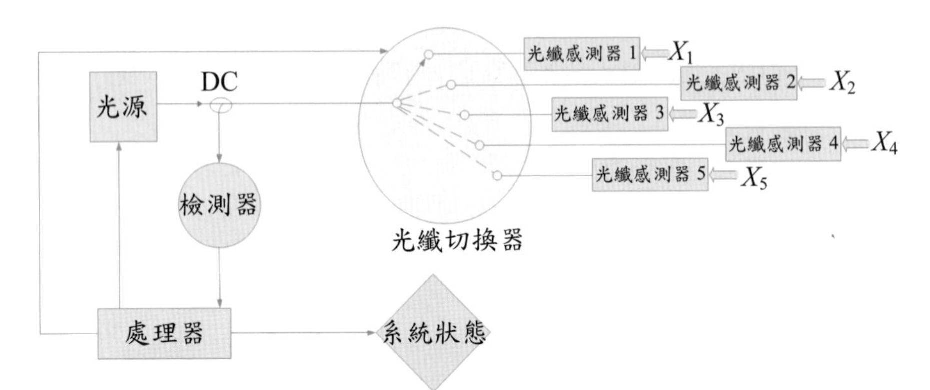

圖 10.20　由切換器組成的星狀網路實現分時多工[18]。

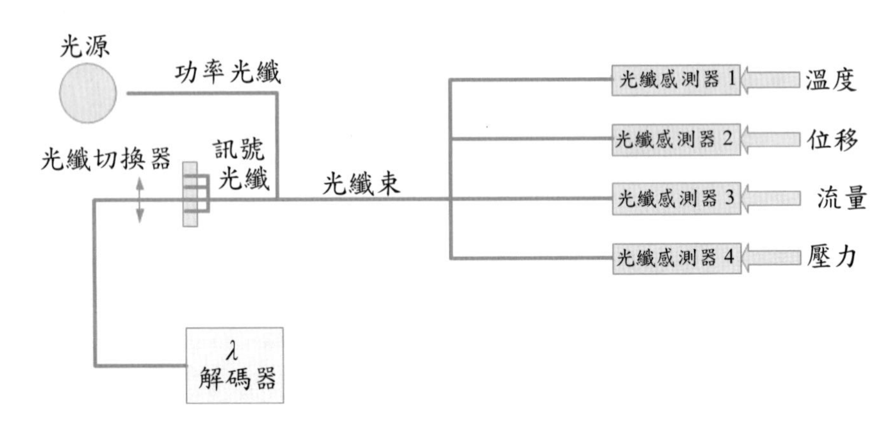

圖 10.21　傳統溫度、位移、流量和壓力感測器透過分支光纖束做空間多工的系統[19]。

而且分空多工也可以使用光纖束（Fiber Bundles）代替光纖耦合器，使用光纖束可以將光分送到 *n* 個次分支，圖 10.21 顯示四個感測器網路與光纖束實現空間多工的架構。由鎢絲鹵燈輸入至各個傳統傳導器，用來量測溫度、位移、流量和機械位移產生的壓力，這透過微型波帶版（miniature zone plate）於線性位移情況下，或繞射光柵單色儀（diffraction grating monochromator）於旋轉位移情況下來做波長編碼。感測器配置和解讀則是透過馬達驅動的光纖切換器來執行，並相繼連接光纖感測器至波長解碼器。

10.5.2 分時多工（Time-Division Multiplexing, TDM）

分時多工技術常用於現代通訊和雷達系統的技術，而在 TDM 操作下的光纖感測網路，是利用電子式光纖切換器來切換不同的感測器，如圖 10.21 所示，電子式光纖切換器在市面上有販售，近年來也有以鈮酸鋰光電效應爲主的單模積體光學切換器已經開發成功。

另一個簡單的 TDM 感測網路運作方法爲發射短光脈衝至傳送（梯狀）或反射（線性陣列或星狀）網路，接著檢測返回的光脈衝，因此回光脈衝具有時間間隔（$t_i = nL_i/c$）的延遲，這裡 L_i 是指第 i 個感測器的光纖連結長度，n 是光纖纖核長度，c 爲光在真空中的速度。反射式 TDM 的感測器就是著名的光時域反射儀（Optical Time-Domain Reflectometer, OTDR）。如圖 10.22 爲 OTDR 的操作原理架構圖，當感測光纖受到外界的局部擾動（如溫度、應力等）時，造成反射之瑞利散射訊號的損失，因此在接收段會有接收光功率的變化，當計算其回授光到達的時間後，即可得知發生擾動的位置。

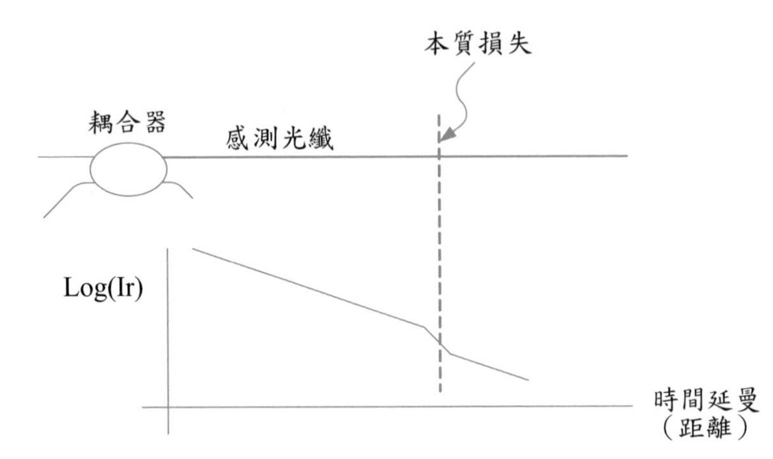

圖 10.22 瑞利散射之 OTDR 光纖感測系統。

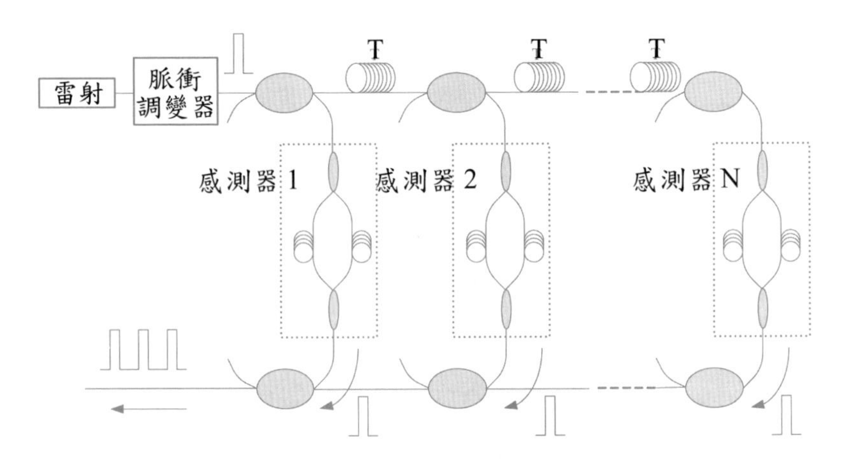

圖 10.23 分時多工之干涉式光纖感測器[20]。

另一種簡單的OTDM架構為利用數個光纖式干涉儀或是光纖布拉格光柵，如圖 10.23 所示為一個使用 TDM 的感測器網路，當雷射經過脈衝調變器後產生了一個小於光纖延遲線 T 的光訊號脈衝。接著在接收端將此多工後的光脈衝訊號，在不同的時間點解多工。此類之多工感測系統會因光脈衝訊號經過多個感測器後而導致衰減，因此較佳的系統設置為將感測器的個數維持在十個以下。

10.5.3 分頻多工（Frequency Division Multiplexing, FDM）

圖 10.24 爲一個簡單的分頻多工架構，在此架構中使用了 M 個雷射和 N 個光偵測器，提供給 M*N 個感測器使用。每個雷射光源都有不同的載波訊號調變，因此在接收器中，每個光偵測器接收到 M 個不同載波頻率的雷射訊號，最後再利用電訊號解調技術將不同感測器的訊號分離出來，而得到待側的感測訊號。此類多工技術具有最高的效能，但是由於使用了較多的雷射光源以及光偵測器，所付出的成本也相對較高。

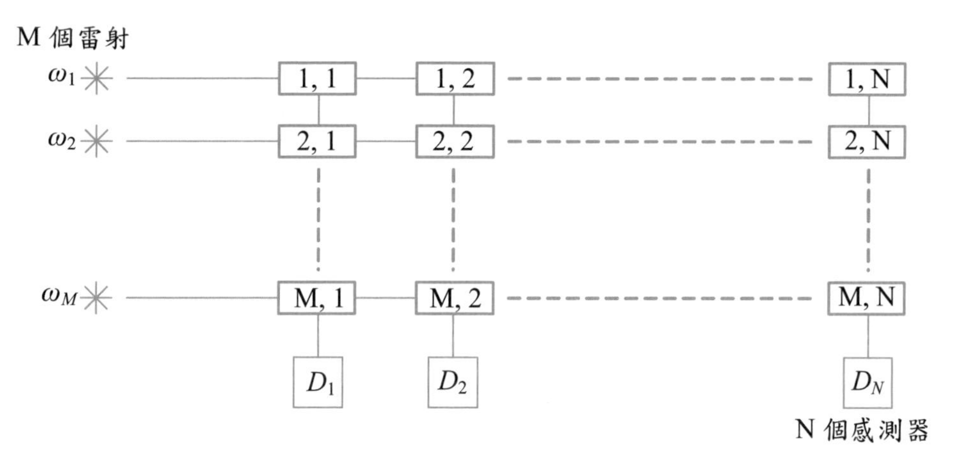

圖 10.24 M*N 分頻多工光纖感測器架構[21]。

10.5.4 分波多工（Wavelength Division Multiplexing, WDM）

在稍早之前的分波多工光纖感測器架構需要使用價格昂貴的波長選擇耦合器和光濾波器，因此使得其實用性受到限制。但是近年來由於光纖布拉格光柵的發展，使得分波多工技術之實用性有長足的進步。圖 10.25 爲一個簡單的光纖布拉格光柵的分波多工架構，在感測光纖中的光纖布拉格光柵感測器被設計爲具有不同的反射波長，因此當個別的光纖布拉格光柵感測器受到外界物理量的擾動時，會反射不同的波長，因此藉由一個可調式Fabry-Perot濾波器將不同波長的感測訊號濾出。

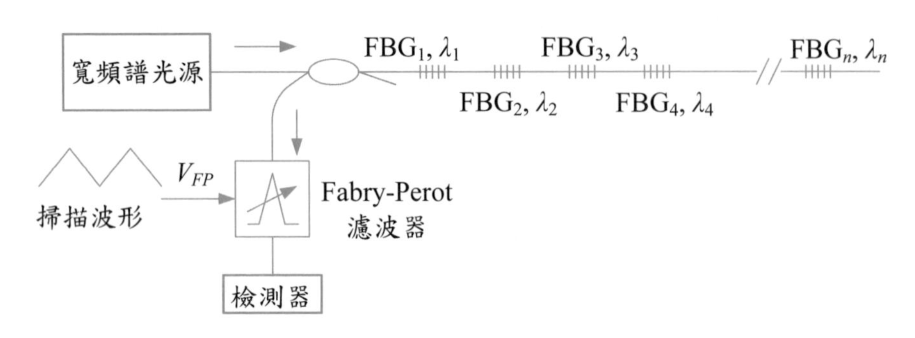

圖 10.25　分波多工式光纖布拉格光柵感測器[22]。

習　題

1. 請舉例出三種光強度調變的方法？
2. 使用光強度調變的光纖感測器，其中影響量測準確度的原因為何？
3. 相位型光纖感測器進行相位調製時，會由於外在的物理因素影響使相位延遲的情形有所改變，請寫出必須考量的物理因素有那些，並加以說明。
4. 請推導相位型光纖感測器其相位調製的公式：

$$\Delta\phi = k_0 n l\left\{\left[\frac{\Delta k}{k_0 n \Delta a} - \frac{n^2}{2}(P_{11}+P_{12})\right]S_r + \left[1-\frac{n^2}{2}P_{11}\right]S_l\right\}$$

5. 試比較 Mach-zehner 和 Michelson 光纖干涉的差異性（例如：架構、優缺點、原理）。

6. 試說明偏振型光纖感測器的操作原理。

7. 有一光纖布拉格光柵，其反射波長為 1549.36 nm，$n_{eff} = 1.448$，

   (a)試計算此 FBG 的光柵週期

   (b)若溫度增加 100℃時，反射波長的變化為何？

   (c)若施加 1000μ strain 的軸向應變，反射波長的變化為何？

8. 請說明光纖布拉格光柵感測器施加溫度與應變時的工作原理。

9. 請解釋分波多工（Wavelength-Division Multiplexing）系統相較於其他多工系統的優點。

參考文獻

[1] D. Donlagic and B. Culshaw, “Microbend sensor structure for use in distributed and quasi-distributed sensor system based on selective launching and filtering of the modes in graded index multimode fiber,” Journal of Lightwave Technology, Vol.17, No.10, pp.1856-68,1999.

[2] E. Udd, “Fiber optics sensors: An introduction for Engineers and Scientists,” New York, 1991.

[3] E. Udd and P. M. Turek, “Single mode fiber optic vibration sensor,” Proceedings of SPIE, Vol. 566, p. 135, 1985.

[4] 趙勇，“光纖傳感原理與應用技術”，北京清華大學出版社， 2007。

[5] P. Polygerinos, L.D. Seneviratne and K. Althoefer, “Modeling of light intensity-modulated fiber-optic displacement sensors,” IEEE transction on instrumentation and measurement, Vol.60, No.4, pp.1408-1415, 2011.

[6] J. W. Snow, “A Fiber Optic Fluid Level Sensor: Practical Considerations,” Proceedings of SPIE, Vol. 954, p. 88, 1983

[7] 孫聖和、王廷雲和徐影，“光纖測量與傳感技術”，哈爾濱工業大學出版社，2002。

[8] E.Udd, “Fiber optic smart structures,” Proceedings of the IEEE, Vol.84, No.6, 1996.

[9] J. M. Lopez-Higuera, “Handbook of Optical Fibre Sensing Technology,” John Wiley, 2002

[10] D. A. Jackson and J. D. C. Jones, “Interferometers in Optical fibre sensor: sys-

tems and applications," Volume 2(Ed B. culshaw and J. Dakin) Artech house, Norwood MA;, p.239-80, 1989

[11] D. A. Jackson and J. D. C. Jones, "Optothermal frequency and power modulation of laser diodes," J.Mod.opt.39 1837-47,1992.

[12] R. B. Smith, "Fibre optic gyroscopes: a bibliography of published literature," Proc SPIE 1585 464-503, 1991.

[13] D. Harvey, R. McBride and J. D. C. Jones, "Fiber optic Sagnac interferometer based velocimeter," Meas. Sci. Technol. 3 1077-83,1992.

[14] R. Ulrich, "Fibre-optic rotation sensing with low drift," Opt. letts. 5, 173-5, 1980.

[15] T. Valis, D. Hogg, and R. M. Measures, "Fiber Optic Fabry-Perot Strain Gauge," Photonics Technology Letters 2, 227, 1990.

[16] Y. J. Rao, "In-fiber Bragg grating sensors, Measurement," Sci. Tech., 8, pp. 355-375, 1997.

[17] J. P. Dakin, "Analogue and digital extrinsic optical fibre sensors based on spectral filtering techniques," Proc. SPIE, 468, pp. 219-226, 1984.

[18] C. Ovren, M. Adolfsson and B. Hok, "Fibre optic systems for temperature and vibration measurements in industrial applications," Proc. Int. Conf. Optical Techniques in Process Control, The Hague, pp. 67-81, 1983.

[17] E. Snitzer, W. W. Morey and W. H. Glenn, "Fiber optic rare earth temperature sensors," Proc. 1st. Int. Conf. Optical Fiber Sensors, London, pp. 96-99, 1983.

[18] B. Culshaw and J. Dakin, "Optical fiber sensors：Systems and applications," Artech House, INC., 1989.

[19] M. C. Hutley, R. F. Stevens and D. E. Putland, "Wavelength encoded optical fibre sensors," Int. J. Optical Sensors, 1, pp. 153-162, 1986.

[20] A. D. Kersey, A. Dandridge, and A. Tveten, "Time division multiplexing of interferometric fiber sensors using passive generated carrier interrogation," Opt. Lett. 12, 1987

[21] A. Dandridge, A. Tveten, A. D. Kersey, and A. M. Yurek, "Multiplexing of interferometric sensor using phase carrier technique," J. Lightwave Technol.vol. 5, 1987

[22] A. D. Kersey, et al. "Fiber grating sensors," IEEE Journal of Lightwave Technology, vol. 15, pp. 1442-1463, 1997

第十一章

光纖感測應用

隨著近年來光纖技術的蓬勃發展，使其應用在很多領域上，光纖具有低損耗高頻寬及高速的傳輸能力，並擁有質量輕、體積小、耐腐蝕及不受電磁波干擾等優點，現在已被廣泛應用於光纖通訊、光纖感測技術、生醫感測、化學濃度感測等，由此可見利用光作爲通訊及感測的媒介將是未來的趨勢。光以各種不同的模態在光纖內傳輸，其透射與反射的光譜隨光柵結構而改變，因此光纖光柵在通訊、感測、生醫領域等各種應用上都佔有一席之地，使得開發新型光纖感測器製程技術具其有研究價値。

11.1 光纖感測器的優點

光纖之發展，一開始是由於光通訊科技所需而被重視，最初所面臨之問題爲傳輸損耗無法有效降低；隨著低傳輸損耗的光纖開發成功，利用光纖取代傳統電纜傳遞資訊才真正進入實用化的階段。而光纖開始被應用於感測器之研究是因爲其體積小、重量輕、能在惡劣環境下操作、高靈敏度、不受電磁干擾及生物相容性良好等，優於傳統電子式感測器的特性，且透過適當的轉換能機構，可以感測到所有傳統感測器所能感測的物理量，如溫度、壓力、位移、扭矩、加速度、液高、流速、聲音及輻射量等。隨著科技日新月異，各領域對於感測器的靈敏度、精確度、效率及功能性的要求亦越來越高。光纖感測器可藉由結合微機電製程與相關技術來達到所需之準確度、靈敏度及效能，並能結合光纖濾波器以達高頻、高速感測技術，並降低系統雜訊。進而利用於國防、航太、生醫及民生工業。

Byoungho Lee於 2003 年在Optical Fiber Technology所發表的期刊裡根據 15th Optical Fiber Sensors Conference 所做的統計分析已將目前光纖感測器之應用面及

所使用之關鍵技術做一完整歸納，圖 11.1 解釋了光纖感測器在應用面分析、以及關鍵技術上的分析。

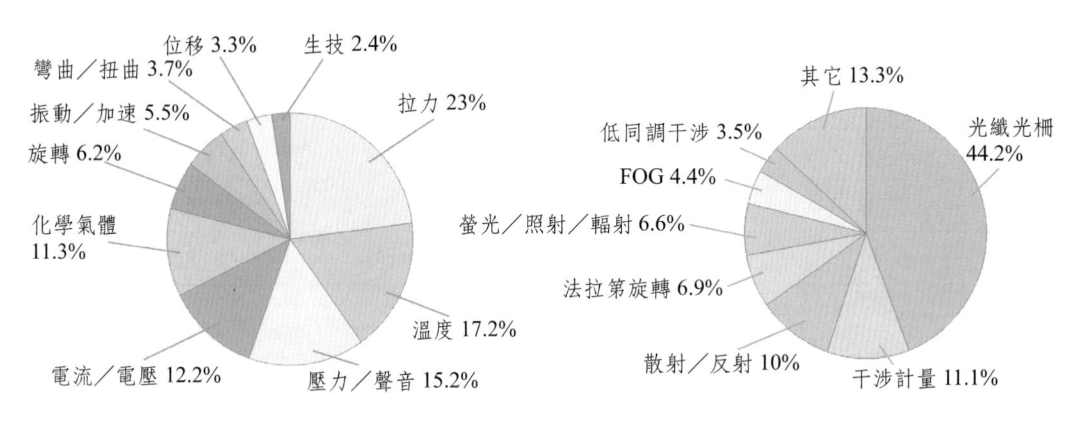

圖 11.1　光纖感測器之應用面分析、關鍵技術分析。

由 Byoungho Lee 所分析歸納的結果不難看出布拉格光纖光柵（Fiber Bragg Grating, FBG）及長週期光纖光柵（Long Period Fiber Grating, LPFG）至今仍爲大多數研究團隊所使用之基礎關鍵技術，整體發展已非常成熟完整；其次爲利用干涉原理所製成之光纖感測器。而光纖光柵感測器最常被運用於橋梁、及土木工程等大型結構物之強度監測、航空載具結構監測或是高腐蝕、高磁場環境中量測壓力；以及目前最引人注目之航太智慧型複合材料開發。另外，光纖光柵感測器不論在研究、發展或應用上都已趨近於飽和狀態；故現階段所規劃，執行之目標除鞏固基礎光纖光柵感測機制外，更須積極開發新型光纖感測器，及多功型光纖感測系統以利強化學術領域研究優勢，進而促進國家產業的競爭力。表 11.1 是光纖感測器跟傳統感測器的比較：

表 11.1　感測器比較

	光纖感測器	傳統感測器
電磁波	不受干擾	會被干擾
電壓	不受干擾	會被干擾
溫度	不受干擾	會被干擾
腐蝕	不受干擾	感測器及儀器毀損
體積	體積小	體積大
重量	重量輕	體積大

目前現有技術用於感測之實例已有微量位移感測、溫度感測、速度感測、加速度感測及電場感測等多項應用，因爲光纖感測器透過適當能量轉換幾乎可以感測所有傳統感測器所能感測的物理量。

光纖感測器主要是由光纖、感測結構及訊號顯示或處理之電子設備所構成，依其感測原理可分爲「本質型」及「外質型」二類。外質型光纖感測器的光纖僅做爲類似電線的信號傳輸，而本質型光纖感測器的光纖不僅是信號傳輸，本身亦是感測元件，如FBG感測器。但由於外質性的光纖僅用於傳遞信號，還需外掛其他的感溫元件，因此體積大且重，此型感測器可遠端測量在高溫環境或腐蝕性環境的訊號，而本質性的光纖本身就是感溫元件。光纖光柵感測器中的感測元件及傳遞信號元件是合爲一體的，使整個系統的體積小且輕，但微感測元件製程複雜，且需要精密的加工技術。

11.2 光纖應變感測器

光纖應變感測器的應用是目前最受矚目的焦點，各國皆投入大量人力、資源積極開發新型光纖感測元件搶攻市占率；高精度、高抗電磁反應及微小尺寸皆與光纖之特性不謀而合，故光纖為研發新型工程領域相關元件之首選。現階段大多數光纖感測器研究與應用之關鍵技術主要是利用檢測特徵波長來監測應變、壓力及溫度等物理量為主，不論在研究、發展或應用上都已趨近於成熟狀態，是未來市場的明日之星。

11.2.1 長週期光纖光柵應變感測器

2008 年，C.L. Zhao 等人[1]將長週期寫在光子晶體光纖中，並將其應用在應變量測上；其量測方式是將長週期光柵的一端黏貼在一個固定的平台上，另一端黏貼在一個可以移動的微動平台上，藉由微動平台來控制位移量，使其達到量測應變之效果，如圖 11.2 所示。

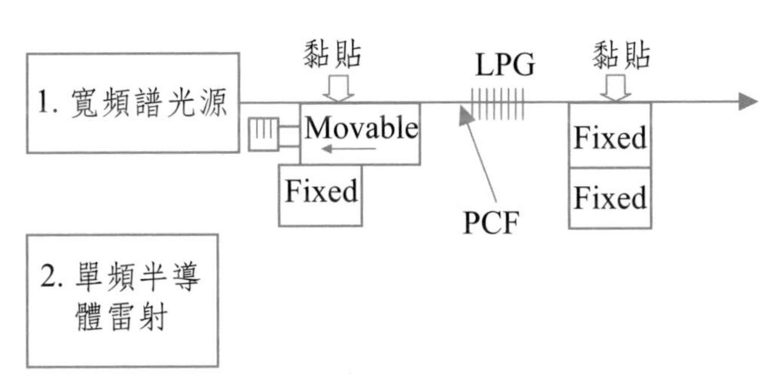

圖 11.2 應變量測示意圖[1]。

11.2.2 長週期光纖光柵應變多功感測器

2008 年，G. Rego 等人[2]結合了兩種不同光纖所製成的長週期來同時量測應變及溫度；其量測方式是利用兩種不同光纖對應變及溫度靈敏係數之差異，所導致不同的波長飄移量，再藉由矩陣法將應變及溫度解調出來，如圖 11.3 所示。

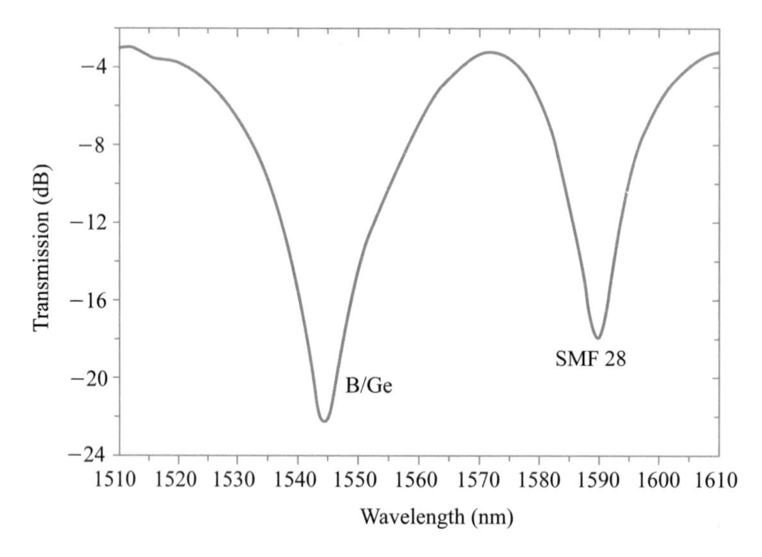

圖 11.3　多功量測示意圖[2]。

11.2.3 短週期光纖光柵應變監測

將光纖埋入材料中，以達到材料監測效果爲近幾年來熱門的發展重點。隨著高科技時代的來臨，日常生活中許多物件都需要有高性能及高安全係數，就交通而言，像是巴士或飛機，都承載著相當多乘客，安全係數更是要相當的高，所以近幾年有大量的研究都是應用於飛機的安全係數監測。

材料監測是將光纖結構端埋入材料，光源出發後經過耦合器，再進入布拉格光纖光柵裡，布拉格光纖光柵會將符合布拉格條件的波長反射，其反射光經過耦合器回傳，進入光譜分析儀作數據分析，藉由光學頻譜變化，可得知環境狀態的變化，因此可做為感測器使用，這個方法也可以同時埋入許多光纖同時進行監測。

11.3 光纖壓力感測器

光纖壓力感測器有抗腐蝕、體積小及不受電磁波干擾等優點，因此用於生醫植體、海洋科學量測或是化學氣槽壓力檢測都是很好的選擇，且近幾年光纖感測器的蓬勃發展，其快速的製程及廉價的成本，將是新一代的主流發展方向。

11.3.1 光纖光柵壓力感測器

大多數光纖光柵壓力感測器通常需要特殊感測器結構，例如使用高分子材料封裝FBG增加其靈敏度，將所受之均佈壓力轉換為側向壓力才可進行監測。利用側向壓力造成光柵週期發生變化，而使頻譜產生飄移，從頻譜飄移量可反推壓力大小。現階段已研發之光纖光柵壓力感測器類型大致可分為：高分子材料封裝壓力感測器、複合材料智慧型壓力感測器、光纖費比-珀羅式（Fabry-Perot）壓力感測器與光纖共振腔壓力感測器。

1. 高分子材料封裝壓力感測器

Hao-Jan Sheng等人[3]所提出的感測器設計結構，如圖 11.4 所示，這類型感測器之原理是利用壓力作用於高分子材料之側面，使其轉換成布拉格光纖光柵監測到之軸向應變。

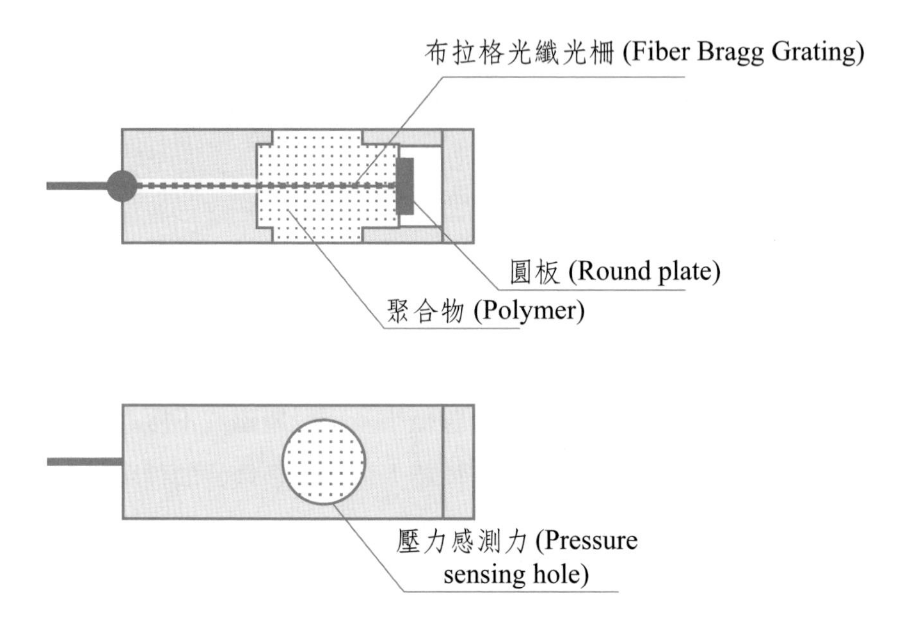

圖 11.4 高分子封裝側向式壓力感測器[3]。

除了布拉格光纖光柵為最常被使用之關鍵技術外，長週期光纖光柵（LPG）及超結構光纖光柵（SFG）亦有研究團隊進行相關壓力感測器之開發。如 W. J. Book 和 J. Chen[4]所提出之頸縮長週期光纖光柵（TLPG）壓力感測器，其原理是利用電弧放電使光纖表面產生週期性之變化，再配合特殊之感測機構（圖 11.5）進行壓力監測。

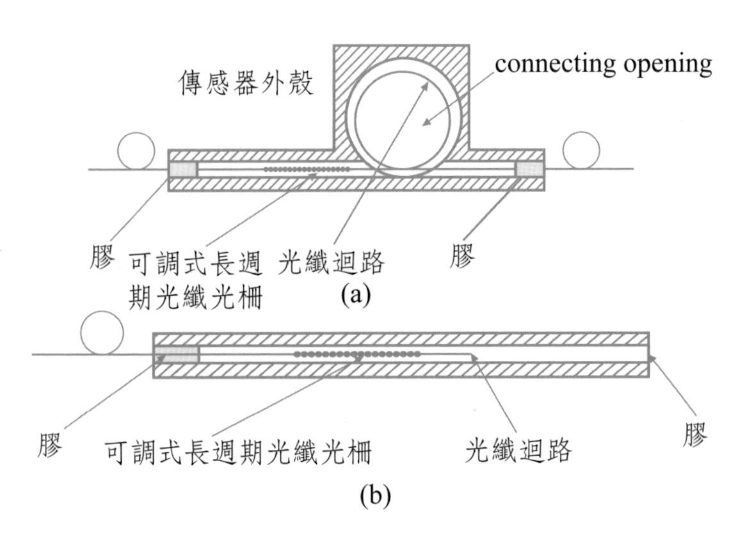

圖 11.5 TLPG 所需之感測結構圖[4]。

2. 複合材料智慧型壓力感測器

光纖光柵感測器可結合複合材料（Composite）成為智慧型結構，並利用此結構進行壓力量測或是建立壓力分佈感測系統（Pressure mapping sensor），S.C. Tjin[5]等人就利用啁啾光纖光柵（Chirped Fiber Grating）埋入複合材料中進行壓力監測（圖 11.6），所研發之智慧型結構可承受 0 到 30 N 的壓力負載。

3. 光纖費比一珀羅式（Fabry-Perot）壓力感測器

光纖費比-珀羅式壓力感測器是利用 Fabry-Perot（F-P）干涉的原理。當壓力作用於感測器時，會改變感測器中間共振腔的距離，而造成干涉頻譜發生變化。而費比-珀羅式感測器通常可分為三大種類，如圖 11.7 所示：

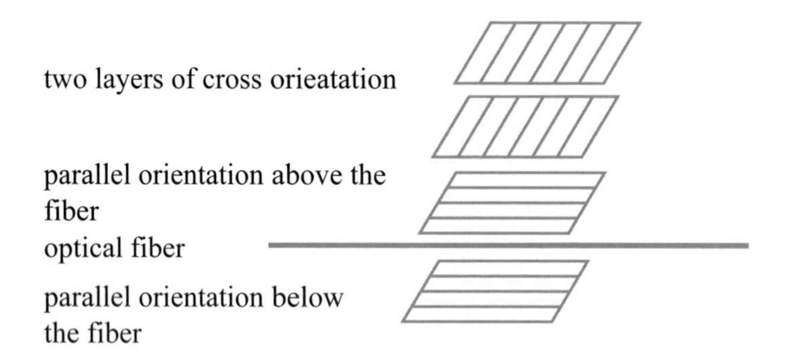

圖 11.6 啁啾光纖光柵結合複合材料[5]。

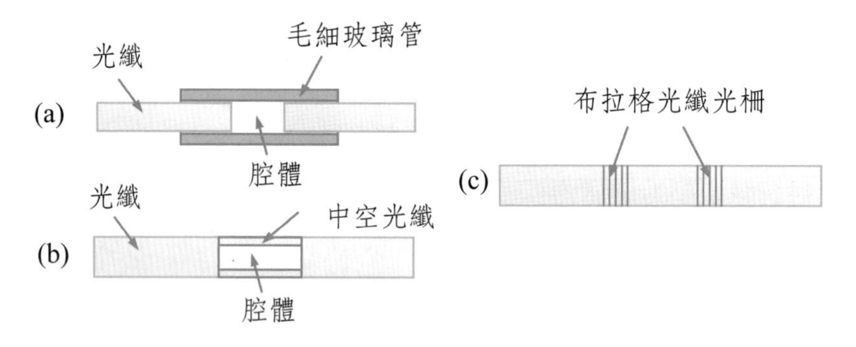

圖 11.7 (a)非本質式（Extrinsic），(b)本質式（Intrinsic），(c)全光纖式（All-Fiber）。

⑴非本質式（Extrinsic）

Anbo Wang 和 Hai Xiao[6]提出之非本質式 F-P 光纖壓力感測器，感測器構造如圖 11.8 所示，利用中空之毛細玻璃管固定兩光纖形成 F-P 共振腔；當壓力作用於感測器時將改變腔體間隙，而腔體間隙的改變可被定義為：$\Delta L = \frac{Lpr_o^2}{Er_o^2 - r_i^2}(1 - 2\mu)$

由上關係式中，L 為兩熱熔接點的距離；E 為楊式係數；r_i 與 r_o 分別表示毛細管之內外徑；μ 為蒲松比（Poisson ratio）。

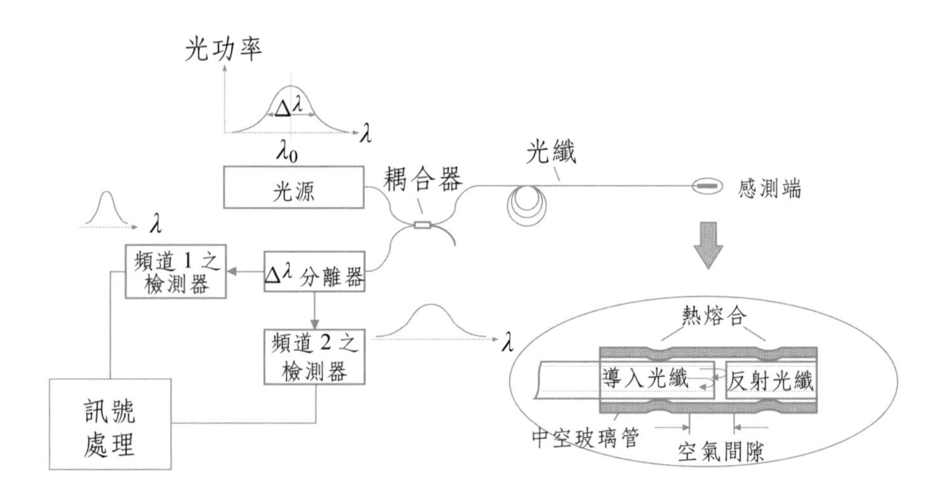

圖 11.8 非本質式費比-珀羅（Fabry-Perot）光纖壓力感測器結構圖[6]。

⑵本質式（Intrinsic）

J. Sirkis 和 T. A. Berkoff[7]等人利用熔接中空光纖及一般光纖製作出 F-P 共振腔（圖 11.9），本質式優於非本質式感測器最大的原因就在於本質式感測器的直徑接近於光纖直徑 125 μm。

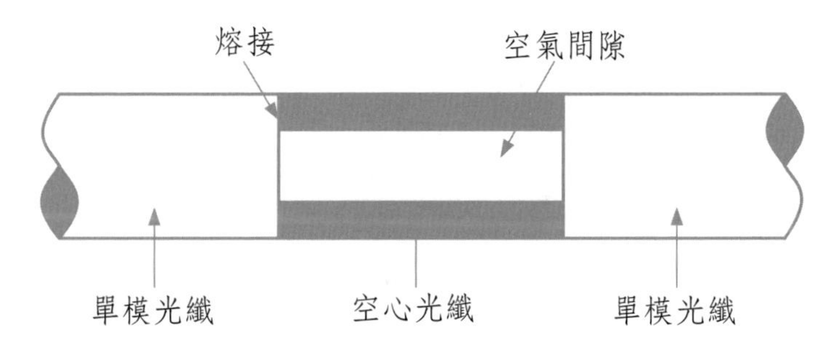

圖 11.9 本質式費比-珀羅（Fabry-Perot）光纖壓力感測器結構圖[7]。

⑶全光纖式（All-Fiber）

Adriaan van Brakel[8]等人以兩個相同週期之布拉格光纖光柵形成 F-P 共振腔，

並用來進行壓力監測，壓力會改變由布拉格光纖光柵形成之共振腔長度；進而使反射頻譜發生變化。感測架構如圖 11.10 所示，而在許多研究團隊的研究當中亦有利用化學濕蝕刻或雷射加工的方式製作 **F-P** 共振腔。濕蝕刻是利用氫氟酸（**HF** Acid）蝕刻光纖端面，製作出 **F-P** 干涉所需要之共振腔。再利用高分子材料或矽晶圓進行腔體封裝。

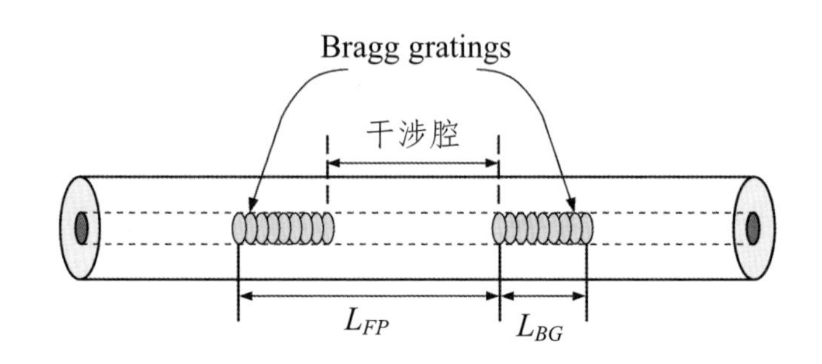

圖 11.10　雙 FBG 壓力感測器結構圖[8]。

11.3.2　其他新型結構式之壓力感測器

壓力感測器的技術已研發至成熟階段，除了光纖光柵壓力感測器，另外還有許多不同種類結構的壓力感測器，例如：

頸縮（Tapered）光纖壓力感測器

利用設計光纖結構可製作出特殊之光纖感測元件，例如 M. Lo'pez-Amo[9]等人就利用電弧放電製作出使一部分光纖變細的感測結構（圖 11.11）。使用之原理是利用壓力造成光纖纖芯直徑產生變化，進而改變光纖之正規化頻率 V（normalized frequency）。

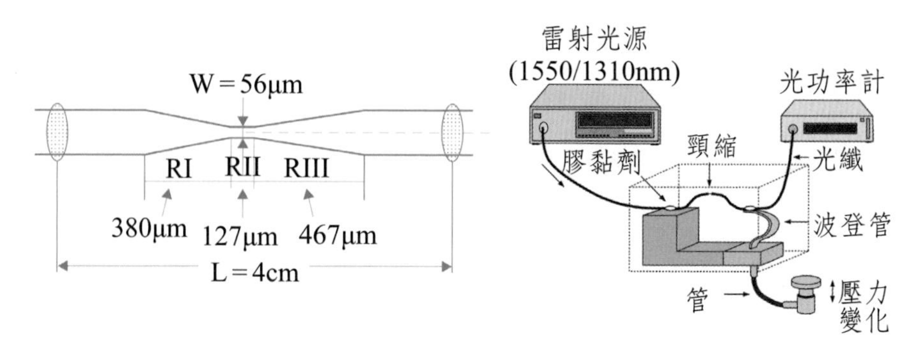

圖 11.11 Tapered 光纖壓力感測器[9]。

11.4 光纖溫度感測器

在我們生活上，溫度無時無刻都存在著，所謂溫度的定義是以一物體或環境冷熱程度的數值表示。市面上的溫度感測器有很多種，像是電阻式溫度感測器、膨脹式溫度感測器及振盪式溫度感測器等，每種感測器都有其特點，由於近年來光纖的蓬勃發展，有研究團隊利用光纖的特性，開發出光纖溫度感測器，而本章節將針對光纖溫度感測器的運用及原理做介紹。

11.4.1 強化型金屬短週期布拉格光纖光柵溫度感測器

布拉格光纖光柵至今發展雖已非常成熟完整，可運用於各工程領域，除了新的研究方向外，也可用於改良舊有技術，像是利用金屬的熱膨脹係數不同造成彎曲的舊型溫度感測器，改用金屬搭配光纖布拉格光柵將可得到更好的訊號。

由下圖 11.12 所示，使用短週期布拉格光纖光柵感測器作爲溫度感測器原理之示意圖，其架構為使用寬頻光源的量測頻譜，光源出發後經過耦合器，再進入黏貼金屬上之布拉格光纖光柵，最後使用光譜分析儀作數據分析，藉由光學頻譜變化，可得知其溫度的變化。

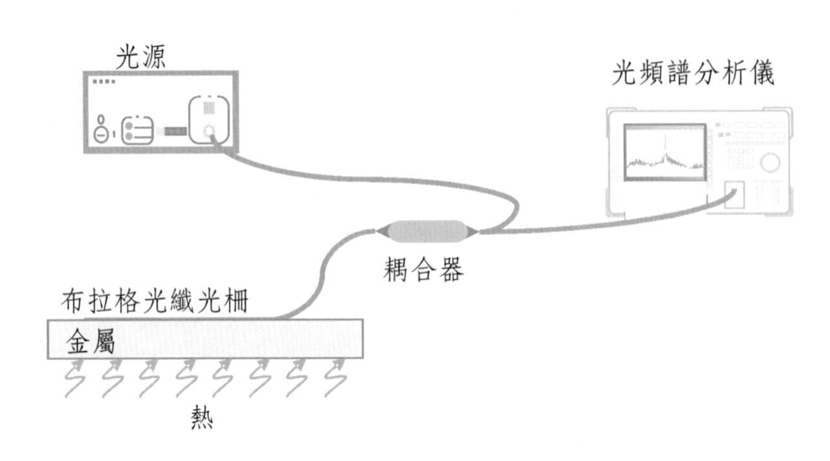

圖 11.12　強化型金屬短週期布拉格光纖光柵感測器原理示意圖。

強化型金屬短週期布拉格光纖光柵溫度感測器主要原理是透過短週期布拉格光纖光柵感測器黏貼在強化型金屬表面上感測環境的溫度變化，由於金屬的熱膨脹係數遠大於光纖，當溫度有了改變，遇熱時之應變量較大，金屬表面會施予光纖一張力，感測器上的週期性結構就會產生變化，造成反射及穿透的波長有了飄移現象，因此可看出其溫度與波長飄移的線性關係，藉此再換算出其溫度大小。此技術可發揮光纖感測器的光訊號優點，在傳統無法使用應變規的地方架設感測器，彌補應變規電磁干擾的缺點。

11.4.2　Mach-Zehnder 光纖溫度感測器

光學量測中的干涉儀，是運用波動光學的干涉現象來量測，此項技術幾乎是波動光學精華所在，藉由建設與破壞性的波長干涉，取得量測結果，精度極高，而光纖也是光學的一環，用來配合干涉儀是最好的組合，因此研發出 Mach-Zehnder 光纖溫度感測器（圖 11.13）。

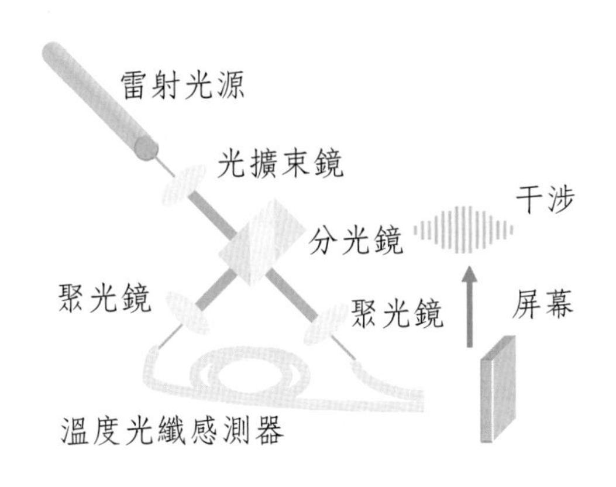

圖 11.13 Mach-Zehnder 光纖於干涉儀溫度感測器架構示意圖。

Mach-Zehnder光纖於干涉儀溫度感測器主要是透過觀察光束的干涉條紋了解光相位改變，進而瞭解其溫度改變量。光從雷射源出發並擴束，經由分光器把入射光分成兩道等強的光，集束後再分給兩條光纖，光在通過光纖後再度結合到達屏幕。在原始狀態下距離相同，使這兩道光同相位，所以光是建設性干涉，但其中一條光纖溫度有了改變，長度也會改變，並產生破壞性干涉，藉由觀測其干涉條紋變化，便可得知溫度的變化。

11.5 光纖感測器之生醫、化學應用

11.5.1 生醫、化學應用簡介

生醫檢測領域中，光學檢測技術是相當重要及普遍大量應用之技術，可藉由光訊號產生及其變化，從而得知生物分子的組成或狀態。以光學偵測方式對生物樣本進行檢測具有許多優點，包括檢測解析度高、檢測速度快且不因接觸而污染生物樣本，不會破壞生物活性，因此極爲適合用於生物檢測。

光纖生醫感測器是利用光纖將光源所產生的光波導入光纖內，並將光引導至待測區；當待測區之物理或化學產生變化，如（應變、溫度、折射率等），將造成光波特性的改變，透過分析頻譜的改變，即可推得待測區中的物理或化學變化，所以光纖作爲生醫感測器，不但設備簡單價格便宜，且適合快速篩檢，由此可見以光纖作爲生醫感測器是未來生醫檢測上的一種趨勢。

11.5.2 感測器種類

1. 光纖表面電漿共振感測器

Jorgenson 與 Yee 在 1993[10]年發展出光纖式表面電漿共振感測器，主要是將光纖去除光纖纖殼部分，再鍍上一層金屬層，利用鹵素燈當光源打入光纖內部，使光波激發金屬層表面產生表面電漿共振，並以光源接收器接收光波訊號，觀察其訊號變化，其感測靈敏度可與稜鏡式電漿共振感測器達到相同的程度，但光纖式電漿共振感測器其優勢在於體積小易攜帶。

由下圖 11.14 所示，爲光纖表面電漿共振感測器的示意圖，劉盈村[11]等人將感測區的光纖纖殼去除，在纖殼上表面批覆金薄膜後再覆蓋固定化的生物分子，當待測生物樣本與固定化的生物分子結合後，會改變附著在金屬膜表面的介質折射率，使得共振角與反射強度不同。當然，若不預先覆蓋固定化的生物分子做任何標識，亦可直接由金屬膜環境成份或濃度改變時所引起的折射係數變化作感測。無論如何，最後皆透過共振角的觀察，可以判別待測生物樣本的變化。

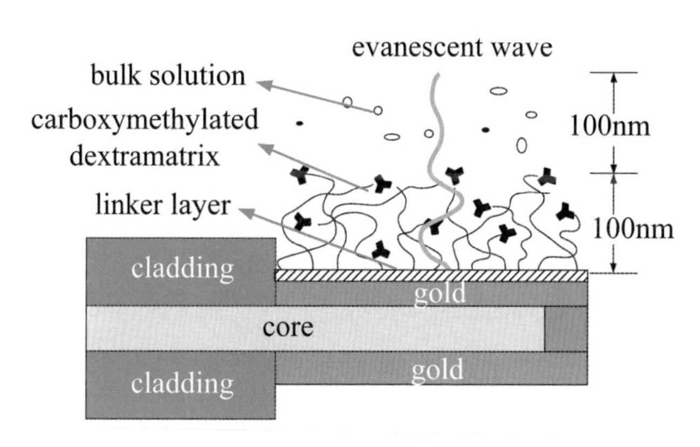

圖 11.14 光纖表面電漿共振感測器[11]。

2. 其他類型光纖感測器應用於生醫領域

在此節中將針對光纖應用於生醫領域之感測器作一整理與分析。光纖因其質輕、徑細及高生物相容性，故在臨床應用上擁有取代傳統感測器之優勢；目前光纖壓力感測器爲大多數研究團隊所積極開發的技術。光纖壓力感測器可被用於量測靜脈或冠狀動脈之血壓[12]、顱內壓力、肺部壓力、膝關節壓力及脊椎椎間盤壓力。2005 年 Adriaan van Brakel [12]等人以兩個 FBG 形成 F-P 共振腔製成非侵入式的血壓感測器，感測實驗架構如圖 11.15 所示。

目前最多應用於脊椎椎間盤壓力監測，如 Christopher R Dennison [13]等人就將 FBG 埋入一般注射器當中進行椎間盤壓力之監測，結構如圖 11.16 所示。

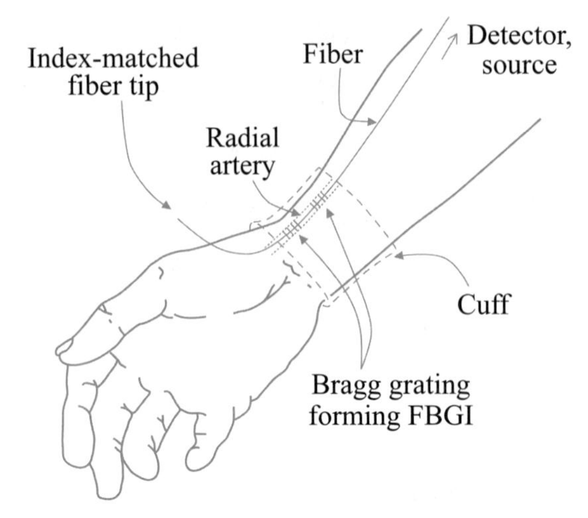

圖 11.15　非侵入式光纖血壓感測器[12]。

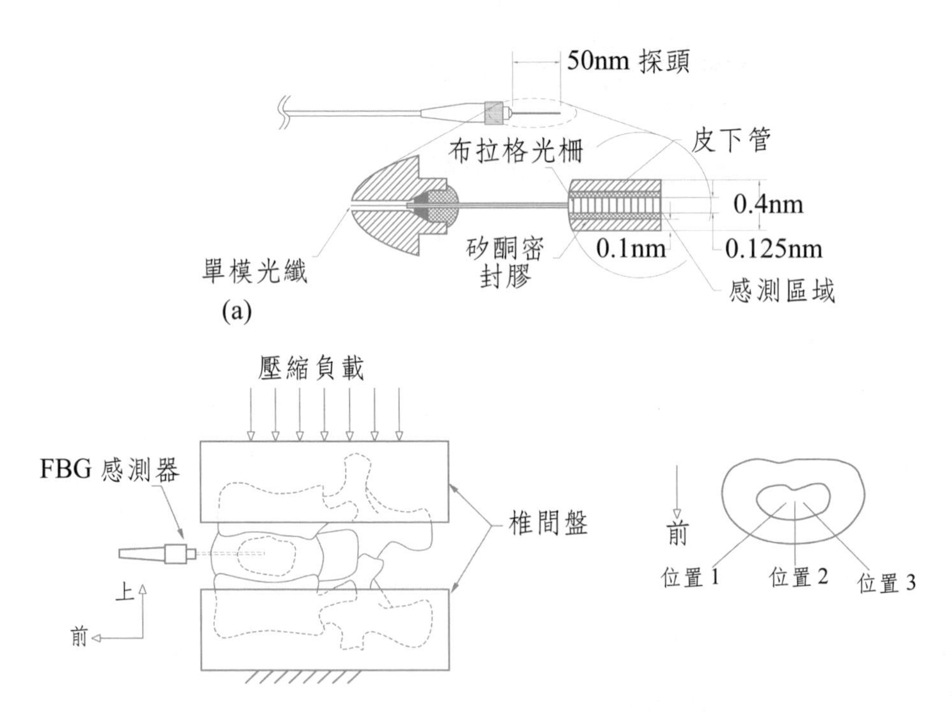

圖 11.16　FBG 運用於椎間盤壓力之監測[13]。

除了上述人體壓力監測外，光纖感測器還可用於監測糖尿病患者足部壓力、心跳監測、葡萄糖濃度量測及睡眠品質監測，由這些廣泛生醫應用層面可以看出光纖感測器在生醫領域的發展性是無可限量的。

圖 11.17 爲光纖血流計，是採用都卜勒雷射儀的方式，藉由埋入式的光纖，發揮其直徑小的優點以減小傷口，使其擷取進入人體再反射回來的雷射光，之後藉由頻譜分析儀分析其光學頻譜變化，便可得知人體的血液狀況。

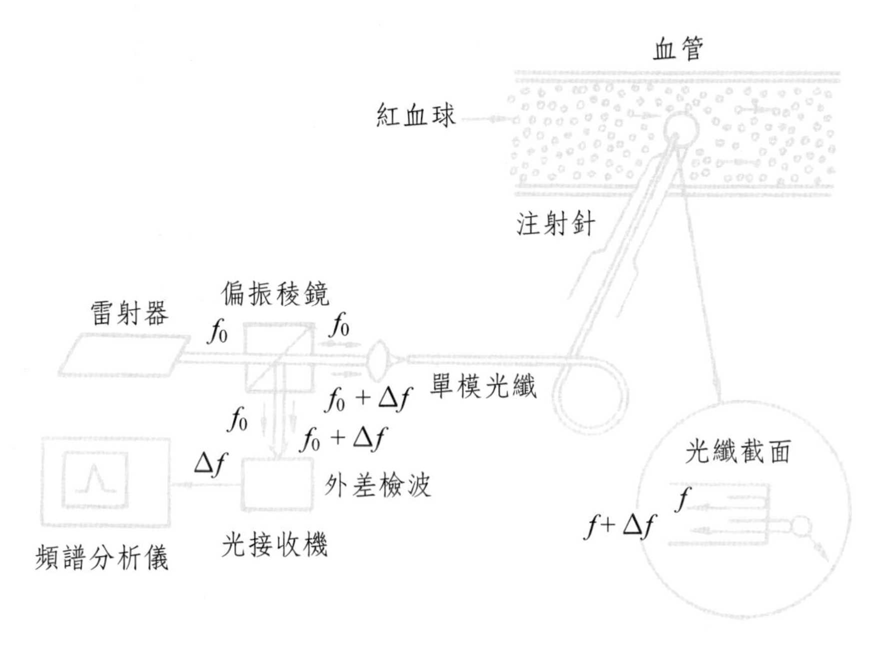

圖 11.17　光纖血流計原理。

11.6 光纖濃度（折射率）感測器

11.6.1 光纖濃度感測器簡介

光纖濃度（折射率）感測器爲可以被廣泛使用於臨床診斷中的重要元件，傳統的感測器大多爲電子式，對於一些使用場合而言是不合適的如有電磁干擾之環境等。現階段已研發之光纖濃度感測器包括：葡萄糖、pH 值、Ammonia 等濃度感測器，其中以量測葡萄糖濃度及pH值居多；而大部份量測的方法可分爲兩種：

1. 利用折射率的改變來量測濃度

當量測物體濃度發生變化時，其折射率也會隨之改變。

2. 利用光纖光柵週期來量測濃度

在光纖上面作結構，再塗上可與量測物體發生化學反應之特殊材料，當材料因化學反應產生變化時便會改變光纖光柵週期結構。

因應醫療器材之發展，本節亦將說明光纖感測器如何運用在濃度的感測上，藉此來量測血糖、血氧濃度等。濃度感測器於醫療上主要是用在血糖、血氧、尿酸及血中毒物等的濃度量測；而一般大眾最常使用的產品爲血糖機及血氧計，主要是用於量測血液中的葡萄糖及氧氣濃度。

11.6.2 光纖濃度感測器應用

1. 葡萄糖感測器

有學者在 2002 年開發出光纖濃度（折射率）感測器[14]，而現階段已研發之光纖濃度感測器大致上以量測葡萄糖濃度及 pH 值居多；而葡萄糖感測器對於一般糖尿病患者而言尤其重要，即時監測血液中葡萄糖濃度將可診斷出胰島素注射的藥量與時機。而濃度變化將改變液體之折射率，故光纖折射率感測器之開發亦爲目前受矚目之研究項目之一。圖 11.18 所示，爲光纖檢測的實驗架構圖。

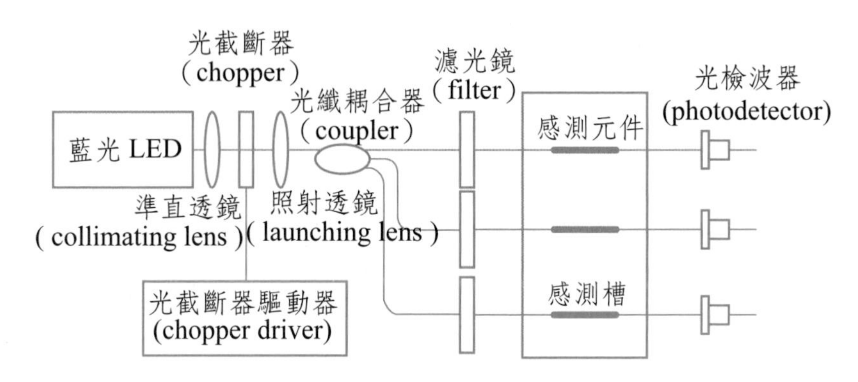

圖 11.18 光纖生化感測系統。

S. Binu 和 V.P. Mahadevan Pillai[15]所提出的葡萄糖感測器設計結構，如圖 11.19 所示，這類型感測器之原理爲利用葡萄糖濃度改變導致液體折射率發生變

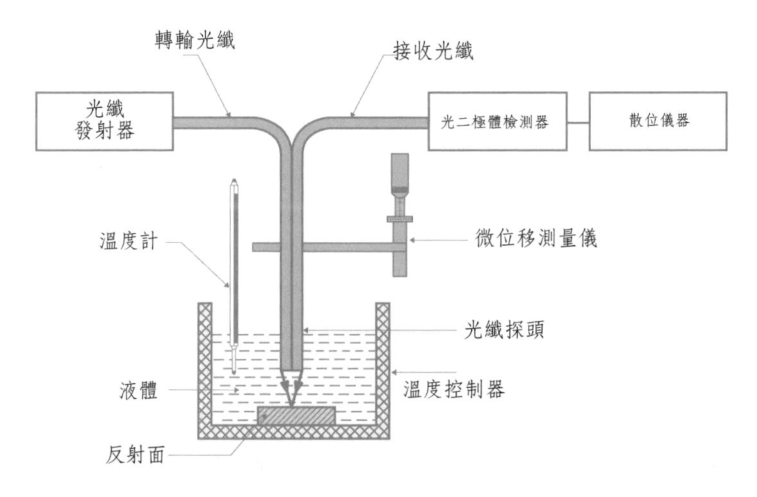

圖 11.19 光纖葡萄糖感測器[15]。

化，折射率變化將導致反射能量發生變化。

2. **濃度感測器**

長週期光纖光柵（LPG）感測器常被用來量測折射率變化，R. Falciai 和 A. G. Mignani[16]則是利用長週期光纖光柵來進行液體濃度監測，結構如圖 11.20 所示，設計特殊的感測器支架。此長週期光纖光柵已可以測試氯化鈉、氯化鈣及乙二醇水溶液的折射率。

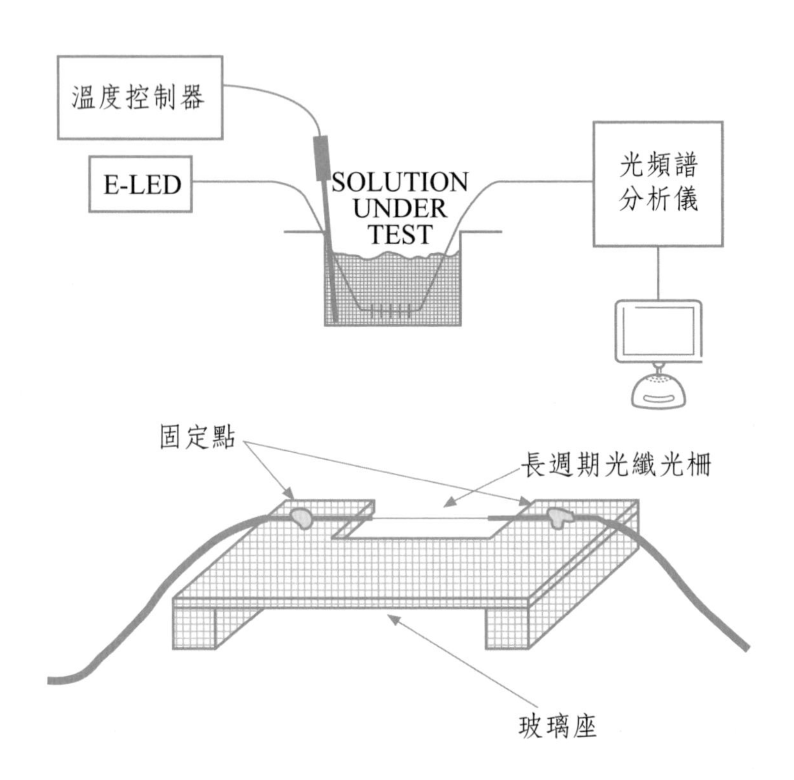

圖 11.20　長週期光纖光柵濃度感測器、長週期光纖光柵支架[16]。

3. **折射率感測器**

A. Iadicicco 及 S. Campopiano[17]則對短週期光纖光柵作部分蝕刻，如圖 11.21 所示。當光纖纖殼（Cladding）直徑減少到一定程度後，外部折射率將會開始影響 FBG 之有效折射率，使反射布拉格波長隨外部折射率改變而發生變化。

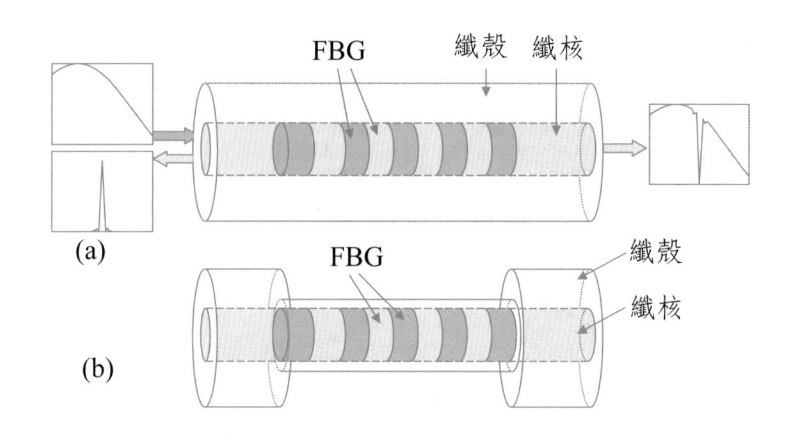

圖 11.21 部分蝕刻 FBG 折射率感測器[17]。

光纖濃度感測器應用領域相當廣泛，包括氣體濃度、化學溶液、水溶液及血液等等，各方面皆有學者在探討及研究。

11.7 結論

現階段的光纖濃度感測器之研究狀況已非常豐富，但是實用性仍大大不足。市面上仍以電子式感測器爲主，所以發展出「多功能量測」才是市場的主要需求；不論是在氣體、溶液及血液等各方面量測上，都希望藉由單個感測器，就可以量測到各種不同的物理量。例如「多功能光纖生醫濃度感測器」，而這個感測器將可同時量測到血液中的葡萄糖、血氧及 pH 值等。

習　題

1. 試說明應變感測器之原理。
2. 試舉出三種光纖感測器可以監測的物理量
3. 試說明壓力感測器之原理。
4. 試說明本質式與非本質式光纖溫度感測器的差異
5. 試說明溫度感測器之原理。
6. 試說明 Mach-Zehnder 光纖溫度感測器的光學原理
7. 您認為光纖感測器應用於生醫領域作為量測實不實用？為什麼？
8. 您認為光纖感測器應用於生醫及化學領域作為感測有哪些需要注意的地方？
9. 您認為光纖濃度（折射率）感測器還可運用於哪些實用之量測？
10. 請簡述光纖濃度（折射率）感測器之感測原理。

參考文獻

[1] C. L. Zhao, et al., "Strain and temperature characteristics of a long-period grating written in a photonic crystal fiber and its application as a temperature-insensitive strain sensor," *Journal of Lightwave Technology*, vol. 26, pp. 220-227, 2008.

[2] G. Rego, "Simultaneous measurement of temperature and strain based on arc-induced long-period fiber gratings. A case study," *Microwave and Optical Technology Letters*, vol. 50, pp. 2472-2474, 2008.

[3] H. J. Sheng, M. Y. Fu, T. C. Chen, W. F. Liu, and S. S. Bor, "A Lateral Pressure Sensor Using a Fiber Bragg Grating," *Photonics Technology Letters*, vol. 16, no. 4, pp.1146-148, Apr. 2004.

[4] W. J. Bock, J. Chen, P. Mikulic, and T. Eftimov, "A Novel Fiber-Optic Tapered Long-Period Grating Sensor for Pressure Monitoring," *IEEE Transactions on Instrumentation and Measurement*, vol. 56, no. 4, pp. 1176 - 1180, Aug. 2007.

[5] S.C. Tjin, L. Mohanty, N.Q. Ngo, "Pressure sensing with embedded chirped fiber grating," *Optics Communications*, vol. 216, pp.115-118, Feb. 2003.

[6] A. Wang, H. Xiao, J. Wang, Z. Wang, W. Zhao, and R. G. May, "Self-Calibrated Interferometric-Intensity-Based Optical Fiber Sensors," *Journal of Lightwave Technology*, vol. 19, no. 10, pp.1495-1501, Oct. 2001.

[7] J. Sirkis, T. A. Berkoff, R. T. Jones, H. Singh, A. D. Kersey, E. J. Friebele, and M. A. Putnam, "In-Line Fiber Etalon (ILFE) Fiber-optic Strain Sensors," *Journal of Lightwave Technology*, vol. 13, no. 7, pp.1256-1263, July 1995.

[8] A. V. Brakel, P. L. Swart, A. A. Chtcherbakova, and M. G. Shlyaginb, "Blood pressure manometer using a twin Bragg grating Fabry-Perot interferometer," *Proceedings of SPIE*, vol. 5634, pp.595-602, 2005.

[9] C. Bariáin, I. R. Matías, F. J. Arregui, and M. López-Amo, "Tapered optical-fiber-based pressure sensor," *Opt. Eng.*, vol. 39, pp. 2241-2247, Aug. 2000.

[10] R.C. Jorgenson, S.S. Yee, "A fiber-optic chemical sensor based on surface plasmon resonance", Sens Actuators B Chem, 12, 213-220(1993).

[11] 劉盈村，「光纖式表面電漿子共振生醫微感測器」，台灣大學醫學工程研究所碩士論文，2001。

[12] A. V. Brakel, P. L. Swart, A. A. Chtcherbakova, and M. G. Shlyaginb, "Blood pressure manometer using a twin Bragg grating Fabry-Perot interferometer," *Proceedings of SPIE*, vol. 5634, pp.595-602, 2005.

[13] C. R. Dennisona, P. M. Wild, P. W.G. Byrnes, A. Saari, E. Itshayek, D. C. Wilson, Q. A. Zhu, M. F.S. Dvorak, P. A. Cripton, D. R. Wilson, "Ex vivo measurement of lumbar intervertebral disc pressure using fibre-Bragg gratings," *Journal of Biomechanics*, vol. 41, no. 1, pp. 221-225, 2008.

[14] B. D. Gupta, N. K. Sharma, "Fabrication and characterization of U-shaped fiber-optic pH probes," *Sensors and Actuators B: Chemical*, vol. 82, no. 1, pp. 89-93, Feb. 2002

[15] S. Binu, V.P. Mahadevan Pillai, V. Pradeepkumar, B.B. Padhy, C.S. Joseph, and N. Chandrasekaran, "Fibre optic glucose sensor," *Materials Science and Engineering: C*, vol. 29, no. 1, pp. 183-186, Jan. 2009.

[16] R. Falciai, A. G. Mignani, and A. Vannini, "Long period gratings as solution

concentration sensors," *Sensors and Actuators B: Chemical*, vol. 74, no. 1-3, pp. 74-77, Apr. 2001.

[17] A. Iadicicco, A. Cusano, S. Campopiano, A. Cutolo, and M. Giordano," Thinned Fiber Bragg Gratings as Refractive Index Sensors," IEEE *Sensors Journal*, vol. 5, no. 6, pp. 1288-1295, 2005.

習題參考簡答

Ch1

1. (a)無 (b)使用適當波長如 1550nm；避免光纖彎曲損失，或降低光纖內之雜質濃度。
2. (a)色散位移光纖將零色散值的 1310nm 平移到 1550nm，使 1550nm 無色散影響 (b)色散補償光纖是製作負色散值之光纖將色散現象補償回來。
3. (a)利用光纖中縱軸與橫軸有相對折射率差異，固定光在光纖傳播時之極化(偏振)方向。(b) i.半導體雷射二極體導入拉曼光纖放大器時使用保持極化光纖可降低極化相關增益（polarization dependent gain）值 ii.在光纖陀螺儀中使用極化保持光纖可提升靈敏度。
4. (a)橢圓形空氣孔光子晶體光纖可補償色散值 (b)空心蕊光子晶體光纖可降低光纖吸收及非線性問題。
5. 可將布拉格光纖光柵佈置於沿著山腰繞圈之光纖上，當土石向下位移，擠壓光纖時即可獲知響應訊息。

Ch2

1. 當光線由折射率較高的介質進入到折射率較低的介質（$n_1 > n_2$），且折射角等於 90°時，此時的入射角稱為臨界角（θ_c），且沒有光線進入折射率較低的介質（n_2），因此所有的光能量只有反射而沒有折射，這現象被稱為全反射。
2. $\frac{1}{u}+\frac{1}{v}=\frac{1}{f}$ 焦距 f；物距 u；像距 v
3. 惠更斯原理認為波在傳遞的過程中，波前上任何一點皆可視為一個新的點波源，這些點波源將會往波前進的方向產生新的波，而波動下一時刻的波形便是這些點波源波形疊加合成 的結果。

4. 一般單模光纖、色散位移光纖、漸變折射率多模光纖、步階式折射率光纖。

5. 材料的吸收損失、材料的散射損失、波導及彎曲損失、光纖彎曲損失。

Ch3

1. (a) V=28.19, (b)9.964 um, (c)0.0763, (d)4.38。

2. (a)3282, (b)1532。

3.

	單模光纖	多模光纖
優點	光衰減量小 傳輸頻寬—距離乘積大	容易耦光 可繞性較佳
缺點	不易耦光 彎曲角度過大，光會散射到包覆層。	光衰減量大 傳輸頻寬—距離乘積小
	階變多模	漸變多模
優點	製造容易 容易耦光	模間色散效應降低，有較大頻寬
缺點	模間色散效應嚴重	製造較困難

4. (a)3.62um, (b)5.12 um。

5. (a) 24 ns, (b)7.5 ns。

Ch4

1. 參考 4.1 節。

2. 參考 4.1 節。

3. ⑴預形體進入加熱爐之速度。

⑵加熱爐溫度。

(3)牽引裝置之速度。

4.

$Q=KP_1$

$K=0.0029\text{dB/km}$

$l=5\text{km}$

$Q=5\times0.0029\times P_1$

$Q=0.2\text{dB}$

$0.2=5\times0.0029\times P_1$

$P_1=13.793(\text{N})$

5. 參考 4.2 節。

6. 參考 4.2 節。

7. 參考 4.2 節。

8. 參考 4.2 節。

9. 參考 4.2 節

3 道入射光

$$\frac{3^2(3-1)}{2}=\frac{9\times2}{2}=9$$

9 個波道。

Ch5

1. $3\text{dB}=-10\log_{10}\left[\frac{(P_3+P_4)}{P_1}\right]$

$\left[\frac{(P_3+P_4)}{P_1}\right]=0.501$，$P_3+P_4=0.501P_1$

P_3與P_4的分光比例為 1：1，所以$P_3=P_4$

會有輸入功率的 0.501 倍到輸出端。

2.

(a) $1\text{dB} = -10\log_{10}\left[\frac{(P_3+P_4)}{P_1}\right]$

$\left[\frac{(P_3+P_4)}{P_1}\right] = 0.794$，$P_3+P_4 = 0.794P_1$

若 P_3 為分光比例的 $\frac{9}{10}$，則 $P_3 = 0.794P_1 \times \frac{9}{10} = 0.715P_1$

$P_4 = 0.0794P_1$

$40\text{dB} = -10\log_{10}\left(\frac{P_2}{P_1}\right)$，$\frac{P_2}{P_1} = 0.0001$

$\frac{P_3}{P_1} = 0.715$，$\frac{P_4}{P_1} = 0.0794$，$\frac{P_2}{P_1} = 0.0001$。

(b)

穿透損耗：$-10 \times \log_{10} 0.715 = -10 \times -0.146 = 1.46$ dB

分岐損耗：$-10 \times \log_{10} 0.0794 = -10 \times -1.1 = 11$ dB

3.

參考 5.3 節。

4.

參考 5.3 節。

5.

$\lambda_B = 2n_{eff}\Lambda$

$2 \times 1.45 \times 0.54 \times 10^{-6} = 1566\text{nm}$

6.

參考 5.4 節。

7.

參考 5.4 節。

8.

$n=1$（空氣中的折射率）

$\lambda=\frac{2dn}{m}$，$m=1, 2, 3, 4, 5......$

$$m=\frac{2d}{\lambda}=\frac{2\times150\times10^{-6}}{765\times10^{-9}}=392.15$$

$$\lambda_m=\frac{2\times150\times10^{-6}}{392}=765.31\text{nm}$$

最靠近此波長的模態為 392。

9.

參考 5.4 節。

Ch6

1. 當光在光纖中傳播遇到短週期光柵時，會有一特定符合布拉格條件波長的光，受到光纖短週期光柵影響，耦合至另一反向前進的光，由於光受到布拉格短週期光柵作用產生反射，假設兩個相同模態耦合，即可得到量測所需要的布拉格光纖光柵反射頻譜。
2. 壓力，溫度，應變，應力。
3. 纖芯有效折射率，光柵週期，纖芯熱膨脹係數。
4.

	反射頻譜	穿透頻譜	折射率狀況	週期狀況
布拉格光纖光柵	有	有	均勻分布	均勻分布
高斯無足光纖光柵	有	有	高斯分佈	均勻分布
啁啾光纖光柵	有	有	均勻分布	漸變分布
閃光光纖光柵	無	有	均勻分布	均勻分布
超結構光纖光柵	有	有	均勻分布	週期分布

Ch7

1. 光纖雷射產生的要素是激發放射與共振腔結構。而光纖放大器少了共振腔結構。至於利用激發放大將泵激光能量轉變為信號光，機制上是相同

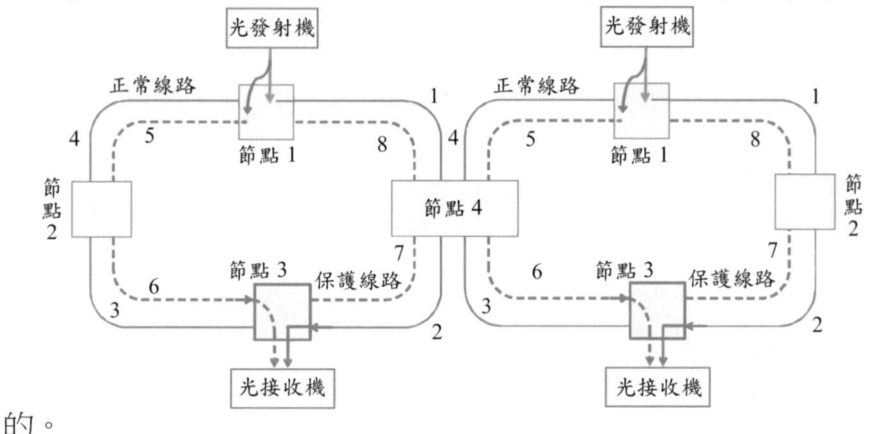

的。

2. 20 dBm。

3. 可重構雙向光信號塞取多工器在分波多工 WDM 系統中，可對波長作及時切換之功能。

4. ⑴ 1.414e-11 ⑵ 7.07e+10。

Ch8

1. 一個基本的光通訊系統包含了:光發射機，傳輸通道及光接收機三個部份。光發射機中的輸入訊號，泛指可藉由光纖傳遞的所有電訊號來源，將電訊號轉換成適當的型態，再載於光波上，光通訊中主要載波源（Carrier）為電光轉換元件，可以是雷射二極體（Laser diode; LD）、發光二極體（light-emitting diode; LED）、甚至用於 10G b/s 以上系統的電光調變器。需注意元件具備的特性，如輸出光波長，足夠有穩定的輸出光功率，反應速度快與電光轉換的線性度等，將會決定此系統的傳輸速率以及傳輸

距離。

傳輸通道是指光發射機到光接收機之間的路徑，主要是光纖與光纜。

光接收機中的檢光元件負責將光波轉換成電流輸出，將載波去除，如同電子系統中的解調（demodulation）過程，由於光功率經過長距離傳輸的衰減，通常轉換出的電流訊號非常微弱，必須經過適當的放大電路及信號處理，對於類比與數位系統，都會經過放大與濾波，降低雜訊的干擾。

2. 60 km。

3. (a)400, (b)8000 Tb/s-km。

4. −13.9dBm, −16.8 dBm, −19.7 dBm。

Ch9

5. 分時多工技術（TDM）訊號傳輸方式，上行資料的傳輸方式是採用時分時多工（TDM）技術，每個用戶端都分配一個傳輸時槽（Time slot），封包傳遞的過程是用分時多工（TDM）的方法，這些時槽間是同步的，因此當資料封包耦合到一根光纖中傳輸時，不同ONU的資料封包之間不會產生干擾。下行資料是由光線路終端機（Optical Line Termination; OLT）送出後，用廣播的方式傳送到每個用戶端，由ONU去選擇特定位址所得到的封包，其他封包就丟棄不要。

6.

	分時多工被動光網路	分波多工被動光網路
優點	建置成本較低，用戶端的光電模組採用相同規格	用戶端數目較多，容易擴充，用戶可用頻寬較高
缺點	用戶端數目受限，傳輸受限，距離不易擴充，	建置成本較高，用戶端光源使用不同波長

7. RSOA vs. FP-LD

ONU	RSOA	FP-LD
考慮因素	注入光源功率決定輸出光源之OSNR。 RSOA 需要控溫。	注入光波長要對準FP-LD本身模態位置。 注入光源光功率要足夠高。 FP-LD 需要控溫。
優點	操作波長範圍大，輸入光功率只要-20 dBm 以上。	價格較便宜，體積較小，頻寬較高。
缺點	價格較高，體積較大。	操作波長要精確控制，注入光功率要夠大。

Ch10

1.

⑴光透射特性。

⑵光反射特性。

⑶折射率特性。

2. 光源波動性，光纖傳輸損耗。

3. 軸向應力應變（長度）、橫向應力應變（寬度）、溫度效應。

4. 參考 10.3 節。

5. 參考 10.3 節。
6. 參考 10.3 節。
7. (a) 0.535 μm (b) 1550.66 nm (c) 1550.51 nm。
8. 參考 10.4 節。
9. 參考 10.5 節。

Ch11

1. 利用檢測特徵波長來監測物理量。
2. 折射率、應變、壓力及溫度。
3. 利用側向壓力造成光柵週期發生變化，而使頻譜產生飄移，從頻譜飄移量可反推壓力大小。
4. 本質式為感測器結構是由一種材料所構成，非本質則包含多種材料如金屬或光阻。
5. 請參閱第四節內容。
6. 請參閱第四節「Mach-Zehnder 光纖溫度感測器」內容。
7. 實用，因為光纖生物相容性好對人體不產生影響，且價格便宜篩檢速度快。
8.

   a 量測時光路需固定以免量測過程光路變動影響量測訊號。

   b 感測器需用結構保護以免光纖斷裂。

   c 量測時須注意待測物反應要能足以影響感射器光學性質。
9. 尿液檢測，唾液檢測。
10. 請參閱第六節內容。

索引

C

G

H

I

K

L

N

O

P

R

S

W

Y

國家圖書館出版品預行編目資料

光纖原理與應用技術／廖顯奎等著.
一初版.一臺北市：五南，2012.06
面；　公分.

ISBN: 978-957-11-6683-4（平裝）
1.光纖電信
448.733　　101008136

5DD8

光纖原理與應用技術

Principle and application technology of optical fibers

作　　者 一 廖顯奎　鄭旭志　江家慶　林淑娟
發 行 人 一 楊榮川
總 編 輯 一 王翠華
主　　編 一 王正華
責任編輯 一 楊景涵
封面設計 一 童安安
出 版 者 一 五南圖書出版股份有限公司
地　　址：106 台北市大安區和平東路二段 339 號 4 樓
電　　話：(02)2705-5066　傳　　真：(02)2706-6100
網　　址：http://www.wunan.com.tw
電子郵件：wunan@wunan.com.tw
劃撥帳號：01068953
戶　　名：五南圖書出版股份有限公司
台中市駐區辦公室 / 台中市中區中山路 6 號
電　　話：(04)2223-0891　傳　　真：(04)2223-3549
高雄市駐區辦公室 / 高雄市新興區中山一路 290 號
電　　話：(07)2358-702　傳　　真：(07)2350-236
法律顧問　元貞聯合法律事務所　張澤平律師
出版日期　2012 年 6 月初版一刷
定　　價　新臺幣 550 元